ELEMENS

DE

CHYMIE-PRATIQUE.

TOME PREMIER.

ELEMENS
DE
CHYMIE-PRATIQUE,

CONTENANT

La Defcription des Opérations fondamentales de la Chymie, avec des Explications & des Remarques fur chaque Opération.

Par M. MACQUER, de l'Académie Royale des Sciences, & Docteur-Régent de la Faculté de Médecine en l'Univerfité de Paris.

TOME PREMIER.

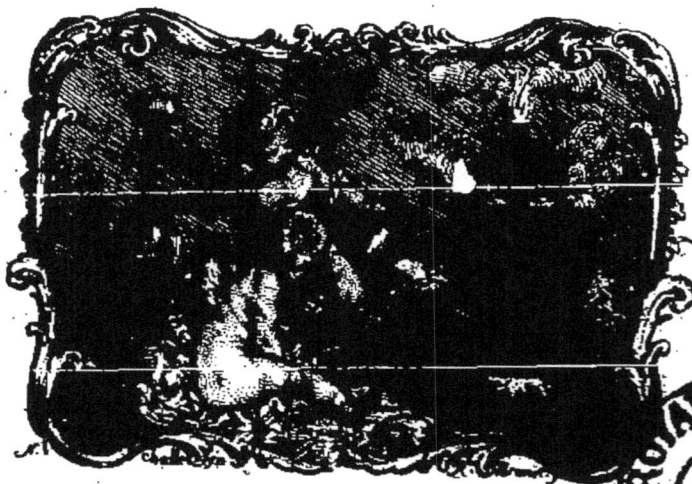

A PARIS,

Chez JEAN-THOMAS HÉRISSANT, ruë Saint Jacques, à S. Paul & à S. Hilaire.

M. DCC. LI.
Avec Approbations & Privilége du Roi.

AVANT-PROPOS.

LES Elémens de Chymie théorique, que j'ai donnés au Public, étant destinés à être lus par des personnes auſquelles je ne ſuppoſois aucune connoiſſance de la Chymie, ne devoient contenir que des principes fondamentaux, préſentés de maniere qu'on paſsât toujours du ſimple au compoſé, du connu à l'inconnu ; il ne convenoit pas par cette raiſon d'obſerver dans ce Livre l'ordre ordinaire de l'Analyſe chymique, qui n'eſt pas ſuſceptible de cette méthode. J'ai donc ſuppoſé toutes les analyſes faites, & les corps réduits à leurs principes les plus ſimples, afin qu'après

avoir reconnu les principales propriétés de ces premiers Élémens,
on pût les suivre dans leurs différentes combinaisons, & avoir
en quelque sorte des connoissances préliminaires sur celles des
composés qui résultent de leurs
unions.

Il n'en est pas de même de l'Ouvrage que je présente aujourd'hui
au Public : c'est un Livre de pratique, qui doit contenir la maniere
de faire les principales opérations
chymiques ; celles qui servent de
modéle à toutes les autres, & qui
sont les preuves des vérités fondamentales énoncées dans la théorie.

Presque toutes ces opérations
étant des analyses & des décom-
positions, il n'y avoit point à ba-
lancer sur l'ordre qu'il falloit observer : il est évident que c'est celui
de l'analyse même.

Mais tous les corps qui peuvent

être le sujet des opérations chymiques, étant naturellement divisés en trois classes ou regnes, le minéral, le végétal, & l'animal, il résulte aussi de-là trois divisions naturelles dans l'analyse ; & elle devient susceptible de quelques différences par rapport à la maniere dont elle doit être distribuée.

Les raisons qui peuvent déterminer à commencer par un regne plutôt que par l'autre, n'ayant pas été bien discutées, & pouvant se contrebalancer réciproquement, quand elles sont envisagées dans un certain sens, les Auteurs qui ont donné des Traités de Chymie pensent différemment les uns des autres sur cet article. Pour moi, sans entrer dans la discussion des motifs qui ont pû déterminer ceux qui ont suivi un ordre différent de celui que j'observe, je me contente d'expofer les raifons qui m'ont engagé à commencer par le regne minéral, à lui faire fuccéder le végétal, & à finir par l'animal. Les voici.

La premiere, c'eft que les végétaux tirant leur nourriture des minéraux, & les animaux tirant la leur, des végétaux, les corps qui compofent ces trois regnes paroiffent produits les uns des autres par une efpéce de filiation qui leur affigne un rang naturel.

La feconde, c'eft que cette difpofition procure l'avantage de fuivre les principes depuis leur fource, qui eft le regne minéral, jufque dans les dernieres combinaifons où ils peuvent entrer, c'eft-à-dire, dans les matieres animales, & de remarquer les altérations qu'ils éprouvent fucceffivement en paffant d'un regne dans un autre.

La troisiéme enfin, c'est que je regarde l'analyse des minéraux comme étant la plus facile de toutes, tant parce qu'ils sont composés de moins de principes que les végétaux & les animaux, que parce qu'ils peuvent presque tous éprouver l'action du feu le plus violent, quand cela est nécessaire pour les décomposer, sans que les principes qu'on en retire soient altérés & changés considérablement, comme cela arrive souvent à ceux des autres substances.

Au reste, je ne suis pas le seul qui ai distribué de la sorte les trois regnes des corps sujets à l'analyse chymique : cette disposition étant la plus naturelle, a été suivie par plusieurs de ceux qui ont donné des Traités de Chymie ; on peut même dire, par le plus grand nombre. Mais il y a quelque chose qui m'est particulier dans la maniere

dont eſt traitée l'analyſe de chaque regne. On trouvera, par exemple, dans le regne minéral un aſſez
grand nombre d'opérations, qui
ne ſont pas dans les autres Traités
de Chymie, parcequ'apparemment on les a regardées comme
inutiles ou étrangeres en quelque
ſorte à des livres élémentaires, &
comme faiſant enſemble un art
particulier. Je veux parler des
procédés par leſquels on retire les
ſubſtances ſalines & métalliques
des Minéraux qui les contiennent.

Cependant ſi l'on conſidere
que les Sels, les Métaux, & demi-
Métaux ſont bien éloignés de nous
être préſentés par la Nature dans
l'état de perfection, & le degré de
pureté où on les ſuppoſe ordinairement quand on commence à en
parler dans les Traités de Chymie,
& qu'au contraire ces ſubſtances
ſont originairement confondues

les unes avec les autres, & altérées par le mélange de matieres
hétérogènes avec lesquelles elles
forment des minéraux compofés ;
on conviendra, je crois, que les
opérations par lesquelles on décompofe ces minéraux pour en féparer les Métaux, demi-Métaux,
& autres fubftances plus fimples,
étant fondées d'ailleurs fur les propriétés les plus intéreffantes de
ces fubftances, bien loin d'être
inutiles ou étrangeres à un Traité
élémentaire, y font au contraire
abfolument effentielles.

Il m'a paru, après avoir fait ces
réflexions, qu'une analyfe minérale dans laquelle on traiteroit des
fubftances falines & métalliques,
fans rien dire de la maniere dont
il faut analyfer leurs mines pour
les en retirer, ne feroit pas moins
défectueufe qu'un Traité qu'on
donneroit pour une analyfe végé-

tale , & dans lequel on parleroit
des Huiles, des Sels effentiels, des
Alkalis fixes & volatiles, fans rien
dire de la maniere d'analyfer les
plantes dont font tirées toutes ces
fubftances. Je me fuis donc cru
indifpenfablement obligé de décrire la maniere de décompofer
chaque mine ou minéral, avant de
parler de la fubftance faline ou
métallique qui lui doit fon origine.

L'Acide vitriolique, par exemple, dont je parle d'abord dans
mon analyfe minérale, étant originairement contenu dans le Vitriol, le Soufre & l'Alun ; & ces fubftances devant elles-mêmes leur
origine aux pyrites fulphureufes &
ferrugineufes, les premieres opérations, dont je fais mention au
fujet de cet article, font les procédés par lefquels on décompofe
les pyrites pour en retirer le Vitriol,
le Soufre & l'Alun. Je paffe enfuite
à l'analyfe particuliere de chacune

de ces substances, pour en séparer l'Acide vitriolique : après quoi je rapporte suivant leur ordre les autres opérations qu'on fait ordinairement sur cet Acide. On voit par-là que cette substance saline occasionne la description de l'analyse des pyrites, du Vitriol, du Soufre & de l'Alun. Tout le reste du Traité des minéraux est suivi sur le même plan.

Les opérations par lesquelles on décompose les mines & minéraux, sont de deux sortes : celles qui servent aux travaux en grand, & celles par lesquelles on essaie en petit ce que peut produire chaque mine. Ces deux sortes d'opérations diffèrent quelquefois un peu les unes des autres; mais dans le fond elles sont les mêmes, parce-qu'elles sont fondées sur les mêmes principes, & qu'elles ont les mêmes résultats.

Comme j'ai eu principalement

intention de décrire les procédés
qui peuvent se pratiquer commodément dans les Laboratoires, j'ai
choisi ceux des essais en petit,
dans lesquels il y a d'ailleurs ordinairement plus de précision &
d'exactitude, que dans ceux des
travaux en grand; & je dois aver-
tir ici, que j'ai tiré de la *Docimasie*
ou de l'Art des Essais de M. Cramer, toutes les opérations de cette
espéce qui sont dans mon analyse
minérale. L'Ouvrage que M. Hellot a publié depuis peu sur la même
matiere, n'ayant paru que depuis
que j'ai eu achevé celui-ci, la Docimasie de M. Cramer, qui joint
à une théorie très-saine une pratique fort exacte, étoit le meilleur
Livre de cette espéce que je pusse
consulter alors. Ainsi je l'ai pré-
féré à tous les autres; & comme
je ne l'ai pas cité dans le Traité
des minéraux, attendu que les ci-
tations auroient été trop fréquen-

tes , ce que j'en dis ici doit fervir de citation générale. J'ai nommé avec exactitude, toutes les fois que l'occafion s'en eft préfentée, les autres Auteurs dont j'ai tiré quelques procédés : c'eft un tribut qu'il eft bien jufte de payer à ceux qui ont fait part de leurs découvertes au Public.

Quoique j'annonce ici qu'on trouvera dans mon analyfe minérale les procédés pour retirer de chaque mine les fubftances falines ou métalliques qu'elle contient, cela ne doit pas faire regarder ce Livre comme renfermant tout ce qui eft néceffaire pour mettre ceux qui le liront en état de reconnoître par un effai exact ce que contient chaque minéral : mon intention n'a point été de donner un Traité de *Docimafie* ; ainfi je n'en ai pris que ce qui étoit abfolument néceffaire pour faire bien entendre l'analyfe minérale, & la rendre auffi complete qu'elle le doit être dans un Traité élémentaire. Je n'ai donc décrit que les principales opérations de cette efpéce ; celles qui font fondamentales , & qui, comme je l'ai déja dit, doivent fervir de modéle pour les autres, & j'ai fupprimé tous les détails acceffoires, qui ne font néceffaires que pour l'Art des effais proprement dit.

Ainfi les perfonnes qui voudront acquérir fur cet art toutes les connoiffances convenables, doivent avoir recours aux Ouvrages qui traitent fpécialement de cette matiere, & particulierement à celui qu'a publié M. Hellot : Ouvrage dont on fent d'autant mieux le mérite, qu'on eft plus initié dans la Chymie, & qui enrichi d'un grand nombre d'obfervations & de découvertes par ce fçavant Chymifte, remplit fon objet de maniere qu'il ne laiffe rien à defirer. Voilà

les avertiſſemens que j'ai cru convenables au ſujet de mon analyſe
des minéraux; quant à celle des
végétaux & des animaux, je m'en
vais en expoſer le plan très-ſom-
mairement.

Toutes les matieres végétales
étant ſuſceptibles de fermentation, & fourniſſant dans leur analyſe, lorſqu'elles ſont fermentées,
des principes différens de ceux
qu'on en retire lorſqu'elles ne le
ſont pas, je les ai diviſées en deux
claſſes, dont la premiere renferme
les végétaux dans leur état naturel, & qui n'ont pas éprouvé de
fermentation; & la ſeconde, ceux
qui ont fermenté. Les procédés,
par leſquels on retire des végétaux
tous les principes qu'on en peut
extraire ſans le ſecours du feu,
commencent cette analyſe; la ſuite améne les opérations par leſquelles on décompoſe les plantes
à l'aide d'une chaleur graduée,

depuis la plus douce jufqu'à la plus violente, tant dans les vaiffeaux fermés, qu'à l'air libre.

Je n'ai pas fait la même divifion dans le regne animal, parceque les fubftances qui le compofent ne font fufceptibles que du dernier degré de la fermentation, ou de la putréfaction, & que d'ailleurs les principes qu'elles fourniffent étant putréfiés, ou ne l'étant pas, font les mêmes, & ne varient que par rapport à leurs proportions, & à l'ordre dans lequel ils fe dégagent pendant l'analyfe.

J'ai commencé cette analyfe par l'examen du lait des animaux qui ne fe nourriffent que de végétaux, parceque cette fubftance, quoique travaillée dans le corps de l'animal, & rapprochée par-là de la nature des matieres animales, reffemble cependant encore beaucoup aux végétaux aufquels elle doit fon origine, & qu'elle eft com-

me moyenne entre le végétal &
l'animal. De-là je paſſe à l'analyſe
des matieres animales proprement dites, de celles qui font partie du corps de l'animal même.
Vient enſuite l'examen des ſubſtances rejettées hors du corps de
l'animal, comme ſuperflues & inutiles. Enfin cette derniere partie
eſt terminée par les opérations qui
ſe font ſur l'Alkali volatile : ſubſtance ſaline, qui joue un des principaux rôles dans les analyſes des
matieres animales.

Quoique dans l'idée générale
que je viens de donner de l'ordre
que j'ai obſervé dans ce Traité de
Chymie - pratique, je n'aie fait
mention que des procédés ſervant
aux analyſes, ce n'eſt pas pour cela
la ſeule eſpéce d'opérations que j'y
ai fait entrer. Ce Livre ſeroit fort
défectueux, s'il n'en contenoit
point d'autres ; car l'objet de la
Chymie n'eſt pas ſeulement de

faire l'analyse des mixtes que nous offre la Nature, pour en retirer les substances plus simples dont ils font composés ; mais encore de reconnoître par plusieurs expériences les propriétés de ces substances-principes, & de les recombiner de diverses manieres, ensemble, ou avec d'autres corps, pour faire reparoître les premiers mixtes avec toutes leurs propriétés, ou même en former de nouveaux, dont la nature ne nous a pas donné de modéle. On trouvera donc dans ce Livre, non-seulement des procédés pour résoudre & décomposer, mais encore ceux qui servent à combiner & recomposer. Je les ai placés à la suite des analyses, en observant, autant qu'il m'a été possible, qu'ils n'en interrompissent point l'ordre, & n'empêchassent point d'en suivre l'enchaînement.

TABLE

TABLE
DES CHAPITRES
du premier Volume.

SECTION I. *Des opérations qui se font sur les Substances salines-minérales,* page 1

CHAPITRE I. *De l'Acide vitriolique.* ibid.

Premier Procédé. *Retirer le Vitriol des Pyrites.* ibid.

2. Proc. *Retirer le Soufre des Pyrites & autres Minéraux sulphureux.* 9

3. Proc. *Extraire l'Alun des Minéraux alumineux.* 15

4. Proc. *Extraire l'Acide vitriolique du Vitriol verd.* 27

5. Proc. *Décomposer le Soufre par la combustion, & en retirer l'Acide.* 36

6. Proc. *Concentrer l'Acide vitriolique.* 41

7. Proc. *Décomposer le Tartre vitriolé, par l'interméde du Phlogistique, ou faire du Soufre, en combinant ensemble*

Tome I.   e

CHAPITRE II. *De l'Acide nitreux.* 52

1. Proc. *Retirer le Nitre des terres & pierres nitreuses. Purification du Salpêtre. Eau-Mere. Magnéfie.* ibid.

2. Proc. *Décompofer le Nitre par l'interméde du Phlogiftique. Nitre fixé par les charbons. Clyffus de Nitre. Sel Polycrefte.* 64.

3. Proc. *Décompofer le Nitre par l'interméde de l'Acide vitriolique. Efprit de Nitre fumant. Sel de* duobus. *Purification de l'efprit de Nitre.* 74

CHAPITRE III. *De l'Acide marin.* 83.

1. Proc. *Retirer le Sel marin des eaux de la mer & des fontaines falées. Sel d'Epfom.* ibid.

2. Proc. *Expériences fur la décompofition du Sel marin, par l'interméde du Phlogiftique. Phofphore de Kunckel.* 89

3. Proc. *Décompofer le Sel marin par l'interméde de l'Acide vitriolique. Sel de Glauber. Purification & concentration de l'Efprit de Sel.* 121

4. Proc. *Décompofer le Sel marin par l'interméde de l'Acide nitreux. Eau régale. Nitre quadrangulaire.* 134

CHAPITRE IV. *Du Borax.* 136

Proc. *Décompofer le Borax par l'in-*
terméde des Acides, & en féparer le
Sel fédatif par fublimation & criftali-
fation. 136

SECTION II. *Des Opérations qui fe font*
fur les Métaux. 147

CHAPITRE I. *De l'Or.* ibid.

1. Proc. *Séparer l'Or, par l'amalgame*
avec le Mercure, d'avec les terres &
les pierres avec lefquelles il fe trouve
mêlé. ibid.

2. Proc. *Diffoudre l'Or dans l'Eau-ré-*
gale, & le féparer d'avec l'Argent par
fon moyen. Or fulminant. Réduction
de l'Or fulminant. 156

3. Proc. *Diffoudre l'Or par le Foie de*
Soufre. 167

4. Proc. *Séparer l'Or d'avec toute autre*
fubftance métallique, par le moyen de
l'Antimoine. 171

CHAPITRE II. *De l'Argent.* 181

1. Proc. *Séparer l'Argent de fes mines,*
par le moyen de la fcorification avec le
Plomb. ibid.

2. Proc. *Affinage de l'Argent par la cou-*
pelle. 195

3. Proc. *Purifier l'Argent par le Nitre.*
205

4. Proc. *Diffoudre l'Argent dans l'Eau-*

e ij

TABLE

forte, & le séparer, par ce moyen, de toute autre substance métallique. Purification de l'Eau-forte. Précipitation de l'Argent par le Cuivre.　210

5. Proc. Séparer l'Argent d'avec l'Acide nitreux par la distillation. Cristaux de Lune. Pierre infernale.　220

6. Proc. Séparer l'Argent de l'Acide nitreux, en le précipitant en Lune-cornée. Réduction de la Lune-cornée.　223

7. Proc. Dissoudre l'Argent, & le séparer d'avec l'Or par la cémentation. 229

CHAPITRE III. Du Cuivre.　238

1. Proc. Séparer le Cuivre de sa mine.　ibid.

2. Proc. Purifier le Cuivre noir, & le rendre malléable.　244

3. Proc. Priver le Cuivre de son Phlogistique par la calcination.　248

4. Proc. Ressusciter la chaux de Cuivre, & la réduire en Cuivre, en lui rendant du Phlogistique.　251

5. Proc. Dissoudre le Cuivre dans les Acides minéraux.　252

CHAPITRE IV. Du Fer.　256

1. Proc. Séparer le Fer de sa mine.　ibid.

2. Proc. Donner de la malléabilité à la fonte & au Fer aigre.　263

3. Proc. Convertir le Fer en Acier. 266

DES CHAPITRES.

4. Proc. *Calcination du Fer. Divers Saffrans de Mars.* 271

5. Proc. *Diſſolution du Fer par les Acides minéraux.* 274

CHAPITRE V. *De l'Etain.* 277

1. Proc. *Séparer l'Etain de ſa mine.* ibid.

2. Proc. *Calcination de l'Etain.* 280

3. Proc. *Diſſolution de l'Etain par les Acides minéraux. Liqueur fumante de Libavius.* 288

CHAPITRE VI. *Du Plomb.* 292

1. Proc. *Séparer le Plomb de ſa mine.* ibid.

2. Proc. *Séparer le Plomb d'avec le Cuivre.* 300

3. Proc. *Calcination du Plomb.* 307

4. Proc. *Préparation du verre de Plomb.* 309

5. Proc. *Diſſoudre le Plomb par l'Acide nitreux.* 313

CHAPITRE VII. *Du Mercure.* 320

1. Proc. *Séparer le Mercure de ſa mine, ou le réviviſier du Cinnabre.* ibid.

2. Proc. *Donner au Mercure, par l'action du feu, l'apparence d'une chaux métallique.* 327

3. Proc. *Diſſolution du Mercure dans l'Acide vitriolique. Turbith minéral.* 330

TABLE

4. Proc. *Combiner le Mercure avec le Soufre. Æthiops minéral.* 334

5. Proc. *Sublimer en Cinnabre la combinaison de Mercure & de Soufre.* 337

6. Proc. *Dissoudre le Mercure dans l'Acide nitreux. Divers précipités mercuriels.* 339

7. Proc. *Combiner le Mercure avec l'Acide du Sel marin. Sublimé corrosif.* 344

8. Proc. *Sublimé doux.* 350

9. Proc. *Panacée mercurielle.* 354

SECTION III. *Des Opérations qui se font sur les Demi-Métaux.* 356

CHAPITRE I. *De l'Antimoine.* ibid.

1. Proc. *Séparer l'Antimoine de sa mine par la fusion.* ibid.

2. Proc. *Régule d'Antimoine ordinaire.* 358

3. Proc. *Régule d'Antimoine précipité par les Métaux.* 363

4. Proc. *Calcination de l'Antimoine.* 369

5. Proc. *Réduire la chaux d'Antimoine en Régule.* 373

6. Proc. *Calcination de l'Antimoine par le Nitre. Foie d'Antimoine. Saffran des Métaux.* 380

7. Proc. *Autre calcination d'Antimoine par le Nitre. Antimoine diaphoréti-*

DES CHAPITRES.

que. *Matiere perlée. Clyssus d'Anti-moine.* 382

8. Proc. *Vitrifier la chaux d'Antimoine.* 390

9. Proc. *Kermès minéral.* 393

10. Proc. *Dissoudre le Régule d'Antimoine dans les Acides minéraux.* 401

11. Proc. *Combiner le Régule d'Antimoine avec l'Acide du Sel marin. Beurre d'Antimoine. Cinnabre d'Antimoine.* 407

12. Proc. *Décomposer le Beurre d'Antimoine par l'intermède de l'eau seule. Poudre d'Algaroth. Esprit de Vitriol philosophique.* 417

13. Proc. *Bézoard minéral. Esprit de Nitre bézoardique.* 420

14. Proc. *Fleurs d'Antimoine.* 428

15. Proc. *Réduire le Régule d'Antimoine en Fleurs.* 431

CHAPITRE II. *Du Bismuth.* 435

1. Proc. *Retirer le Bismuth de sa mine.* ibid.

2. Proc. *Dissoudre le Bismuth par les Acides minéraux. Magistère de Bismuth. Encre de sympathie.* 439

CHAPITRE III. *Du Zinc.* 451

1. Proc. *Retirer le Zinc de sa mine, ou de la Pierre calaminaire.* ibid.

TABLE DES CHAPITRES.

2. Proc. *Sublimer le Zinc en Fleurs.* 456

3. Proc. *Combiner le Zinc avec le Cuivre.*
Cuivre jaune. Similor, &c. 461

4. Proc. *Dissoudre le Zinc dans les Aci-*
des minéraux. 470

CHAPITRE IV. *De l'Arsenic.* 474

1. Proc. *Retirer l'Arsenic des matieres*
qui en contiennent. Saffre ou Smalt.
ibid.

2. Proc. *Séparer l'Arsenic d'avec le Sou-*
fre. 486

3. Proc. *Donner à l'Arsenic la forme mé-*
tallique. Régule d'Arsenic. 492

4. Proc. *Distillation de l'Acide nitreux*
par l'intermède de l'Arsenic. Eau-
forte bleue. Nouveau sel neutre arse-
nical. 498

5. Proc. *Alkalifer le Nitre par l'Arse-*
nic. 504

Fin de la Table des Chapitres.

ÉLÉMENS
DE CHYMIE PRATIQUE.

PREMIERE PARTIE.
DES MINERAUX.

SECTION PREMIERE.

*Des Opérations qui se font sur les
substances salines Minérales.*

CHAPITRE PREMIER.
DE L'ACIDE VITRIOLIQUE.

PREMIER PROCEDE'.
Retirer le Vitriol des Pyrites.

P RENEZ telle quantité qu'il vous
plaira de Pyrites ferrugineuses ;
laissez-les exposées à l'air pendant quelque temps : elles se gerseront,
se fendront, perdront leur brillant, &

se réduiront en poudre. Mettez cette poudre dans une cucurbite de verre, & versez dessus le double de son poids d'eau chaude; agitez le tout avec un petit bâton, la liqueur deviendra trouble. Versez-la encore chaude dans un entonnoir de verre garni d'un filtre de papier gris, & laissez-la se filtrer, & couler dans une autre cucurbite de verre, sur laquelle vous aurez placé l'entonnoir. Reversez de nouvelle eau chaude sur la poudre de Pyrites; filtrez-la de même, & réitérez en diminuant toujours la quantité d'eau, jusqu'à ce que l'eau que vous retirerez de dessus les Pyrites, ne vous paroisse plus avoir aucune saveur astringente & vitriolique.

Rassemblez toutes ces eaux vitrioliques dans un vaisseau de verre évasé; placez ce vase sur un bain de sable, & l'échauffez jusqu'au point qu'il sorte une fumée assez considérable; mais observez de ne point faire bouillir la liqueur. Continuez ce même degré de feu, jusqu'à ce que la superficie de la liqueur commence à se ternir, comme s'il étoit tombé de la poussiere dessus; cessez pour lors d'évaporer, & portez le vaisseau dans un endroit frais: il s'y forme-

ra dans l'espace de vingt-quatre heures
une certaine quantité de cristaux de
couleur verte, & de figure romboïdale,
qui sont du Vitriol de Mars. Décantez
la liqueur qui reste; ajoutez-y le double
de son poids d'eau ; filtrez, évaporez,
& la laissez cristaliser comme la premiere fois ; répétez cela jusqu'à ce qu'-
elle ne fournisse plus du tout de cristaux. Gardez séparément les cristaux
que vous aurez retirés à chaque cristalisation.

REMARQUES.

Les Pyrites sont des minéraux, dont
la pesanteur & la couleur brillante en
imposent souvent aux personnes qui
n'ont pas sur les Mines beaucoup de
connoissances. On les croiroit, au premier coup d'œil, des Mines fort riches ;
cependant elles ne sont composées que
d'une petite quantité de métal uni avec
beaucoup de soufre ou d'arsenic, quelquefois avec l'un & l'autre.

Lorsqu'on les frappe avec un briquet
d'acier, elles jettent des étincelles comme les pierres à fusil, & répandent une
odeur sulphureuse. Cette petite épreuve
momentanée peut servir à les faire re-

connoître. Le métal qui se trouve le plus fréquemment & le plus abondamment dans les Pyrites, est le fer ; quelquefois la quantité de ce métal égale, & surpasse même, celle du soufre. Outre les matieres métalliques & sulphureuses, les Pyrites contiennent aussi une certaine quantité de terre non métallique.

Il y a plusieurs especes de Pyrites ; les unes ne contiennent que du fer & de l'arsenic : elles n'ont pas toutes la propriété de tomber d'elles-mêmes en efflorescence à l'air, & de se changer en Vitriol : il n'y a que celles qui sont simplement ferrugineuses & sulphureuses, ou du moins qui ne contiennent qu'une très-petite quantité de cuivre ou d'arsenic : encore, parmi celles qui ne sont composées que de fer & de soufre, y en a-t-il qui restent des années entieres exposées à l'air sans fleurir, ou même qui n'y éprouvent jamais aucune altération sensible.

L'efflorescence des Pyrites ferrugineuses, & les altérations qu'elles éprouvent, sont très-dignes de remarque. Ces phénoménes dépendent de la propriété singuliere qu'a le fer de décomposer le soufre avec le secours de l'humidité. Si on mêle exactement enfemble de la limaille de fer bien fine avec des fleurs de foufre, & qu'on humecte ce mélange avec de l'eau, il s'échauffe confidérablement, fe gonfle, laiffe échapper des vapeurs fulphureufes, & même s'enflamme: ce qui refte fe trouve changé en Vitriol martial. Le foufre, par conféquent, fe décompofe dans cette occafion ; fa partie inflammable fe diffipe ou fe confume, & fon acide fe joint au fer, avec lequel il forme le Vitriol.

La même chofe arrive aux Pyrites qui ne font qu'un compofé de fer & de foufre ; il y en a cependant, comme nous avons dit, qui ne peuvent tomber d'elles-mêmes en efflorefcence ; & fe changer en Vitriol. Cela arrive apparemment parce que les parties ferrugineufes & fulphureufes de ces Pyrites ne font point intimement mêlées enfemble, ou qu'il fe trouve quelques parties terreufes interpofées entr'elles.

Il faut, pour retirer du Vitriol de ces Pyrites, leur faire éprouver pendant quelque temps l'action du feu, qui brûlant une portion de leur foufre, & rendant leur tiffu moins compacte, donne moyen à l'air & à l'humidité, aufquels on les expose ensuite, de les pénétrer, & de procurer en elles les mêmes changemens qu'éprouvent celles qui fleurissent d'elles-mêmes.

Les Pyrites qui contiennent du cuivre & de l'arsenic, & qui ne peuvent par cette raison tomber en efflorescence, ont aussi besoin d'éprouver l'action du feu, qui outre les effets qu'il produit sur les Pyrites simplement sulphureuses & ferrugineuses, dissipe aussi la plus grande partie de l'arsenic de celles-ci. Ces Pyrites après la torréfaction étant exposées à l'air pendant un an ou plus, donnent aussi du Vitriol ; mais ce Vitriol n'est point simplement ferrugineux, il est joint avec une certaine quantité de Vitriol bleu, qui a le cuivre pour bâse.

Il y a aussi quelquefois de l'alun dans les eaux vitrioliques qu'on a retirées de dessus les Pyrites ; c'est à cause du mêlange de ces différens Sels, que nous avons dit qu'il est bon de conserver à part les cristaux qu'on retire dans les différentes cristalisations. On peut, par ce moyen, les examiner séparément, & voir de quelle espece ils sont.

Lorsque le Vitriol de Mars n'est alté-

té que par le mêlange du Vitriol de cuivre, il eſt facile de le purifier, & de le
rendre entierement martial, en le diſſolvant dans l'eau, & mettant des lames
de fer dans cette diſſolution. Le fer ayant
plus d'affinité avec l'Acide vitriolique
que le cuivre, en ſépare ce métal, & ſe
ſubſtitue à ſa place pour former du Vitriol purement ferrugineux.

Le travail en grand par lequel on
retire le Vitriol des Pyrites ſe fait ainſi.
On raſſemble une grande quantité de
Pyrites dans un eſpace de terrein expoſé à l'air ; elles ſont amoncelées les
unes ſur les autres à la hauteur d'environ trois pieds. On les laiſſe en cet endroit éprouver l'action de l'air, du ſo-
leil, & de la pluie pendant trois ans,
ayant ſoin de les remuer de ſix en ſix
mois, afin de faciliter l'effloreſcence de
celles qui ſont deſſous. On conduit par
des canaux dans une citerne, l'eau de
pluie qui a lavé ces Pyrites ; & quand
on en a amaſſé une aſſez grande quantité, on la fait évaporer juſqu'à pellicule
dans de grands vaiſſeaux de plomb,
ayant ſoin d'y jetter une certaine quantité de fer, dont une partie ſe diſſout
dans cette liqueur, parce qu'elle con-

tient de l'Acide vitriolique qui n'en eſt pas ſuffiſamment ſaoulé. Lorſqu'elle eſt ſuffiſamment évaporée, on la met dans d'autres grands vaiſſeaux de plomb ou de bois, pour y laiſſer former les criſtaux. On a ſoin de mettre dans ces mêmes vaiſſeaux, pluſieurs morceaux de bois différemment entre-croiſés, qui multiplient les ſurfaces ſur leſquelles les criſtaux peuvent s'attacher.

Les Pyrites ne ſont point les ſeuls minéraux dont on puiſſe retirer du Vitriol: toutes les Mines de fer & de cuivre qui contiennent du ſoufre, peuvent auſſi fournir du Vitriol verd ou bleu, ſuivant leur nature, en les torréfiant & les laiſſant long-temps expoſées à l'air; mais comme il y a plus de profit à en retirer les métaux qu'elles contiennent, on n'en fait pas ordinairement cet uſage. Il eſt plus facile d'ailleurs, de retirer le Vitriol des Pyrites, que de ces autres matieres minérales.

II. PROCEDE'.

Retirer le Soufre des Pyrites, & autres Minéraux sulphureux.

REDUISEZ en poudre groſſiere la quantité que vous voudrez de Pyrites jaunes, ou de quelqu'autre minéral contenant du Soufre. Mettez cette matiere dans une cornue de terre ou de verre dont les deux tiers demeurent vuides, & dont le col ſoit large & long. Placez ce vaiſſeau dans un bain de ſable ajuſté ſur un fourneau de réverbere ; adaptez un récipient à moitié plein d'eau, & placez-le de façon que le col de la cornue entre dans l'eau de la longueur d'un pouce ; donnez le feu par degrés, obſervant de ne le point pouſſer aſſez fort pour fondre la matiere. Entretenez la cornue médiocrement rouge pendant une heure ou une heure & demie. Après ce temps, laiſſez refroidir les vaiſſeaux.

Preſque tout le Soufre qui ſe ſera ſéparé de la mine pendant l'opération, ſe trouvera à l'extrémité du col de la cornue où l'eau l'aura arrêté. Enlevez

le , en le faifant fondre par une chaleur
douce qui ne foit point capable de lui
faire prendre feu , ou bien en caffant le
col de la cornue.

REMARQUES.

Les Pyrites font de tous les minéraux ceux qui contiennent le plus de
Soufre , fur-tout celles qui ont une belle
couleur de cuivre jaune , qui affectent
des formes régulieres, rondes, cubiques,
exagones , & dont les caffures font voir
des aiguilles brillantes , dirigées vers un
centre comme des rayons.

On n'a befoin , pour féparer le Soufre qu'elles contiennent, que d'une chaleur modérée. Nous avons dit qu'il faut
que la cornue qu'on emploie ait le col
long & large ; c'eft afin que le Soufre
puiffe y paffer librement : l'eau qu'on
met dans le récipient le retient , le fige ,
& l'empêche de fe diffiper ; il n'eft point
néceffaire , par cette raifon , de fermer
les jointures des vaiffeaux.

Si la matiere contenue dans la cornue venoit à entrer en fufion , l'opération fe prolongeroit confidérablement ,
& il faudroit beaucoup plus de temps
pour retirer tout le Soufre , parce que

l'évaporation ne se fait qu'à la superficie, & que quand la matiere est en poudre grossiere, elle présente beaucoup plus de surfaces que quand elle est fondue.

La même chose a lieu dans toutes les autres distillations. Une certaine quantité de liqueur mise dans une cornue dans son état de fluidité, est bien plus long-temps à s'évaporer & à passer de la cornue dans le récipient, que si on l'a incorporée dans quelque corps réduit en petites parties, & que le tout ne soit qu'une poudre humide, quoiqu'on emploie dans l'une & l'autre occasion précisément le même degré de feu.

Si les matieres dont on veut retirer le Soufre ne peuvent éprouver, sans entrer en fusion, le degré de feu nécessaire dans cette opération ; c'est-à-dire, celui qui fait rougir obscurément la cornue, il faut les mêler avec quelque substance qui ne soit pas si facile à fondre. Le gros sable bien pur peut être employé avec succès ; les terres absorbantes ne conviennent point dans cette occasion, parce qu'elles s'uniroient avec le Soufre.

Les minéraux sulphureux les plus fufibles font les Pyrites cuivreufes, ou les Mines de cuivre jaune : les Mines de plomb ordinaire font auffi très-fufibles.

Les Pyrites font dans cette opération privées de prefque tout le Soufre qu'elles contiennent : il ne refte plus, par conféquent, après cela, que les parties ferrugineufes & cuivreufes, & la portion de terre non métallique que nous apprendrons à en féparer, lorfque nous traiterons de ces Métaux.

On trouve une grande quantité de Soufre naturel en beaucoup d'endroits. Les Volcans en font remplis : on en ramaffe au pied de ces montagnes. Plufieurs fources d'eaux minérales en fourniffent auffi : on en trouve de fublimé aux voûtes de certaines fontaines, entr'autres à une fontaine minérale d'Aix-la-Chapelle.

On en retire, en Allemagne & en Italie, par un travail en grand, des Pyrites & autres minéraux abondans en Soufre. Ce travail eft le même que le procédé que nous venons de donner, & n'en différe que parce que le Soufre étant de peu de valeur, on ne prend pas tant de précautions. On fe contente de mettre les minéraux fulphureux dans de

grands creusets, ou especes de cucurbites de terre : on les dispose de façon
dans le fourneau, que la partie sulphureuse étant fondue , puisse couler dans
des vaisseaux pleins d'eau, où il se fige.

Le Soufre qu'on retire, soit par la distillation, soit par la simple fusion, n'est
pas toujours pur.

Lorsqu'on le retire par la distillation ,
si les matieres desquelles on le retire
contiennent aussi d'autres minéráux à
peu près aussi volatils que lui, comme
font par exemple l'Arsenic , & le Mercure ; ces minéraux montent aussi avec
lui dans la distillation. Il est aisé de s'en
appercevoir ; car le soufre pur sublimé
est toujours d'une belle couleur jaune
tirant sur le citron. S'il est rouge , ou
qu'il ait quelque nuance de cette couleur , c'est une marque qu'il s'est sublimé de l'Arsenic avec lui.

Le Mercure sublimé avec le Soufre
lui donne aussi une couleur rouge ; mais
il est bien plus rare que le Soufre soit
altéré par le mêlange de cette substance
métallique; l'Arsenic se trouvant souvent
combiné dans les Pyrites & autres minéraux sulphureux , le Mercure s'y ren-
contrant au contraire très - rarement.

Si cependant il arrivoit qu'il se fût sublimé du Mercure avec le Soufre dans la distillation, on le reconnoîtroit en examinant le sublimé, qui auroit les propriétés du Cinnabre : sa cassure feroit voir l'intérieur disposé en aiguilles appliquées latéralement les unes sur les autres : la pesanteur de ce sublimé seroit très-considérable : enfin, la grande chaleur de l'endroit où il se seroit arrêté, fourniroit encore un indice ; car le Cinnabre étant moins volatil que l'Arsenic & le Soufre, il s'attache à des endroits dont la chaleur ne permettroit pas ni au Soufre ni à l'Arsenic, de s'y arrêter.

Le Soufre peut aussi être altéré par des matieres fixes, soit métalliques, soit terreuses, qu'il aura emportées avec lui dans la distillation, ou que l'Arsenic, qui a encore plus de vertu que le Soufre pour enlever les matieres fixes, aura sublimées avec lui.

Si l'on veut séparer du Soufre la plus grande partie de ces matieres étrangeres, il faut le mettre dans une cucurbite de terre qu'on placera dans un bain de sable. On ajustera sur la cucurbite un ou plusieurs aludels, & on ne donnera ensuite que le degré de chaleur né-

ceſſaire pour fondre le Soufre ſimplement : ce degré de chaleur eſt bien
moindre que celui qu'il faut pour ſéparer
le Soufre de ſa mine. Le Soufre étant
fondu, ſe ſublimera en fleurs citrines,
qui s'attacheront aux parois des aludels.

Quand on s'appercevra qu'il ne ſe ſublimera plus rien à ce degré, il faut
laiſſer refroidir les vaiſſeaux. On trouvera au fond de la cucurbite une maſſe
ſulphureuſe, laquelle contiendra la plus
grande partie des matieres étrangeres
qui étoient unies au Soufre. Cette maſſe
aura une couleur plus ou moins rouge,
ou griſe, ſuivant la nature des matieres
qui y ſeront demeuré.

Nous donnerons, lorſque nous parlerons de l'Arſenic & du Mercure, les
moyens de ſéparer abſolument le Soufre
de ces ſubſtances métalliques.

III. PROCEDE'.

Extraire l'Alun des Minéraux alumineux.

PRENEZ des Minéraux qu'on ſçait, ou
qu'on ſoupçonne contenir de l'Alun.
Expoſez-les à l'air, pour les laiſſer tom-

ber en efflorefcence. S'ils reftent pendant un an fans éprouver d'altération
fenfible, calcinez-les, & les laiffez enfuite expofés à l'air, jufqu'à ce qu'en en
mettant fur la langue, on y apperçoive
une faveur aftringente & alumineufe.

Lorfque ces matieres feront en cet
état, mettez-les dans un vaiffeau de
plomb ou de verre; verfez deffus le triple de leur poids d'eau chaude : faites
bouillir la liqueur : filtrez-la ; réitérez,
& édulcorez ainfi la terre, jufqu'à ce
que l'eau que vous retirerez de deffus
n'ait plus de faveur. Mêlez enfemble
toutes ces diffolutions, & les laiffez repofer pendant vingt-quatre heures, afin
que les parties groffieres & terreufes
qu'elles contiennent, puiffent fe dépofer au fond : ou bien filtrez la liqueur;
faites-la évaporer jufqu'à ce qu'elle puiffe foutenir un œuf frais. Laiffez-la refroidir & repofer pendant vingt-quatre heures ; il s'y formera des criftaux, qui le plus fouvent font du Vitriol ; rarement obtient-on de l'Alun dès
cette premiere criftalifation. Séparez
ces criftaux vitrioliques ; s'il s'y trouve
des criftaux d'Alun, il faut les rediffou-
dre, & les faire criftalifer une feconde

fois

fois pour les purifier, parcequ'ils participent de la nature & de la couleur du Vitriol. Retirez par cette méthode tout ce que la liqueur pourra donner d'Alun.

Si vous n'obtenez pas de criftaux d'Alun par ce moyen, faites bouillir encore votre liqueur, & ajoûtez-y la vingtiéme partie de fon poids d'une forte leffive de cendres gravelées, ou un tiers de fon poids d'urine putréfiée, ou un peu de chaux vive. C'eft l'expérience & le tâtonnement qui font connoître laquelle de ces trois fubftances eft préférable, fuivant la différente nature des Minéraux fur lefquels on opére. Continuez à faire bouillir; il paroîtra un précipité blanc, s'il y a de l'Alun dans la liqueur; laiffez-la pour lors refroidir & repofer. Quand le précipité blanc fera dépofé au fond, décantez-la, & laiffez les criftaux alumineux fe former en repos jufqu'à ce que la liqueur ne puiffe plus en fournir; elle fera pour lors fort épaiffe.

REMARQUES.

On retire l'Alun de plufieurs efpeces de Minéraux. En Italie, & dans plufieurs autres endroits, il fleurit de lui-même fur la fuperficie de la terre. On le recueille avec des balais, & on le fait tomber dans des foffes pleines d'eau. On en charge cette eau jufqu'à ce qu'elle en ait diffous tout ce qu'elle en peut diffoudre. On la filtre enfuite; on la laiffe évaporer dans de grands vaiffeaux de plomb; & lorfqu'elle eft fuffifamment évaporée, & fur le point de donner des criftaux, on la verfe dans des cuves de bois pour laiffer criftalifer le fel.

Il fe trouve fouvent dans les terreins alumineux, des fources dont les eaux tiennent en diffolution une grande quantité d'Alun. Il fuffit de faire évapoter ces eaux pour l'en retirer.

Il y a aux environs de Rome des pierres fort dures qu'on taille comme celles qui fervent aux bâtimens : ces pierres fourniffent beaucoup d'Alun. Pour l'en retirer, on leur fait éprouver une calcination de douze ou quatorze heures; après quoi on les porte dans une efpece de terrein fur lequel on les diftribue par monceaux. On a foin d'arrofer ces pierres trois ou quatre fois par jour pendant quarante jours. Au bout de ce temps, elles commen-

cent à fleurir & à se couvrir d'une matiere rougeâtre. On les fait bouillir
dans de l'eau, qui se charge de tout ce
qu'elles contiennent d'Alun, qu'on retire en cristaux en la faisant évaporer.
C'est cet Alun qu'on nomme, *Alun de
Rome*.

Plusieurs especes de Pyrites fournissent aussi beaucoup d'Alun. On trouve
en Angleterre une pierre pyriteuse dont
la couleur approche de celle de l'ardoi-
se. Cette pierre contient beaucoup de
Soufre, dont on se débarrasse en le faisant brûler. On la fait ensuite macérer
dans l'eau, qui dissout ce qu'elle contient d'Alun. On ajoûte à cette dissolution une certaine quantité de lessive de
cendres de plantes maritimes.

Les Suédois ont chez eux une Pyrite
brillante de couleur d'or, & parsemée
de taches argentées, dont ils retirent
du Soufre, du Vitriol & de l'Alun. Ils
en séparent le Soufre & le Vitriol par
les moyens que nous avons indiqués.
Quand la liqueur, dont on a retiré du
Vitriol, est épaisse, & qu'il ne s'y forme
plus de cristaux vitrioliques, ils y ajoû-
tent un huitiéme de son poids d'urine
putréfiée, & de lessive de cendres de

bois neuf : ce qui fait auſſitôt paroître & précipiter au fond de la liqueur une grande quantité de matiere rouge. Ils décantent la liqueur de deſſus le précipité ; ils le font évaporer, & il s'y forme de beaux criſtaux d'Alun.

L'Alun, comme le prouve aſſez ce que nous venons de dire des différentes matrices dont on le retire, eſt rarement ſeul dans les eaux avec leſquelles on a leſſivé les matieres alumineuſes. Il y a preſque toujours avec lui une certaine quantité de Vitriol ou d'autres matieres ſalines minérales, qui font obſtacle à ſa criſtaliſation, & l'empêchent d'être pur. C'eſt pour en ſéparer ces matieres, qu'on mêle dans les eaux chargées d'Alun, une certaine quantité de leſſive d'Alkali fixe, ou d'urine putréfiée, qui contient beaucoup d'Alkali volatil. Ces Alkalis ont la propriété de décompoſer tous les Sels neutres, qui ont pour bâſe une terre abſorbante, ou une ſubſtance métallique, & de décompoſer plus facilement ceux qui ont pour bâſe une ſubſtance métallique, que ceux dont la bâſe eſt terreuſe. Ils doivent par conſéquent, ſi on en mêle dans une liqueur qui tienne en diſſolution l'une & l'autre efpece de ces fels, décompofer celui dont la bâfe eft métallique, plutôt que celui dont la bâfe eft terreufe. C'eft ce qui arrive dans une diffolution d'Alun & de Vitriol. La partie métallique de ce dernier eft féparée de fon acide par les Alkalis lorfqu'on en mêle dans cette diffolution; & c'eft cette partie métallique, laquelle le plus fouvent eft ferrugineufe, qui paroît fous la forme du précipité rougeâtre dont nous avons parlé.

Mais comme les Alkalis décompofent auffi les Sels neutres qui ont pour bâfe une matiere terreufe, il faut avoir attention de n'en pas ajoûter une trop grande quantité : autrement, tout ce qui excéderoit la dofe néceffaire pour décompofer ce que la liqueur contient de vitriolique, agiroit fur l'Alun, & le décompoferoit auffi.

Les Alkalis qu'on emploie pour faciliter la criftalifation de l'Alun s'uniffent avec l'Acide vitriolique qui tenoit en diffolution les matieres qu'ils ont précipitées, & forment avec lui des Sels neutres, différens fuivant leur nature. Si c'eft une leffive de cendres ordinaires, le Sel neutre eft un Tartre vitriolé : fi la

leſſive eſt de cendres de plantes maritî-
mes de la nature de la ſoude, le Sel neutre eſt un Sel de Glauber : ſi c'eſt l'urine
putréfiée, le Sel neutre eſt un Sel Ammoniacal vitriolique. Une partie de ces ſels
eſt confondue avec l'Alun, qui dans le
travail en grand ſe criſtaliſe en groſſes
maſſes : de-là vient qu'il y a des eſpeces
d'Alun qui mêlés avec un Alkali fixe ont
une odeur d'Alkali volatil.

Les criſtaux de l'Alun ſont des octahedres, c'eſt-à-dire, des ſolides à huit
ſurfaces. Ces octahedres ſont des pyramides triangulaires dont les angles ſont
coupés, deſorte que quatre de leurs ſurfaces ſont des héxagones, & les quatre
autres des triangles.

Le Soufre, le Vitriol & l'Alun ſont
les trois matieres les plus connues dans
leſquelles réſide particulierement l'Acide univerſel ou vitriolique, & deſquelles
on le ſépare pour l'avoir pur. C'eſt pourquoi, avant de parler de l'extraction de
cet Acide, nous avons cru qu'il étoit à
propos de donner la maniere de les ſéparer elles-mêmes des autres Minéraux
dont on peut les retirer.

D'ailleurs, toutes les autres matrices
auſquelles l'Acide vitriolique eſt le plus

souvent uni, se peuvent rapporter à l'une des matieres qui servent de bâse à ces trois minéraux.

On doit rapporter au Soufre les combinaisons d'Acide vitriolique, avec une matiere inflammable : il faut pourtant bien se garder de confondre avec le Soufre, les bitumes dans lesquels on pourroit découvrir l'Acide vitriolique, parce que la bâse de ces bitumes est une véritable huile, au lieu que celle du Soufre est le Phlogistique pur. Mais comme les Huiles contiennent elles-mêmes le Phlogistique, qui uni à l'Acide vitriolique forme de vrai Soufre, il s'ensuit que ces sortes de bitumes peuvent être en quelque sorte rangés dans la classe du Soufre.

Il en est de même du Vitriol. On ne donne communément ce nom qu'aux combinaisons formées de l'Acide vitriolique, & du fer ou du cuivre, qui sont les Vitriols verd & bleu ; & à une troisiéme espece de Vitriol, qui est blanc, dont la bâse est du Zinc ; mais comme l'Acide vitriolique peut par des combinaisons particulieres être uni à beaucoup d'autres substances métalliques, tous ces Sels métalliques doivent se rapporter à la classe du Vitriol.

Il faut dire aussi la même chose de l'Alun, qui n'est autre chose que l'Acide vitriolique uni à une espece particuliere de terre absorbante. On peut rapporter à cette combinaison, toutes celles qui naissent de ce même Acide uni à une terre quelconque.

Cette derniere classe de mixtes qui contiennent l'Acide vitriolique est la plus étendue, parce qu'il y a une grande quantité de terres différentes les unes des autres avec lesquelles notre Acide est uni. L'Alun proprement dit, les Gipses, les Talcs, les Sélenites, les Bols, & tous les autres composés de cette espece, ne différent les uns des autres que par leur terre.

Les propriétés différentes qu'ont ces sels terreux, dépendent de la nature de leur bâse. Ceux qui sont alumineux retiennent beaucoup d'eau dans leur cristalisation ; ce qui les rend très-dissolubles dans l'eau, & leur donne la propriété d'acquérir aisément la fluidité aqueuse, lorsqu'on les expose au feu. Ceux qui sont de la nature de la Sélenite ne prennent dans leur cristalisation qu'une très-petite quantité d'eau,

& sont

& font par conféquent prefque indiffo-
lubles dans l'eau : le feu ne leur donne
point non plus de fluidité aqueufe. Enfin, les Gypfes & les Talcs font encore
plus éloignés de ces propriétés. La nature des terres de ces différens compofés n'eft encore connue que très-impar-
faitement, & peut fournir aux Chymiftes matiere à des recherches auffi cu-
rieufes qu'utiles.

- On trouve quelquefois l'Acide vitriolique engagé dans une bâfe alkaline fixe. C'eft prefque toujours l'Alkali du Sel
marin, enforte que ce compofé eft du
Sel de Glauber. Il y a des eaux minérales qui en contiennent. Cela arrive lorfque ces eaux font chargées de Vitriol
ou d'Alun, & en même temps de Sel
marin.

On fçait par les principes que nous
avons établis dans nos Elémens, que l'A-
cide vitriolique a une moindre affinité
avec les fubftances terreufes & métalliques, qu'avec les Alkalis fixes; & que ce
même Acide vitriolique eft plus fort que
l'Acide marin, & a plus d'affinité que lui
avec les Alkalis fixes. Cela pofé, on conçoit aifément comment fe forme le Sel
de Glauber naturel. L'Acide des fels al-

mineux ou vitrioliques quitte la terre, ou le métal avec lequel il étoit uni, & fe joint avec la bâfe du Sel marin, dont il chaffe l'Acide. La chaleur aide beaucoup ces décompofitions.

S'il fe trouvoit du Sel commun foffile, nommé communément *Sel géme*, ou toute autre efpece de Sel marin dans le voifinage d'un Volcan, duquel il fortît du Soufre embrafé, comme cela arrive fouvent, & que ce Soufre pût toucher au Sel marin, il fe formeroit auffi en cet endroit du Sel de Glauber, parceque l'Acide du Soufre fe dégage & devient libre lors de fa combuftion.

Enfin, fi les matieres alumineufes, vitrioliques, ou le Soufre allumé, parvenoient dans quelqu'endroit où il y eût des cendres d'arbres ou de plantes confumées par quelqu'incendie, on trouveroit du Tartre vitriolé, parceque ces cendres contiennent un Alkali fixe, analogue à celui du Tartre.

L'Acide vitriolique engagé dans des bâfes terreufes, y tient fortement, enforte qu'on ne peut l'en dégager par la violence du feu, ou du moins qu'on n'en peut dégager qu'une très-petite partie. On ne peut l'en féparer qu'en lui présentant un Alkali salin dans lequel il s'engage. Aussi ne le retire-t-on pas de ces matieres quand on veut l'avoir pur. Il tient moins fortement aux substances métalliques, & par la violence du feu on le sépare d'avec elles. On peut donc le retirer des différentes especes de Vitriol. On le retire ordinairement du Vitriol vert comme le plus commun.

A l'égard du Soufre, comme le Phlogistique qui est sa bâse est la substance avec laquelle l'Acide vitriolique a le plus d'affinité, il seroit impossible de le décomposer par aucun moyen, & d'en séparer l'Acide, s'il n'étoit inflammable ; mais dans la combustion, le Phlogistique se détruit, & laisse l'Acide libre : ainsi on peut se servir de ce moyen pour l'en séparer. Nous allons donner les Procédés par lesquels on retire l'Acide du Vitriol, & du Soufre.

IV. PROCEDE.

Extraire l'Acide vitriolique du Vitriol vert.

PRENEZ telle quantité qu'il vous plaira de Vitriol vert. Mettez-le dans un

vafe de terre non verniffé. Echauffez-le
par degrés. Il en fort d'abord quelques
vapeurs. Enfuite, en augmentant un peu
le feu, il fe liquifie à la faveur de l'eau
qu'il contient, & acquiert la fluidité que
nous avons nommée *aqueufe*. En continuant la calcination, fa fluidité diminue : il s'épaiffit, & prend une couleur
grife. Augmentez alors le feu, & le continuez jufqu'à ce que ce Sel foit redevenu
folide, qu'il ait acquis une couleur jaû-
ne orangé, & qu'il commence à devenir rouge dans les endroits qui touchent
immédiatement les parois du vafe. Retirez-le pour lors du vaiffeau, & le ré-
duifez en poudre.

Mettez ce Vitriol, ainfi calciné & réduit en poudre, dans une bonne cornue
de terre, dont la moitié au moins doit
demeurer vuide. Placez la cornue dans
un fourneau de réverbere : ajuftez-y un
grand récipient de verre, que vous lutterez bien avec : donnez le feu par degrés. Vous verrez d'abord fortir des
vapeurs blanches qui obfcurciront &
échaufferont le récipient. Continuez le
feu au même degré tant qu'elles fortiront ; elles feront fuivies par une liqueur
qui coulera le long des parois de ce vaif

feau en forme de ſtries. Soutenez encore le feu au même degré tant qu'elles
paroîtront. Quand elles commenceront
à diminuer, augmentez le feu, & pouſ-
ſez-le juſqu'à la derniere violence ; il
paſſera dans le récipient une liqueur
noire & épaiſſe, qui même ſe trouvera
congelée, & ſera de l'Huile de Vitriol
glaciale, ſi vous avez eu ſoin de changer de récipient, de tenir les vaiſſeaux
exactement fermés, & que vous puiſ-
ſiez donner une chaleur ſuffiſante. Continuez juſqu'à ce qu'il ne paſſe plus rien,
ou du moins peu de choſe. Laiſſez refroidir les vaiſſeaux, déluttez, & verſez
la matiere du récipient dans un flacon
que vous boucherez hermétiquement.

REMARQUES.

Le Vitriol vert retient dans ſa criſtaliſation une grande quantité d'eau : c'eſt
pour le dépouiller de tout ce phlegme
ſuperflu, qu'on le calcine avant de le
ſoumettre à la diſtillation. Si on n'avoit
pas cette précaution, on alongeroit conſidérablement l'opération, & on employeroit un temps conſidérable à diſtiller toute cette eau, qui d'ailleurs af-
foibliroit beaucoup l'Acide en ſe mêlant

C iij

avec lui, à moins qu'on n'eût la précaution de changer de récipient auffitôt qu'elle feroit paffée.

Il y a encore un autre avantage à calciner le Vitriol avant de le mettre dans
la cornue : c'eft que fans cela ce Sel fe
liquifieroit à la premiere chaleur, & fe
mettroit en maffe; ce qui feroit un grand
obftacle à la diftillation. On évite cet
inconvénient en le calcinant d'abord,
parceque cela donne la facilité de le
réduire en une poudre qui ne devient
plus fluide.

Le Vitriol, calciné comme nous l'a-
vons prefcrit dans le procédé, fe durcit
tellement, & s'attache fi fortement au
vaiffeau dans lequel s'eft fait la calcination, qu'on a beaucoup de peine à l'en
féparer, & à le mettre en poudre. Il faut
avoir attention, auffitôt qu'il eft pulvérifé, de le mettre dans la cornue, & de
la bien boucher, fi on ne commence
pas auffitôt l'opération : car il reprend
de lui-même à l'air la plus grande partie
de l'humidité dont on l'a privé.

L'Acide qu'on retire du Vitriol par la
diftillation eft fulphureux, apparemment
parcequ'il a retenu une partie du Phlogiftique, auquel il étoit uni lorfqu'il

étoit sous la forme de Soufre dans les Pyrites ; ou bien, parcequ'il s'eft faifi d'une
portion de celui du fer qui lui fert de
bafe dans le Vitriol. Mais cette partie
fulphureufe étant volatile, fe diffipe d'elle-même au bout d'un certain temps.

Cette décompofition du Vitriol dans
les vaiffeaux fermés , eft un procédé difficile & laborieux. Il faut, lorfqu'on veut
pouffer l'opération jufqu'au bout, un feu
de la derniere violence , entretenu fans
difcontinuation pendant quatre ou cinq
jours , & tel que peu de vaiffeaux peuvent le foutenir. Auffi fait-on rarement
cette opération ici dans les Laboratoires.
Les Chymiftes font venir de l'Huile de
Vitriol de Hollande, où on la retire du
Vitriol par un travail en grand , & par le
moyen de fourneaux conftruits exprès ,
fur lefquels fontajuftées plufieurs cornues.

M. Hellot a donné , dans les Mémoires de l'Académie des Sciences, les principales circonftances d'une très-belle expérience de cette nature , par laquelle
il a pouffé jufqu'au bout la diftillation
du Vitriol vert. Il a mis dans une cornue d'Allemagne, * fix livres de Vitriol

* Elles font beaucoup meilleures , & fupportent
bien mieux le feu que les nôtres.

vert d'Angleterre calciné au rouge , &
les a exposées à un feu de fonte , continué avec la derniere violence pendant
quatre jours & quatre nuits. Au bout de
ce temps , il s'est trouvé dans les vais-
feaux qui servoient de récipients à la
cornue une Huile de Vitriol glaciale ,
qui étoit toute entiere en forme cristaline & noire. Voici les précautions que
M. Hellot demande pour faire réussir
cette expérience: ce sont ses propres pa-
roles que je vais rapporter.

» La réussite de cette opération , qui
» donne une Huile de Vitriol toute gla-
» ciale & sans liqueur , dépend des pré-
» cautions qu'on prend pour empêcher
» que les vapeurs acides , chassées par
» le feu d'un Vitriol calciné au rouge ,
» n'aient de communication avec l'air
» extérieur pendant la distillation : car
» alors elles attireroient de l'air une hu-
» midité qui les entretiendroit liquides
» dans le récipient. Il faut que ce réci-
» pient soit assés éloigné du fourneau
» pour qu'il puisse rester froid, afin que
» les vapeurs s'y condensent. Il faut aussi
» qu'il y ait de l'espace , pour qu'elles
» puissent s'étendre , & pour que les ex-
» plosions sulphureuses , qui partent de

temps en temps de la cornue, ne rom- «
pent pas les vaiſſeaux : car quoique la «
calcination précédente du Vitriol en «
ait chaſſé le plus volatil, il y reſte en- «
core aſſés de principe inflammable, «
ne fût-ce que celui du fer, pour que «
l'Acide qui ſe dégage forme avec lui «
un Soufre, ou au moins un mêlange «
qui feroit inflammable comme le Sou- «
fre commun, s'il n'étoit pas furchargé «
d'Acide. «

M. Hellot n'a pas eu de meilleur «
moyen pour y réuſſir, que celui d'a- «
dapter au col de la cornue un réci- «
pient à deux cols ; & au col inférieur «
de ce récipient, un grand balon : c'eſt «
l'appareil des vaiſſeaux enfilés. «

Cette Huile glaciale eſt très-diffici- «
le à retirer du balon, parcequ'auſſi- «
tôt que l'air la frappe, il en ſort des «
vapeurs ſulphureuſes ſi épaiſſes, qu'on «
eſt obligé de poſer le vaiſſeau ſur quel- «
qu'appui dans un endroit plus élevé «
que la tête, ſans quoi il ne feroit pas «
poſſible de s'y tenir expoſé pendant «
une minute ſans être ſuffoqué. « Cet «
Acide glacial doit être enfermé le plus
promptement qu'il eſt poſſible dans un
flacon de criſtal bouché exactement,

avec un bouchon de criftal ufé avec l'é-
meri dans fon gouleau : car il attire fi
puiffamment l'humidité de l'air, qu'à
moins qu'on ne prenne des précautions
extrêmes pour empêcher qu'il ne communique avec l'air extérieur, il fe réfout
bientôt en liqueur.

» L'Huile glaciale eft noire, parce-
» que les vapeurs acides emportent avec
» elles un peu d'une matiere graffe dont
» le Vitriol eft rarement exempt, &
» qu'on trouve toujours après les folu-
» tions & les criftalifations répétées de
» ce Sel, dans une eau mere qui ne fe
» criftalife plus. Or la plus petite por-
» tion de matiere inflammable noircit
» affés vîte l'Huile de Vitriol la mieux
» rectifiée, qui eft blanche.

» L'Acide vitriolique chaffé par un
» grand feu, éleve auffi des parties fer-
» rugineufes, ou qui n'ont befoin que
» d'être uni au Phlogiftique pour être
» de vrai fer. On les montre aifément
» dans l'Huile de Vitriol commune &
» noire, ou dans ces criftaux noirâtres
» de l'Huile glaciale, fi on les diffout
» dans une grande quantité d'eau difti-
» lée : car au bout de fept ou huit jours
» de digeftion, il s'en précipite une

poudre ou sédiment en floccons , qui «
calciné à feu violent, a des parties at- «
tirables par l'aimant ; recalciné avec «
de la cire, il est presque tout fer. «

Le *Caput mortuum* de cette distillation du Vitriol, est la terre ferrigineu-
se de ce Sel : on la nomme *Colcotar*.
Lorsque ce Colcotar a éprouvé un feu
violent , comme dans l'expérience dont
nous venons de parler , il n'y reste presque plus d'Acide. De six livres de Vitriol que M. Hellot avoit employées
dans son expérience , il n'en a pu retirer , après avoir fait la lessive de ce qui
restoit dans la cornue , que deux onces
d'un Sel vitriolique ; encore étoit-il fort
terreux.

Si le Vitriol n'a pas éprouvé un feu si
violent ni si long-temps continué , on
retire du Colcotar une plus grande
quantité de Vitriol qui n'a pas été décomposé. On en retire aussi un Sel blanc
cristalin , qu'on a nommé *Sel de Colcotar* , lequel n'est qu'une petite portion
d'Alun que le Vitriol contient ordinairement , & qui ne se laisse pas décomposer par l'action du feu aussi facilement
que le Vitriol.

V. PROCEDE'.

Décomposer le Soufre par la combustion,
& en retirer l'Acide.

PRENEZ telle quantité qu'il vous plaira de Soufre le plus pur : emplissez-en un creuset ou quelqu'autre vaisseau de terre : exposez-le au feu jusqu'à ce que le Soufre soit fondu : mettez-y pour lors le feu ; & lorsque toute sa superficie sera allumée, placez-le sous un grand chapiteau de verre, disposé de façon, que la flamme du Soufre ne touche point à son fond ni à ses côtés ; qu'il y ait un accès assés libre à l'air, afin que le Soufre puisse brûler aisément ; qu'il soit un peu incliné du côté du bec, ensorte que les vapeurs qui s'y feront condensées puissent y couler aisément. Ajustez au bec de ce chapiteau un récipient ; les vapeurs du Soufre allumé se condenseront, se rassembleront en gouttes dans ce chapiteau, & passeront de-là dans le récipient. On y trouvera, quand le Soufre aura cessé de brûler, une liqueur acide qui est de l'Esprit de Soufre.

REMARQUES.

Dans la combuſtion du Soufre, le Phlogiſtique qui lui ſert de bâſe ſe diſſipe, & ſe ſépare de l'Acide qui demeure libre. Les vapeurs acides qui s'élévent du Soufre allumé, s'attachent aux parois du chapiteau qu'on leur préſente, s'y condenſent, & paroiſſent ſous la forme d'une liqueur. Mais comme le Soufre, de même que tous les autres corps inflammables, excepté le Nitre, ne peut brûler dans les vaiſſeaux fermés, on eſt obligé d'admettre le concours de l'air libre dans cette opération : ce qui eſt cauſe qu'on perd une grande quantité de l'acide du Soufre, lequel ſe manifeſte par l'odeur pénétrante & ſuffocante qu'on apperçoit dans le Laboratoire où on fait cette opération.

Cet Acide, qui combiné avec le Phlogiſtique, étoit incapable de contracter aucune union avec l'eau, devient, quand il eſt libre, très-propre à ſe mêler avec elle : il eſt bon même de lui en préſenter, dans laquelle il puiſſe s'incorporer à meſure qu'il ſe dégage du Soufre; car il eſt pour lors très-déphlegmé, très-volatil, par conſéquent peu propre à ſe

condenſer en liqueur , & au contraire
très-diſpoſé à ſe diſſiper en vapeurs.
L'eau à laquelle il s'unit avec une ſorte
d'avidité, le fixe & l'entraîne avec elle.
On en retire par ce moyen une bien
plus grande quantité, que ſi on le diſ-
tilloit à ſec.

. Il eſt donc à propos de préſenter de
temps en temps ſous le chapiteau qui
reçoit les vapeurs ſulphureuſes, un vaiſſeau plein d'eau chaude. La fumée qui
s'en exhale, rend ce chapiteau humide,
& procure l'avantage dont nous venons
de parler.

On peut employer pour cela différens moyens ; comme de mettre le creuſet qui contient le Soufre, ſur un culot
placé dans une terrine, dans laquelle il y
aura une quantité d'eau qui n'excéde
point la hauteur dudit culot, de peur
que ſi elle parvenoit juſqu'au creuſet,
elle ne refroidît & ne figeât le Soufre.
La terrine ainſi diſpoſée, doit être placée ſur un bain de ſable aſſés chaud pour
faire fumer l'eau continuellement : &
ſur le tout, on diſpoſe le chapiteau
comme nous l'avons dit dans le Procédé.

. La grandeur & la figure du vaiſſeau

qui reçoit les vapeurs sulphureuses, contribuent aussi à augmenter la quantité d'Esprit de Soufre qu'on retire. Un vaisseau très-ample, & dont l'ouverture inférieure n'a de largeur que ce qui est nécessaire pour admettre les vapeurs, est le plus convenable pour cette opération.

Lorsque le Soufre a brûlé pendant un certain temps, il arrive souvent qu'il se forme à la surface une espece de peau, ou de croûte, qui n'est point inflammable, qui diminue la quantité & l'activité de la flamme, à mesure qu'elle s'épaissit, & qui enfin la supprime entierement. Cette croûte est formée par des impuretés & des parties hétérogénes non inflammables que contient le Soufre. Il faut avoir soin de l'enlever avec un fil de fer, à mesure qu'elle se forme.

On peut aussi avoir du Soufre dans deux creusets qu'on fait chauffer alternativement. On substitue celui qui est chaud, & dans lequel le Soufre est en fusion, à celui dans lequel le Soufre est refroidi & figé, parceque le Soufre froid brûle moins bien.

L'Esprit de Soufre est d'abord pénétrant & volatil, parcequ'il retient enco re une petite portion de Phlogiftique ; mais ce fulphureux fe diffipe, fur-tout fi on laiffe débouchée pendant quelque temps, la bouteille dans laquelle on le conferve.

L'Acide retiré du Soufre, eft à toutes les épreuves chymiques, entierement femblable à celui qu'on retire du Vitriol : il n'en différe qu'en ce qu'il eft plus pur ; car l'Acide retiré du Vitriol emporte avec lui, ainfi que nous l'avons remarqué, quelques parties métalliques, ce qui n'arrive point à celui qu'on retire du Soufre.

Si on préfente des linges imbibés d'une diffolution d'Alkali fixe, à la vapeur du Soufre brûlant, l'Efprit de Soufre fe joint avec l'Alkali qu'on lui préfente, & forme avec lui un Tartre vitriolé. On reconnoît que ce Sel eft formé, parceque les linges deviennent roides & paroiffent parfemés d'une infinité de brillans, qui ne font autre chofe, que de petits criftaux du Sel dont nous venons de parler.

Lorfque le Soufre ne brûle que peu à peu, & très-lentement, l'Efprit qui s'en exhale eft beaucoup plus fulphureux & volatil : auffi, le Sel qui fe for-

mo

me de la combinaison de cet Esprit avec
un Alkali fixe, qu'on lui présente dans
des linges, comme dans l'expérience précédente, n'est-il point d'abord un Tartre vitriolé ; mais un Sel neutre d'une
espece particuliere, qui peut être décomposé par tous les Acides minéraux,
l'Acide sulphureux ayant avec les Alkalis moins d'affinité que les autres. Ce Sel,
cependant, se convertit au bout d'un
certain temps en vrai Tartre vitriolé,
parceque la partie sulphureuse qui affoi-
blissoit son acide, se dissipe, & le quitte
assés facilement.

VI. PROCEDE'.

Concentrer l'Acide vitriolique.

PRENEZ de l'Acide vitriolique que
vous voudrez concentrer, c'est-à-dire, déphlegmer & rendre plus fort :
mettez-le dans une cornue de bon verre, assés grande pour que la quantité
d'Acide que vous aurez ne l'emplisse
qu'à moitié : placez cette cornue sur le
bain de sable du fourneau de réverbere :
ajustez-y un récipient, que vous lutterez à la cornue : donnez le feu par de-

grés. Il paſſera dans le récipient une liqueur blanche, dont les premieres gouttes ne ſont que foiblement acides : c'eſt
la partie la plus aqueuſe.

Lorſque les gouttes commenceront à
ſe ſuccéder beaucoup plus lentement,
augmentez le feu, juſqu'au point qu'il
ſe forme un petit bouillon au milieu de
la liqueur. Entretenez-la ainſi légerement bouillante, juſqu'à ce qu'il en ait
paſſé la moitié ou les deux tiers dans le
récipient. Laiſſez alors refroidir les vaiſſeaux, déluttez-les, & verſez dans un
flacon de criſtal ce qui reſtera dans la
cornue. Bouchez exactement ce flacon
avec un bouchon de criſtal uſé à l'E-
meri.

REMARQUES.

L'Acide retiré du Soufre eſt ordinairement fort aqueux, ſoit parcequ'on eſt
obligé de lui préſenter de l'eau, avec
laquelle il ſe mêle à meſure qu'il ſe dégage du Soufre ; ſoit parcequ'étant très-
avide de l'humidité, il s'eſt chargé de
celle de l'air qu'il eſt néceſſaire d'admettre pour la combuſtion du Soufre.

L'Acide qu'on retire du Vitriol, à
l'exception de celui qui vient le dernier,

est aussi chargé d'une quantité assés considérable de phlègme, parceque le Vitriol, quoique calciné, en retient encore beaucoup, qui s'éleve avec l'Acide dans la distillation. Or une infinité d'expériences chymiques ne réussissent qu'avec des Acides extrêmement déphlegmés, ainsi il est bon d'avoir dans un Laboratoire tous les Acides ainsi conditionnés, parcequ'il est fort aisé, s'ils sont trop forts pour certaines expériences, comme cela arrive quelquefois, de les affoiblir à tel degré qu'on le juge à propos, en y mêlant une suffisante quantité d'eau.

L'Acide vitriolique est beaucoup plus pesant & beaucoup moins volatil que l'eau. Si donc on expose au feu un mêlange de ces deux substances, la partie aqueuse doit s'élever à un degré de chaleur qui ne sera pas capable d'enlever l'Acide, & on les séparera par ce moyen l'une de l'autre. C'est ce qui arrive dans la concentration de l'Acide vitriolique.

Cependant, comme cet Acide s'unit très-intimement avec l'eau, & y est en quelque sorte fort attaché, l'eau en entraîne avec elle une partie; de-là vient que la liqueur qui passe dans le réci-

pient eft acide : elle porte le nom d'*Ef-*
prit de Vitriol.

A mefure que le feu enléve la partie
la plus aqueufe, celle qui refte dans la
cornue augmente en pefanteur fpécifique. Les parties acides fe trouvent plus
rapprochées, retiennent plus fortement
les parties aqueufes, & par conféquent
il faut augmenter le degré de chaleur
pour les enlever.

On fait ordinairement paffer dans le
récipient la moitié, ou même les deux
tiers, de la liqueur qu'on a mife dans la
cornue : cela dépend du degré de force
où eft l'Acide avant la concentration,
& du degré de concentration qu'on
veut lui donner.

Si c'eft de l'Huile de Vitriol que l'on
concentre, fa couleur brune ou noire
s'éclaircit à mefure que l'opération avance, & enfin elle devient entierement
blanche & tranfparente, parceque la
matiere graffe qui la noirciffoit fe diffipe pendant l'opération. Il y en a qui dépofe une terre blanche & criftaline.

On fent ordinairement une odeur
fulphureufe autour des vaiffeaux pendant l'opération : cela vient d'une petite
portion de Phlogiftique dont l'Acide

n'eſt point exempt. C'eſt cette matiere inflammable qui donne à l'Huile de Vitriol ſa couleur noire ; car l'Huile de Vitriol la plus blanche & la mieux rectifiée , devient brune & même noire en aſſés peu de temps , ſi elle diſſout quelque matiere inflammable , quand même celle-ci ſeroit en très-petite quantité.

On lutte les vaiſſeaux dans cette opération , afin de ne rien perdre de l'Eſprit de Vitriol qu'on en retire, qui étant fort acide , peut ſervir à une infinité d'expériences chymiques , & peut lui-même être encore concentré.

Il eſt néceſſaire , comme nous avons dit , de ſe ſervir pour cette opération , d'une cornue qui ſoit de très-bon verre ; car cet Acide eſt ſi actif & ſi puiſſant , que ſi le verre étoit tendre & un peu trop ſalin , il le rongeroit & le ſépareroit en pluſieurs morceaux.

Quoique nous ayons dit qu'il faille mettre la cornue au bain de ſable dans cette opération , il ne s'enſuit pas pour cela qu'on ne puiſſe auſſi la faire à feu nud : au contraire , en n'employant pas d'intermède pour tranſmettre la chaleur , l'opération va beaucoup plus vîte , & devient bien moins ennuyeuſe.

Mais il faut de grandes précautions &
de grandes attentions pour adminiſtrer
le feu par degrés preſqu'inſenſibles, ſur-
tout dans le commencement de l'opération : ſans quoi on eſt preſque ſûr de
voir le vaiſſeau ſe briſer. En général,
dans preſque toutes les diſtillations qui
demandent un degré de chaleur plus
fort que celui de l'eau bouillante, ou du
bain-marie, on peut employer le feu
nud, & l'opération eſt plutôt achevée ;
mais cela demande qu'on ſoit déja exercé, & qu'on ait acquis l'habitude de
bien gouverner le feu.

Il y a encore un autre avantage à ne
point ſe ſervir du bain de ſable : c'eſt
que ſi pendant l'opération on s'apperçoit que le feu eſt trop vif, on peut y
apporter un reméde aſſés prompt, ſoit
en bouchant exactement toutes les ouvertures du fourneau, ſoit en retirant
en tout ou en partie le charbon allumé
qu'il contient. Le reméde n'eſt pas à
beaucoup près auſſi prompt quand on
emploie le bain de ſable, parceque lorſqu'il eſt une fois échauffé, il retient encore très-long-temps ſa chaleur, quoiqu'on ait entièrement ſupprimé le feu.

VII. PROCEDE'.

Décompoſer le Tartre vitriolé, par l'intermédé du Phlogiſtique, ou faire du Soufre, en combinant enſemble l'Acide vitriolique & le Phlogiſtique.

PRENEZ du Tartre vitriolé réduit en poudre, & du Sel de Tartre bien ſec réduit auſſi en poudre, de chacun parties égales : ajoûtez-y un huitiéme de leur poids de poudre de charbon : mêlez le tout enſemble bien exactement. Mettez ce mêlange dans un creuſet rouge, placé dans un fourneau plein de charbons ardens. Couvrez-le bien exactement, & entretenez-le bien rouge, juſqu'à ce que le mêlange ſoit fondu : ce que vous reconnoîtrez en découvrant de temps en temps le creuſet. Il paroîtra alors une flamme bleuâtre, qui ſera accompagnée d'une vive odeur de Soufre.

Retirez le creuſet du feu : faites diſſoudre la matiere dans l'eau chaude : filtrez la diſſolution dans un entonnoir de verre garni de papier gris : verſez peu à peu dans la liqueur filtrée un Acide quelconque. Elle ſe troublera à meſure que vous ajoûterez de l'Acide , & il s'y formera un précipité gris. Continuez à verser de l'Acide, jufqu'à ce que la liqueur ne laiffe plus rien précipiter. Filtrez-la un feconde fois , pour en féparer le précipité : ce qui reftera fur le filtre fera de véritable Soufre brûlant , que vous pourrez fondre , ou fublimer en fleurs.

REMARQUES.

Toutes les matieres qui contiennent l'Acide vitriolique , peuvent, auffi-bien que le Tartre vitriolé , contribuer à la formation du Soufre. Ainfi, tous les Sels neutres qui ont cet Acide pour principe, les Aluns , les Sélénites , les Gypfes , les Vitriols peuvent lui être fubftitués dans cette expérience. Toutes ces matieres , avec la feule poudre de charbon , mifes en fufion dans un creufet , donnent toujours du Soufre , parceque l'Acide vitriolique ayant plus d'affinité avec le Phlogiftique qu'avec toutes autres fubftances , doit quitter fa bâfe , telle qu'elle foit , pour fe joindre avec le Phlogiftique du charbon , & former du Soufre avec lui.

L'Alkali fixe qu'on ajoûte , fert à faciliter

ciliter la fufion des matieres, qui eft néceffaire pour que la combinaifon fe faffe. Il fert encore, lorfque le Soufre eft
formé, à fe joindre avec lui. Il fait la
combinaifon que nous avons nommée
Foye de Soufre, & empêche que le Soufre ne fe confume à mefure qu'il eft formé ; car les Alkalis fixes, qui font in-
combuftibles, empêchent le Soufre de
fe brûler auffi facilement qu'il feroit s'ils
n'étoient pas joints enfemble. On les fépare enfuite l'un de l'autre, par le moyen
d'un Acide quelconque.

Ce procédé, par lequel on régénere
le Soufre, en recombinant enfemble les
principes dont il étoit compofé, eft une
des plus belles expériences que la Chymie moderne nous ait fournies. Nous
en fommes redevables à M. Stahl, & à
M. Geoffroy le Médecin, qui en a donné le détail dans les Mémoires de l'Académie.

Glauber & Boyle avoient, à la vérité, donné avant ces Meffieurs des procédés par lefquels on faifoit du Soufre.
Glauber employoit pour cela fon Sel ad-
mirable & la poudre de charbon. Boyle
fe fervoit de l'Acide vitriolique & de
l'Huile de Thérébentine. Mais ces Chy-

miftes ne fçavoient pas la vraie théorie
de leurs opérations : ils ne connoiffoient
pas au jufte les principes du Soufre : ils
ne croyoient pas en avoir compofé de
nouveau ; mais avoir feulement extrait
celui qu'ils fuppofoient exifter dans les
matieres qu'ils avoient employées dans
leurs expériences.

M. Stahl eft le premier qui ait bien
connu & développé la nature du Soufre,
& qui ait prouvé, que dans les expériences de Glauber & de Boyle, on faifoit
vraiment du Soufre, en uniffant enfemble les principes dont il doit être compofé. Cette belle expérience met dans
le dernier degré d'évidence la théorie
de la compofition de ce mixte, qui
joue un fi grand rôle dans la Chymie :
& il n'eft plus permis de douter que le
Soufre ne foit vraiment une combinaifon de l'Acide vitriolique avec le Phlogiftique.

Outre cette vérité importante, notre
procédé de la compofition artificielle du
Soufre en prouve encore plufieurs autres, qui ne font pas moins effentielles
& fondamentales.

La premiere, c'eft que l'Acide vitriolique a plus d'affinité avec le Phlogifti-

que qu'avec toutes autres substances, puisqu'il quitte les substances métalliques, terreuses, & les Sels alkalis, pour se combiner avec lui.

La seconde, c'est que le Soufre se combine avec les Alkalis fixes sans souffrir aucune décomposition, puisqu'il peut en être séparé en entier, & que ce même Soufre, qui par sa nature est indissoluble dans l'eau, y devient dissoluble par l'union qu'il a contractée avec l'Alkali fixe.

La troisiéme, c'est que l'Acide vitriolique qui lorsqu'il est pur, est celui de tous les Acides qui a la plus grande affinité avec les Alkalis, perd beaucoup de cette affinité, par l'union qu'il a contractée avec le Phlogistique, puisque les plus foibles Acides peuvent décomposer le Foye de Soufre, & séparer le Soufre de l'Alkali : ce qui confirme aussi une des propositions générales sur les affinités que nous avons avancées dans notre théorie, sçavoir, que les affinités des substances composées ou alliées sont moins fortes que celles de ces mêmes substances, plus pures ou plus simples.

CHAPITRE II.
DE L'ACIDE NITREUX.

PREMIER PROCEDE'.

Retirer le Nitre des terres & pierres ni-
treufes. Purification du Salpêtre.
Eau-Mere. Magnéfie.

PRENEZ telle quantité qu'il vous plaira de terres ou de pierres nitreufes :
réduifez-les en poudre : mêlez-y un tiers
de cendres de bois neuf & de chaux vive. Mettez le mêlange dans un baril ou
tonneau : verfez deffus environ le double du poids de toute la maffe, d'eau
chaude. Laiffez le tout pendant vingt-
quatre heures, en agitant avec un bâton
de temps en temps. Filtrez enfuite, foit
dans du papier gris, foit dans une chauffe
d'étoffe de laine, jufqu'à ce que la liqueur forte claire : elle aura une couleur
jaunâtre. Faites bouillir cette liqueur
dans un chaudron, & la faites évaporer
jufqu'à ce que vous vous apperceviez
qu'une goutte que vous en aurez retirée, mife fur quelque chofe de froid,

se coagule. Cessez pour lors de faire évaporer, & mettez la liqueur dans un lieu frais. Il s'y formera, dans l'espace de vingt-quatre heures, des cristaux de figure prismatique hexaèdre, dont les côtés opposés sont ordinairement égaux, & terminée par les bouts en pointe, ou pyramide aussi à six faces. Ces cristaux seront de couleur rousse, & fuseront sur les charbons ardens.

Décántez l'eau de dessus les cristaux : mêlez-la avec le double de son poids d'eau chaude : faites-la évaporer & cristaliser de même que la premiere fois. Réitérez la même manœuvre jusqu'à ce que la liqueur refuse de vous donner des cristaux : elle sera pour lors fort épaisse ; c'est ce qu'on appelle *l'Eau-mere.*

REMARQUES.

Les terres & les pierres qui ont été imprégnées des sucs & des matieres animales & végétales, susceptibles de putréfaction, qui ont été exposées à l'air long-temps à l'abri du grand soleil & de la pluie, sont celles qui fournissent la plus grande quantité de Nitre. Mais toutes les especes de terres & de pierres n'y sont pas également propres. Les cailloux

& les fables de nature criftaline n'en fourniffent point.

Il y a certaines terres & pierres fi abondantes en Nitre, que ce fel fleurit de lui-même à leur fuperficie fous la forme d'un duvet criftalin. On peut ramaffer ce Nitre avec des balais : il porte le nom de *Salpêtre de houffage*. On en apporte des Indes de cette efpece.

Nous n'avons encore aucune connoiffance bien certaine fur l'origine & la génération du Nitre. Quelques Chymiftes ont prétendu que l'Acide nitreux étoit répandu dans l'air, & qu'il fe dépofoit dans les terres & les pierres propres à le recevoir.

D'autres, confidérant que l'on n'en retire que des terres qui ont été imprégnées de fucs végétaux ou animaux, en ont conclu que ces deux regnes étoient le magafin général de l'Acide nitreux ; que fi on ne l'apperçoit point du tout, ou du moins qu'en très-petite quantité, avant que ces matieres aient fubi la putréfaction, & qu'elles fe foient en quelque forte incorporées dans les pierres & terres qui leur conviennent, c'eft que cet Acide y eft tellement embarraffé dans des parties hétérogénes, qu'il a

besoin que la putréfaction, & encore
plus la filtration à travers les terres, l'en
dégagent, pour se manifester avec ses
propriétés.

D'autres enfin, croient que cet Acide n'est autre chose que notre Acide uni-
versel ou vitriolique, altéré par une portion de Phlogistique avec lequel il est
combiné d'une maniere particuliere par
le moyen de la putréfaction. Ils fondent
leur sentiment principalement sur l'ana-
logie ou la ressemblance qu'a l'Acide nitreux avec l'esprit sulphureux volatil. Sa
volatilité, son odeur pénétrante, la propriété qu'il a de s'enflammer, & de détruire les couleurs bleues & violettes des
végétaux, leur servent de preuves.

Ce sentiment est d'autant plus vrai-
semblable, que quand même l'Acide nitreux sortiroit effectivement des substances végétales & animales, comme
ces matieres tirent elles-mêmes de la
terre tous les principes qui les compo-
sent, & que l'Acide vitriolique est répandu dans toutes les terres qui servent
à leur nourriture, il y a tout lieu de
croire que l'Acide nitreux n'est autre
chose, que l'Acide vitriolique altéré par
les changemens & combinaisons qu'il a

éprouvées en paſſant dans ces ſubſtances.
Au reſte, nous pouvons eſpérer d'avoir
dans peu de nouvelles lumieres ſur cette matiere, l'Académie Royale des
Sciences de Berlin l'ayant propoſée pour
le ſujet de ſon prix de l'année 1750.

Le travail en grand, par lequel les
Salpêtriers retirent le Nitre des plâtras
ou terres nitreuſes, eſt à peu près le
même que celui de notre procédé. Ainſi, je n'entrerai dans aucun détail à ce
ſujet. J'avertirai ſeulement d'une choſe
qu'il eſt eſſentiel de ſçavoir : c'eſt qu'il
n'y a point de terre nitreuſe qui ne contienne auſſi du Sel marin. Celles qui en
contiennent le plus, ſont celles qui ont
été humectées par les urines & autres
excrémens des animaux. Or comme les
plâtras qu'on retire des vieux édifices
des grandes villes ſont dans le cas, il
arrive que quand les Salpêtriers font
évaporer les leſſives nitreuſesqu'ils ont retirées de deſſus ces plâtras, l'évaporation
étant parvenue juſqu'à un certain point,
il ſe forme dans la liqueur une grande
quantité de petits criſtaux de Sel marin
qui ſe précipitent au fond du vaiſſeau.

Les Salpêtriers nomment ces particules ſalines *le grain*, & ont grand ſoin de

les féparer de la liqueur encore chaude qui tient le Salpêtre en diffolution, avant de l'expofer à la criftalifation. Ce fait doit paroître affés fingulier, attendu que le Sel marin eft plus diffoluble dans l'eau que le Salpêtre, & qu'il fe criftalife plus difficilement.

Pour en trouver l'explication, il faut fe rappeller plufieurs vérités dont nous avons parlé dans nos Elémens de théorie. La premiere, c'eft que l'eau ne peut tenir en diffolution qu'une certaine quantité de chaque Sel, & que fi on fait évaporer de l'eau chargée d'un Sel autant qu'elle peut être, il doit fe criftalifer une quantité de Sel proportionnée à la quantité d'eau qui s'évapore : & la feconde, c'eft que les Sels les plus diffolubles dans l'eau, ceux qui s'humectent à l'air, fe diffolvent en auffi grande quantité dans l'eau froide, que dans l'eau bouillante, au lieu que les autres fe diffolvent en beaucoup plus grande quantité dans l'eau chaude & bouillante, que dans l'eau froide. Cela pofé, en fçachànt que le Sel marin eft de l'efpece des premiers, & le Salpêtre de celle des feconds, l'explication de la précipitation du Sel marin dans la fabrique du Salpêr-e, fe préfente d'elle-même.

Lorfque la diffolution de Salpêtre &
de Sel marin fe trouve évaporée jufqu'-
au point qu'elle eft auffi chargée de Sel
marin qu'elle peut l'être, ce Sel doit
commencer à fe criftalifer, & continuer
à mefure que l'évaporation eft pouffée
plus loin. Mais comme dans ce même
temps, elle n'eft pas auffi chargée de
Salpêtre qu'elle peut l'être, attendu qu'-
elle eft capable d'en diffoudre une beaucoup plus grande quantité lorfqu'elle eft
bouillante, que lorfqu'elle eft froide, ce
dernier Sel ne fe criftalife point d'abord.
Si on continuoit à évaporer jufqu'à ce
qu'elle fût à l'égard du Salpêtre comme
à celui du Sel marin, alors le falpêtre
commenceroit auffi à fe criftalifer à mefure que l'évaporation feroit pouffée plus
loin, & les deux Sels continueroient de
fe criftalifer enfemble & *pêle mêle* ; mais
on ne la pouffe pas jufqu'à ce point-là :
& cela n'eft pas néceffaire, attendu qu'à
mefure qu'elle fe refroidit, elle devient
incapable de tenir en diffolution la même quantité de Salpêtre qu'elle tenoit
lorfqu'elle étoit bouillante.

Il arrive pour lors tout le contraire
par rapport à la criftalifation des deux

Sels ; car ce n'eſt plus le Sel marin, mais le Salpêtre qui ſe criſtaliſe. La raiſon de ce fait eſt encore fondée ſur ce que nous venons de dire. Le Sel marin qui peut être tenu en diſſolution en auſſi grande quantité par l'eau froide que par l'eau bouillante , & qui ne ſe criſtaliſoit qu'à la faveur de l'évaporation, l'évaporation ceſſante, ceſſe auſſi de ſe criſtaliſer, tandis que le Salpêtre qui ne ſe tenoit en diſſolution dans l'eau, que parcequ'elle étoit chaude & bouillante, eſt obligé de ſe criſtaliſer, à cauſe de ſon ſeul refroidiſſement.

Quand la diſſolution de Salpêtre a fourni ce qu'elle peut fournir de criſtaux de ce Sel par le ſeul refroidiſſement, on la fait évaporer de nouveau ; & en la laiſſant refroidir , elle fournit encore d'autres criſtaux. On réitere ainſi à la faire évaporer & criſtaliſer, juſqu'à ce qu'elle ne puiſſe plus fournir de criſtaux. Il eſt clair, qu'à meſure que le Salpêtre ſe criſtaliſe, la proportion du Sel marin diſſous dans la même eau augmente : & comme pendant le temps qu'on emploie pour la criſtaliſation du Salpêtre, il s'évapore auſſi une certaine quantité d'eau , il doit auſſi ſe criſtaliſer une quantité de

Sel marin proportionnée à cette évaporation : de-là vient que le Salpêtre est altéré par le mélange du Sel marin. Il s'enfuit aussi que les derniers cristaux de Nitre qu'on retire de la dissolution du Salpêtre & du Sel marin, contiennent beaucoup plus de Sel marin, que les premiers.

De tout ce que nous venons de dire sur la cristalisation du Salpêtre & du Sel marin, il est facile de conclure de quelle maniere il faut s'y prendre, pour purifier le premier de ces deux Sels du mélange du second : il ne faut pour cela que faire dissoudre dans de l'eau pure le Salpêtre qu'on veut raffiner. La proportion des deux Sels est bien différente dans cette seconde dissolution, de ce qu'elle étoit dans la premiere ; car elle ne contient de Sel marin que ce qui s'en est cristalisé avec le Salpêtre à la faveur de l'évaporation, le reste étant demeuré dissous dans la liqueur qui refuse de donner des cristaux nitréux.

Le Salpêtre étant donc en bien plus grande quantité dans cette seconde dissolution que le Sel marin, il est facile de la faire évaporer assés, pour qu'il puisse se cristaliser beaucoup de Salpêtre, quoi-

qu'elle soit encore bien loin du degré
d'évaporation qui seroit nécessaire pour
la cristalisation du Sel marin.

Le Salpêtre n'est pas encore néanmoins entierement exempt du mêlange
du Sel marin, par cette premiere purification; car les cristaux qu'on retire de
cette liqueur qui tient du Sel marin en
dissolution, en sont encore enduits &
comme imprégnés : de-là vient qu'il
faut, pour avoir le Salpêtre bien pur,
réitérer quatre ou cinq fois ces cristalisations.

Les Salpêtriers se contentent ordinairement de le faire cristaliser trois fois,
& le nomment *Salpêtre de la premiere,
de la seconde ou de la troisiéme cuite*,
suivant le nombre de cristalisations qu'ils
lui ont fait éprouver. Mais leur Salpêtre
le plus rafiné, celui de la troisiéme cuite, n'est point encore assés pur pour les
expériences de Chymie, dans lesquelles
on veut apporter beaucoup d'exactitude. Ainsi il faut le purifier de nouveau,
toujours par la même méthode.

L'Acide nitreux n'est point pur dans
les terres & pierres desquelles on le retire. Il est combiné en partie avec la terre même dans laquelle il s'est formé, &

en partie avec l'Alkali volatil, qui s'eſt produit par la putréfaction des matieres végétales ou animales qui concourent à ſa génération. L'Alkali fixe & la chaux qu'on ajoûte dans la leſſive des terres nitreuſes, ſervent à décompoſer les Sels nitreux qui s'y ſont formés, & à ſéparer de l'Acide l'Alkali volatil & la terre abſorbante avec leſquels il eſt uni : de-là vient un précipité fort abondant qui paroît dans la leſſive, lorſqu'on commence à l'évaporer. Ces matieres forment avec le même Acide le vrai Nitre, plus capable de criſtaliſation, de détonnation, & des autres propriétés qui lui ſont eſſentielles, que ces premiers Sels nitreux. La bâſe du Nitre eſt donc un Alkali fixe mêlé avec un peu de chaux.

L'Eau-mere de laquelle on ne peut plus retirer de criſtaux, eſt rouſſe & épaiſſe : évaporée ſur le feu, elle s'épaiſſit encore, ſe deſſéche, & devient un corps ſolide; mais qui abandonné à lui-même, reprend bientôt de l'humidité, & ſe réſout en liqueur. Cette eau contient encore beaucoup de Nitre, de Sel marin, & les Acides de ces Sels unis à de la Terre abſorbante. Elle contient, outre cela, une grande quantité de matiere graſſe & viſqueuſe, qui met obſtacle à la criſtaliſation.

En général, toutes les diſſolutions ſalines, après avoir fourni une certaine quantité de criſtaux, deviennent épaiſſes, & refuſent d'en donner davantage, quoiqu'elles contiennent encore beaucoup de Sel. Elles portent toutes le nom d'*Eaux-meres*, comme celle du Nitre. Les Eaux-meres des différens Sels peuvent fournir matiere à des recherches curieuſes & utiles.

Si on mêle un Alkali fixe dans l'Eau-mere du Nitre, il ſe fait auſſitôt un précipité blanc fort abondant, qui ramaſſé & deſſéché, porte le nom de *Magné-ſie*. Ce précipité n'eſt autre choſe que la Terre abſorbante qui étoit unie à l'Acide nitreux, & une bonne partie de la chaux qu'on a ajoûtée, unie auſſi au même Acide, qui en ſont ſéparés par l'Alkali fixe, ſuivant les loix ordinaires des affinités.

L'Acide vitriolique verſé ſur l'Eau-mere du Nitre, en fait ſortir beaucoup de vapeurs acides, qui ſont un compoſé des Acides nitreux & marin; c'eſt-à-dire, une Eau régale. Il ſe précipite auſſi dans cette occaſion une grande quantité de poudre blanche, qu'on nomme pareillement *Magnéfie* ; mais qui différe de celle dont nous venons de parler, en ce qu'elle n'eft point, comme elle, une pure Terre abforbante, & qu'elle eft combinée avec l'Acide vitriolique.

On peut tirer auffi de l'Eau-régale des terres nitreufes, par la feule action du feu, & fans aucun interméde.

II. PROCEDE'.

Décompofer le Nitre par l'interméde du Phlogiftique. Nitre fixé par les charbons. Clyffus de Nitre. Sel Polycrefte.

PRENEZ du Salpêtre très-pur réduit en poudre : mettez-le dans un grand creufet qui ne foit qu'à moitié plein : placez ce creufet dans un fourneau ordinaire, & entourez-le de charbons. Quand il fera rouge, le Nitre fe mettra en fufion, & deviendra fluide comme de l'eau ; jettez alors dans le creufet une petite quantité de charbon réduit en poudre. Auffitôt le Nitre & le charbon s'enflammeront avec violence : il s'excitera un grand mouvement, accompagné d'un fifflement confidérable,

ble, & d'une grande quantité de fumée noire. A mesure que le charbon se consumera, la détonnation s'appaisera, & cessera entierement quand le charbon sera consumé.

Jettez pour lors dans le creuset autant de poudre de charbon que la premiere fois. Les mêmes phénoménes reparoîtront. Laissez encore ce charbon se consumer, & ajoûtez-en de nouveau de la même maniere, jusqu'à ce qu'il ne s'excite plus aucune inflammation, observant toujours de laisser consumer entierement le charbon à chaque fois. Quand il ne se fera plus d'inflammation, la matiere contenue dans le creuset perdra beaucoup de sa fluidité.

REMARQUES.

Le Nitre ne s'enflamme point, à moins que la matiere inflammable avec laquelle on l'unit, ne soit actuellement embrasée, ou qu'étant lui-même rouge & pénétré de feu, il ne puisse lui communiquer promptement le mouvement igné: ainsi, pour faire détonner le Nitre avec le charbon, il faut, si on se sert de charbon noir comme dans notre procédé, que le Nitre soit rouge & en fusion dans le creuſet; mais on pourroit auſſi employer des charbons ardens, & pour lors il ne ſeroit pas néceſſaire que le Nitre fût rouge.

Il eſt bon que le creuſet dont on ſe ſert dans cette expérience, ne ſoit plein qu'à moitié, parceque dans le temps de la détonnation, la matiere ſe gonfle, & pourroit en ſortir & ſe répandre, ſi on n'avoit pas cette précaution. C'eſt auſſi pour cette même raiſon, qu'on ne met la poudre de charbon que peu à peu, & qu'on attend que celle qu'on a miſe d'abord ſoit entierement conſumée avant d'en ajoûter de nouvelle.

La matiere qui reſte dans le creuſet quand l'opération eſt achevée, eſt un Sel alkali fixe très-fort. Expoſé à l'air, il en attire promptement l'humidité, & ſe réſout en liqueur. On le nomme Nitre alkaliſé, ou Nitre fixé par les charbons, pour le diſtinguer du Nitre alkaliſé par les autres matieres inflammables.

Cet Alkali n'eſt cependant pas abſolument pur : il contient encore une portion de Nitre qui n'a point été décompoſée, parceque quand il ne reſte plus qu'une petite quantité de ce Sel, comme il ſe trouve mêlé avec beaucoup d'Alkali qui n'eſt point inflammable, cet Alkali le couvre en quelque ſorte, l'enveloppe, & l'empêche d'avoir avec les matieres inflammables qu'on lui préſente, le contact immédiat néceſſaire pour ſa détonnation.

Si on veut que le Nitre fixé ſoit entierement exempt du mêlange du Nitre non décompoſé, il faut quand il ne ſe fait plus aucune détonnation, augmenter conſidérablement le feu autour du creuſet ; faire fondre la matiere, qui demande pour cela beaucoup plus de chaleur que le Nitre, & la tenir ainſi fondue environ pendant une heure. Après ce temps, il ne s'y trouve plus de Nitre entier, parceque le peu qu'il en étoit reſté, ne pouvant ſoûtenir la violence du feu, & n'étant pas de la derniere fixité, s'eſt diſſipé, ou bien a perdu ſon acide que la grande chaleur a enlevé.

Le Nitre fixé contient auſſi une portion de terre, qui faiſoit partie de la bâſe du Nitre, & qui n'eſt autre choſe que la chaux qu'on a employée pour ſa criſtaliſation, ou même une partie de la terre avec laquelle ſon acide étoit originairement combiné, qu'il a retenue en ſe criſtaliſant. Lorſqu'on fait détonner ce Sel avec des matieres qui peuvent produire des cendres, ces cendres fournissent aussi une certaine quantité de terre qui se mêle avec l'Alkali fixe. Il suffit pour séparer ces différentes terres d'avec l'Alkali, de le laisser tomber en *deliquium*, ou de le dissoudre dans l'eau, & de filtrer la dissolution par le papier gris. Tout ce qui est salin passe avec l'eau par le filtre, & la partie terreuse demeure dessus.

L'Acide nitreux est non-seulement dissipé lors de l'inflammation du Nitre, mais il est même détruit, & entierement décomposé. La fumée qui s'éleve pendant l'opération n'a aucune odeur d'Acide. On peut s'assurer au juste de sa nature, en la retenant & la rassemblant dans des vaisseaux, & la faisant condenser en liqueur.

Il n'en est pas du Nitre comme du Soufre, & en général de tous les autres corps inflammables, qui demandent indispensablement pour brûler le concours de l'air libre. Il est le seul qui puisse brûler dans les vaisseaux fermés : & cette propriété fournit un moyen de rassembler les vapeurs qu'il laisse échapper lorsqu'on le fait détonner.

Il faut pour cela adapter à une cornue de terre tubulée deux ou trois grands balons à deux becs ; placer la cornue dans un fourneau, & entretenir deſſous aſſés de feu pour tenir ſa partie inférieure médiocrement rouge. On prend pour lors une petite quantité, comme deux ou trois pincées, d'un mêlange de trois parties de Nitre, & d'une de charbon en poudre, & on la fait tomber dans la cornue par ſon ouverture ſupérieure, qu'on bouche auſſitôt exactement. Il ſe fait dans l'inſtant une détonnation, & les vapeurs qui s'élevent du mêlange du Nitre & du charbon enflammés ſortant par le col de la cornue, enfilent les récipiens, y circulent & s'y condenſent enfin en liqueur.

Quand la détonnation eſt achevée, & que les vapeurs ſont condenſées, ou qu'il s'en faut peu qu'elles ne le ſoient, on introduit encore dans la cornue une pareille quantité du mêlange, & on réitere cette manœuvre, juſqu'à ce qu'il y ait aſſés de liqueur dans les récipiens pour qu'on la puiſſe examiner commodément & avec exactitude. Cette liqueur eſt preſque inſipide, & ne donne aucune marque d'acide, ou du moins n'en donne que de très-légers indices : elle se nomme *Clyssus* de Nitre.

On devine aisément pourquoi il faut plusieurs récipiens dans cette expérience, & pourquoi il ne faut mettre dans la cornue qu'une très-petite quantité de matiere à la fois. L'explosion, la quantité d'air & de vapeurs qui se dégagent dans cette occasion, feroient bientôt crever les vaisseaux, si on ne prenoit point toutes ces précautions. Les effets terribles de la poudre à canon, qui n'est autre chose qu'un mélange de Nitre, de Soufre & de Charbon, en font une bonne preuve.

Le Nitre se décompose aussi & s'enflamme par le moyen du Soufre, mais avec des circonstances & des résultats bien différens de ceux que produisent avec lui les charbons, ou tout autre corps inflammable.

Le Nitre détonne avec le Soufre, à cause du Phlogistique qu'il contient. Si on mêle ensemble une partie de Soufre avec deux ou trois parties de Nitre, & qu'on projette le mélange peu à peu dans un creuset rouge, il se fait à chaque projection une détonnation accompagnée d'une flamme vive.

Les vapeurs qui s'élevent dans cette occasion ont une odeur mêlée d'Esprit sulphureux & d'esprit de Nitre ; & si on les rassemble par le moyen d'une cornue tubulée, & d'un appareil de vaisseaux semblable à celui de l'expérience précédente, on trouve que la liqueur contenue dans le récipient, est effectivement un mêlange d'Acide du Soufre, d'Esprit sulphureux & d'Acide nitreux ; le premier en plus grande quantité que les deux autres, & le second que le dernier.

Ce qui reste après la détonnation n'est pas non plus un Alkali fixe, comme dans les expériences précédentes ; mais un Sel neutre combiné de l'Acide du Soufre uni avec l'Alkali du Nitre ; une espece de Tartre vitriolé, connue en Médecine sous le nom de *Sel polycreste.*

Il y a, comme on voit, deux différences essentielles entre cette derniere expérience, & la précédente. Ce n'est point un Alkali fixe qu'on trouve après l'inflammation du Nitre par le Soufre : & en rassemblant les vapeurs qui s'en exhalent, on les trouve chargées d'une certaine quantité d'Acide nitreux ; ce qui n'arrive point quand on décompose le Nitre par toute matiere inflammable qui ne contient point l'Acide vitriolique.

L'explication de ces différences se déduit naturellement de ce que nous avons déja dit des propriétés des Acides vitrioliques & nitreux. Nous avons vû que lorsqu'on brûle du Soufre, son acide n'est point décomposé, mais seulement séparé de la partie phlogistique. Nous sçavons aussi que cet Acide a beaucoup d'affinité avec les Alkalis fixes. Cela posé, à mesure que l'Acide nitreux quitte sa bâse alkaline, en s'enflammant avec le Phlogistique du Soufre, l'acide de ce même Soufre qui devient libre lors de cette inflammation doit s'unir avec cette bâse alkaline, & former avec elle un Sel neutre. De-là vient qu'au lieu de trouver un Alkali fixe après l'opération, on trouve une espece de Tartre vitriolé, l'acide du Soufre & celui du Vitriol étant le même, comme on a dû s'en convaincre par ce que nous avons déja dit.

Pour trouver l'explication de l'autre phénomène, il faut se ressouvenir de deux choses que nous avons dites dans nos Elémens; sçavoir, que l'Acide vitriolique a plus d'affinité avec les Alkalis fixes que n'en a l'Acide nitreux, & que l'A-

cide

cide nitreux n'eſt propre à ſe combiner
& à s'enflammer avec le Phlogiſtique,
que quand il eſt ſous la forme de Sel
neutre, c'eſt-à-dire, qu'il eſt uni avec
quelque bâſe alkaline, terreuſe ou me-
tallique. En faiſant l'application de ces
deux principes à l'effet dont il eſt à préſent queſtion, il s'explique de lui-même.
Car dans l'inflammation du Nitre par le
Soufre, le Phlogiſtique n'eſt pas la ſeule
ſubſtance qui puiſſe ſéparer l'Acide nitreux de ſa bâſe : l'Acide du Soufre, qui
devient libre à meſure que le Phlogiſtique ſe conſume, peut auſſi produire le
même effet ; mais avec cette différence,
que la portion d'Acide nitreux qui eſt
détachée de ſon Alkali par le Phlogiſtique, eſt en même temps enflammée &
décompoſée par cette union ; au lieu
que celle qui en eſt ſéparée par l'Acide
vitriolique, devenant à cauſe de cela
même incapable de s'unir au Phlogiſtique, & de ſe conſumer avec lui, ſe conſerve en entier, & s'éleve en vapeurs
avec la portion d'Acide vitriolique qui
n'a pû ſe combiner avec la bâſe du Nitre.

III. PROCEDE'.

Décomposer le Nitre par l'intermède de l'Acide vitriolique. Esprit de Nitre fumant. Sel de duobus. Purification de l'esprit de Nitre.

PRENEZ parties égales de Nitre bien purifié & de Vitriol verd; faites bien sécher le Nitre, & réduisez-le en poudre fine. Faites calciner le Vitriol jusqu'au rouge : réduisez-le de même en poudre très-fine; mêlez exactement ensemble ces deux matieres. Mettez le mêlange dans une cornue de terre ou de bon verre luttée, assés grande pour qu'elle ne soit qu'à moitié pleine.

Placez la cornue dans un fourneau de réverbere : couvrez-la du dôme : adaptez-y un grand récipient de verre, lequel soit percé d'un petit trou bouché avec un peu de lut. Luttez exactement ce récipient à la cornue avec du lut gras, recouvert d'une toile enduite de lut de chaux & de blanc d'œuf. Echauffez les vaisseaux très-lentement. Le récipient s'emplira bientôt de vapeurs rouges très-épaisses, & les gouttes commencefont à diftiller du col de la cornue.

Continuez la diftillation, en augmentant un peu le feu, quand vous verrez que les gouttes ne fe fuccéderont
que lentement, & qu'il y aura entr'elles
plus de quarante fecondes ; cuvrez de
temps en temps le petit trou du récipient, pour en laiffer échapper le fuper-
flu des vapeurs. Augmentez le feu vers
la fin de l'opération, jufqu'à faire rougir
la cornue. Lorfque la cornue étant rouge, il ne fortira plus rien, déluttez le
récipient, & verfez promptement la liqueur qu'il contient dans un flacon de
criftal que vous boucherez avec un bouchon de verre ufé à l'Emeri dans fon
gouleau. La liqueur que vous retirerez
du récipient fera très-fumante, d'un jaune rougeâtre, & le flacon qui la contiendra fera continuellement rempli de vapeurs rouges femblables à celles du récipient.

REMARQUES.

L'Acide vitriolique ayant plus d'affinité avec les Alkalis fixes, qu'avec toute
autre fubftance, excepté le Phlogiftique,
celui du Vitriol qui fe trouve uni avec
une bâfe ferrugineufe, doit quitter cette

bâse pour s'unir à l'Alkali fixe du Nitre, dont l'acide, comme nous avons déja dit plusieurs fois, étant moins fort que le vitriolique, doit être séparé de sa bâse par ce même acide. Le Nitre est donc décomposé par le Vitriol, & son acide devenu libre, est enlevé par l'action du feu.

Il est vrai que l'Acide nitreux séparé de sa bâse alkaline, pourroit se combiner avec la bâse ferrugineuse du Vitriol; mais comme il a, de même que tous les Acides, beaucoup moins d'affinité avec les substances métalliques qu'avec les Alkalis, un degré de feu même modéré suffit pour l'en séparer. Ajoûtez à cela, que cet Acide n'a point, ou du moins n'a que très-peu d'action sur le Fer, qui a été privé d'une grande partie de son Phlogistique, par l'union qu'il a contractée avec quelqu'Acide: or la bâse ferrugineuse du Vitriol est dans ce cas-là.

On retire par le procédé que nous avons donné, un Esprit de Nitre très-fort, très-déphlegmé, & très-fumant. Si on n'avoit pas la précaution de dessécher le Nitre & de calciner le Vitriol, l'Acide qu'on retireroit se chargeant avec avidité de l'eau contenue dans ces

Sels, seroit fort aqueux, ne seroit point fumant, & n'auroit qu'une couleur blanche tirant un peu sur le citron.

Les vapeurs de l'Esprit de Nitre bien concentré, tel que celui de notre procédé, sont légéres, corrosives & fort dangereuses pour la poitrine ; car elles ne sont que la portion la plus déphlegmée de l'Acide nitreux même. C'est pourquoi celui qui délutte les vaisseaux, & qui verse la liqueur du récipient dans le flacon, doit bien prendre garde qu'elles ne s'introduisent dans sa poitrine par la voie de la respiration ; & pour cela, il faut qu'il se place de façon qu'un courant d'air, soit naturel, soit ménagé par l'art, puisse les emporter loin de lui. Il faut aussi, pendant le cours de l'opération, avoir soin de donner de temps en temps de l'évent, en débouchant le petit trou du récipient, afin qu'une partie des vapeurs puisse sortir ; car elles sont si élastiques, que sans cette précaution, elles briseroient les vaisseaux.

On trouve dans la cornue, lorsque l'opération est finie, une masse rouge qui s'est moulée dans le fond de ce vaisseau, & qui est un Sel neutre de la nature du Tartre vitriolé, résultant de l'union de l'Acide du Vitriol avec la bâse alkaline du Nitre.

C'eſt la bâſe ferrugineuſe du Vitriol, laquelle eſt mêlée avec lui, qui lui donne la couleur rouge : il faut pour l'en ſéparer le réduire en poudre, le diſſoudre dans l'eau bouillante, & filtrer pluſieurs fois la diſſolution par le papier gris, parceque la terre ferrugineuſe du Vitriol eſt ſi fine, qu'il en paſſe d'abord une partie par le filtre. Quand la diſſolution eſt bien blanche, & qu'elle ne ſe trouble plus par aucun dépôt, il faut la laiſſer criſtaliſer, & il s'y forme des criſtaux de Tartre vitriolé, auquel on a particulierement affecté le nom de Sel de *duobus*.

Outre la terre ferrugineuſe du Vitriol, on trouve encore aſſés ordinairement dans ce *caput mortuum*, une portion de Nitre & de Vitriol non décompoſés, ſoit parceque le mêlange des deux Sels n'a pas été aſſés parfait, ſoit parcequ'on n'a pas pouſſé le feu aſſés fort ſur la fin de l'opération.

On peut auſſi décompoſer le Nitre, & en retirer l'Acide, en ſe ſervant pour interméde de toutes les autres eſpeces de Vitriols, d'Aluns, de Gypſes, de

Bols, d'Argiles; en un mot, de toutes les combinaiſons oil entre l'Acide vitriolique, & qui n'ont pas pour bâſe un Alkali fixe.

Les diſtillateurs d'Eau-forte, qui en font une très-grande quantité à la fois, & qui emploient les moyens les moins diſpendieux, ſe ſervent pour intermède des terres qui contiennent l'Acide vitriolique, telles que ſont l'Argile & le Bol. Ils mêlent exactement avec ces terres, le Nitre dont ils veulent retirer l'eſprit; mettent le mêlange dans de grands pots de terre oblongs, qui ont un col recourbé fort court, lequel s'introduit dans un récipient de la même matiere & de la même forme. Ils placent ces vaiſſeaux ſur deux files oppoſées l'une à l'autre dans de longs fourneaux : ils les recouvrent avec des briques liées enſemble avec de la terre à four; ce qui leur ſert de réverbere : ils allument enſuite dans le fourneau un feu d'abord très-petit pour échauffer les vaiſſeaux, puis y mettent du boîs; augmentent le feu juſqu'à faire bien rougir les pots, & le ſoutiennent au même degré juſqu'à ce que la diſtillation ſoit entierement achevée.

On peut féparer auffi l'Acide du Nitre de fa bâfe, par le moyen de l'Acide
vitriolique pur. Il faut, pour cela, mettre dans une cornue de verre, le Nitre
dont on veut retirer l'Acide, réduit en
poudre fine : verfer deffus un tiers de
fon poids d'Huile de Vitriol concentré :
placer la cornue dans un fourneau de
réverbere, & y adapter promptement
un récipient, femblable à celui du procédé précédent.

A peine l'Huile de Vitriol a-t-elle touché le Nitre, que le mêlange s'échauffe,
& que les vapeurs rouges commencent
à paroître en affés grande quantité : il
fort même des gouttes d'Acide avant
qu'on ait mis du feu dans le fourneau.

Il faut que le feu, dans cette occafion,
foit modéré, parceque l'Acide vitriolique n'étant lié à aucune bâfe, agit fur le
Nitre d'une maniere bien plus prompte,
& bien plus efficace que quand il n'eft
pas pur.

Cette opération peut fe faire au bain
de fable : c'eft une maniere prompte &
commode de retirer l'Acide nitreux. Il
faut au refte, avoir pour cette diftillation, & pour retirer la liqueur du récipient, les mêmes précautions que dans

l'expérience précédente.

L'Esprit de Nitre qu'on retire par cette méthode, est aussi fort & aussi fumant que celui du procédé précédent, si l'Huile de Vitriol dont on se sert est bien concentrée : mais il est ordinairement altéré par le mêlange d'une petite portion d'Acide vitriolique, lequel n'étant engagé dans aucune bâse particuliere, est enlevé par la chaleur, avant d'avoir pu se joindre à la bâse du Nitre.

Il y a plusieurs expériences de Chymie, pour la réussite desquelles il est indifférent que l'Acide nitreux soit ainsi mêlé avec de l'Acide vitriolique ; il y en a même, comme nous le verrons, qui ne réussissent qu'avec un Esprit de Nitre ainsi conditionné. Si c'est pour faire ces expériences qu'on a distillé son Acide, il faut le garder tel qu'il est. Mais le plus grand nombre exigent que l'Esprit de Nitre soit absolument pur ; & si on veut le faire servir à ces expériences, il faut le purifier entierement du mêlange de l'Acide vitriolique.

On y parvient facilement, en mêlant cet Esprit de Nitre avec du Nitre très-pur, & le redistillant une seconde fois. L'Acide vitriolique, qui altére l'Esprit de Nitre, touchant pour lors à une grande quantité de Nitre non décomposé, s'unit à sa bâse alkaline, & en dégage une quantité d'Acide proportionnée à la sienne.

On trouve dans la cornue qui a servi à faire la distillation de l'Acide nitreux, par l'intermède de l'Acide vitriolique pur, un *caput mortuum* qui diffère de celui de la distillation du même Acide par l'intermède du Vitriol, en ce qu'il ne contient point de terre rouge ferrugineuse. C'est une masse saline fort blanche, moulée dans le fond de la cornue : en la pulvérisant, la faisant dissoudre dans l'eau bouillante, & faisant évaporer la dissolution, il s'y formera des cristaux de Tartre vitriolé : il peut s'y trouver aussi une portion de Nitre non décomposé, mais qui se cristalise après le Tartre vitriolé, parcequ'il est beaucoup plus dissoluble dans l'eau.

CHAPITRE III.

DE L'ACIDE MARIN.

PREMIER PROCEDE.

Retirer le Sel marin des eaux de la mer
& des fontaines falées. Sel d'Epfom.

FILTREZ les eaux falées dont vous
voudrez retirer le Sel : faites les évaporer en bouillant , jufqu'à ce qu'il paroiffe à la fuperficie une pellicule terne,
qui n'eft autre chofe que les petits criftaux de fel qui commencent à fe former : diminuez pour lors le feu, afin que
la liqueur devienne tranquille , & que
l'évaporation fe faffe plus lentement.
Les criftaux qui étoient d'abord fort petits , deviendront plus gros, & il fe formera des pyramides tronquées, dont la
pointe regardera le fond du vafe, & la
bâfe qui eft creufe fera à niveau de la
furface de la liqueur.

Quand ces criftaux pyramidaux ont
acquis une certaine groffeur, iis tombent au fond de la liqueur. Ces pyrami-

des ne font autre chofe qu'un amas de
petits criftaux cubiques ainfi arrangés.
Continuez l'évaporation , en décantant
la liqueur de deffus les criftaux quand
il s'en fera formé des monceaux qui at-
teindront prefque fa fuperficie , jufqu'à
ce qu'il ne s'y forme plus de criftaux de
Sel marin.

REMARQUES.

L'Acide du Sel marin ne fe trouve
guères , foit dans les eaux de la mer ,
foit dans la terre, qu'uni avec un Alkali fixe d'une efpece particuliere , qui
eft fa bâfe naturelle ; il eft par conféquent fous la forme d'un Sel neutre. Ce
Sel eft diffous en très-grande quantité
dans les eaux de la mer , & porte le
nom de *Sel marin* quand on le retire de
ces eaux. On le trouve auffi en grandes
maffes criftalines dans la terre , & il fe
nomme alors *Sel-géme :* ainfi le Sel marin & le Sel-géme ne font qu'une feule
& même efpece de Sel , & ne différent
guères l'un de l'autre , que par les endroits d'où ils font tirés.

Il fe trouve auffi dans les terres , des
fources & des fontaines dont les eaux
font très-falées , & tiennent en diffolu-

tion beaucoup de Sel marin. Ces sources ou viennent immédiatement de la mer, ou passent à travers quelque mine de Sel-gême, dont elles dissolvent une partie en les traversant.

Le Sel marin se tenant dissous dans l'eau froide en aussi grande quantité, ou du moins presque en aussi grande quantité, que dans l'eau bouillante, ne peut pas se cristaliser, comme le nitre, à la faveur du refroidissement de l'eau qui le tient en dissolution : ce n'est que par le moyen de l'évaporation, qui diminue continuellement la proportion de l'eau par rapport au Sel, & la réduit enfin à n'en pouvoir plus tenir en dissolution qu'une quantité toujours moindre, qu'on parvient à faire cristaliser le Sel marin.

On cesse de faire bouillir la liqueur, quand on apperçoit les pellicules de petits cristaux qui commencent à se former, afin que par le calme de la liqueur ils puissent se former plus régulierement, & être plus gros. Il ne faut pas même que l'évaporation soit ensuite trop précipitée, parcequ'il se formeroit sur la liqueur une croute saline, qui empêcheroit les vapeurs de se dissiper, & seroit obſtacle à la criſtaliſation.

Si on continue l'évaporation lorſque la liqueur ne donne plus de criſtaux de Sel marin, on en retire encore d'autres criſtaux de figure longue & quarrée, d'une ſaveur amere, & qui ſont preſque toujours humides. Cette eſpece de Sel eſt connue ſous le nom de *Sel d'Epſom*, nom qu'il a tiré d'une fontaine ſalée d'Angleterre, de laquelle on en a d'abord retiré. Ce Sel, ou plutôt ce compoſé ſalin, eſt un amas de Sel de Glauber & de Sel marin, qui ſont comme confondus enſemble, & mêlés avec une partie de l'Eau-mere du Sel marin, laquelle contient elle-même une ſorte de matiere bitumineuſe. Ces deux Sels neutres qui conſtituent le Sel d'Epſom, peuvent facilement être ſéparés l'un de l'autre par le moyen de la ſeule criſtaliſation. Le Sel d'Epſom eſt purgatif, & amer. On le nomme auſſi *Sel cathartique amer.*

On ſe ſert de différens moyens pour retirer par un travail en grand, le Sel marin des eaux qui le tiennent en diſſolution. Le plus ſimple & le plus facile, eſt celui qui ſe pratique en France, & dans tous les pays qui ne ſont pas plus froids. On difpofe fur les bords de la mer des efpeces de foffes larges & peu profondes, ou plûtôt des efpeces de marais que la mer remplit d'eau dans le temps du flux. Lorfque ces marais font pleins d'eau, on ferme la communication qu'ils ont avec la mer, & on laiffe l'eau s'évaporer d'elle-même au foleil. Par ce moyen, tout le Sel qu'elle contient eft obligé de fe criftalifer. On nomme ces foffes, *Marais falans*. Ce n'eft que pendant l'été, du moins en France & dans les pays de la même température, qu'on peut faire ainfi le Sel. Car pendant l'hyver, où le foleil a moins de force, & où il pleut fouvent, ce moyen n'eft pas praticable.

C'eft par cette raifon qu'en Normandie, qui eft une Province dans laquelle il pleut affés fréquemment, on fe fert d'une autre méthode pour retirer le Sel des eaux de la mer. Les ouvriers qui font occupés à ce travail amoncellent fur les bords de la mer des tas de fable, que la mer baigne & arrofe dans le temps de fon flux. Ce fable demeure à fec lorfque la mer fe retire : l'air & le foleil deffèchent facilement pendant l'intervalle d'une marée à l'autre, l'humi-

dité qui étoit restée, & il demeure enduit de tout le Sel que contenoit cette
eau qui a été évaporée. Ils le laissent
ainsi se charger de sel à plusieurs reprises: après quoi ils le lavent avec de l'eau
douce, qu'ils font évaporer sur le feu
dans des chaudieres de plomb.

On évapore simplement les eaux des
sources salées, pour en retirer le Sel ;
mais comme beaucoup de ces eaux ne
tiennent en dissolution qu'une trop petite quantité de Sel, pour indemniser des
frais qu'on seroit obligé de faire si on
n'employoit que le feu pour les faire
évaporer, on a recours à des moyens
moins coûteux, pour en faire évaporer
du moins la plus grande partie, & la
mettre en état d'être conduite jusqu'à la
cristalisation du Sel en bien moins de
temps, & avec beaucoup moins de feu,
qu'il n'en auroit fallu sans cela.

Ces moyens consistent à faire tomber
l'eau d'une certaine hauteur sur beaucoup de menus morceaux de bois qui
la divisent comme une pluie. Cela se
fait sous des engars ouverts à tous les
vents, qui passent librement à travers
cette pluie artificielle. De cette sorte,
l'eau présentant à l'air beaucoup de surfaces,

faces, puifqu'elle eft elle-même réduite
prefque toute en furfaces, l'évaporation
fe fait avec beaucoup de facilité & de
promptitude. On fait monter l'eau par
le moyen de pompes, à la hauteur dont
on veut qu'elle retombe. *

II. PROCEDE'.

*Expériences fur la décompofition du Sel
marin, par l'interméde du Phlogiftique. Phofphore de Kunckel.*

PRENEZ de l'urine pure qui aura «
fermenté pendant cinq ou fix «
jours. La quantité doit être propor- «
tionnée à celle du Phofphore qu'on «
veut faire. Il en faut environ un tiers «
de muid pour un gros de Phofphore. «
Faites-la évaporer dans des chaudieres «
de fer, jufqu'à ce qu'elle foit devenue «
grumeleufe, dure, noire & à peu près «
femblable à de la fuye de cheminée, «

* M. le Marquis de Montalembert, de l'Académie Royale des Sciences, a lu l'année derniere, à
l'Académie, un Mémoire dans lequel il donne de
nouveaux moyens de faire ces évaporations, & de
perfectionner beaucoup la conftruction & la difpofition des engars & des atteliers où l'on fait ces travaux; on les nomme en France *Bâtimens de Gradua-
tion.*

Tome I.   H

» elle sera pour lors réduite environ ℈
» un soixantiéme de ce qu'elle pesoit
» avant d'avoir été évaporée. »

» Quand l'urine est en cet état,
» mettez-la par parties dans des mar-
» mittes de fer, sous lesquelles vous en-
» tretiendrez un feu de charbon assés
» vif pour en rougir le fond ; & agitez-
» la sans relâche, jusqu'à ce que le Sel
» volatil & l'Huile fœtide soient dissi-
» pés presqu'entierement, que la matie-
» re ne fume plus, & qu'elle ait pris l'o-
» deur de fleurs de pêcher. Cessez pour
» lors la calcination, & versez sur la
» matiere qui se trouvera réduite en
» poudre, un peu plus du double de son
» poids d'eau chaude. Agitez-la dans
» cette eau, & laissez-la tremper pen-
» dant vingt-quatre heures. Versez l'eau
» par inclination ; desséchez & réduisez
» en poudre la matiere lessivée. La cal-
» cination précédente enleve à la ma-
» tiere environ un tiers de son poids,
» la lessive emporte la moitié des deux
» autres tiers. »

» Mêlez à ce qui vous reste de ma-
» tiere calcinée, lessivée & desséchée,
» la moitié de son poids de gros sable,
» ou de grais jaunâtre égrugé, dont

vous aurez séparé le plus fin par un "
tamis pour ne pas l'employer. Le Sa- "
ble de riviere n'est pas un intermé- "
de convenable, parcequ'il pétille au "
grand feu. Ajoûtez ensuite à ce mê- "
lange un seiziéme de son poids de "
charbon de hêtre, ou autre bois qui "
ne soit pas du chêne, parcequ'il pétil- "
le aussi. Humectez le tout avec une "
suffisante quantité d'eau pour le ré- "
duire en une pâte ferme en le maniant "
& le roulant entre les mains : puis fai- "
tes-le entrer dans la cornue, en pre- "
nant des précautions pour ne pas salir "
le col. La cornue doit être de la meil- "
leure terre, & de telle grandeur que "
quand on y aura mis la matiere, il en "
demeure un grand tiers de vuide. "

« Placez ensuite la cornue dans un "
fourneau de réverbere, proportion- "
né de façon qu'il y ait deux pouces "
d'espace entre les parois du fourneau "
& le corps de la cornue, même dans "
l'endroit du retrécissement où com- "
mence le col de ce vaisseau, qui doit "
demeurer incliné sous un angle de "
soixante degrés. Bouchez toutes les "
ouvertures du fourneau, excepté cel- "
le du foyer & du cendrier. "

» Adaptez à la cornue un grand
» balon de verre rempli d'eau au tiers,
» & luttez-le avec elle, comme dans la
» diftillation de l'Efprit de Nitre fu-
» mant. Ce balon doit être percé d'un
» petit trou dans fa partie poftérieure,
» un peu au-deffus de la furface de l'eau.
» On bouche ce trou avec un brin de
» bouleau qui puiffe y entrer fort à l'ai-
» fe, & où il y ait un nœud pour l'em-
» pêcher de tomber dedans. On le reti-
» re de temps en temps, pour préfenter
» la main à ce petit trou, & voir fi l'air
» raréfié par la chaleur de la cornue fort
» trop rapidement ou pas affés.

» Si le dard d'air eft trop fort, &
» fort avec fifflement, on ferme entie-
» rement la porte du cendrier pour ral-
» lentir le feu. S'il ne frappe pas affés
» vivement la main, on ouvre davanta-
» ge cette porte, & on met de grands
» charbons dans le foyer pour ranimer
» le feu par une flamme fubite.

» L'opération dure ordinairement
» vingt-quatre heures, & voici les fignes
» qui annoncent qu'elle réuffira fi la cor-
» nue peut réfifter au feu. »

» Il faut la commencer en mettant
» d'abord du charbon noir dans le cen-

drier du fourneau , & un peu de char-   "
bon allumé à la porte , afin d'échauf-   "
fer la cornue très-lentement. Quand   "
il eft allumé , on le pouffe dans le cen-   "
drier , & on en ferme la porte avec   "
une tuîle. Cette chaleur modérée fait   "
diftiller le phlegme du mêlange. Il   "
faut entretenir ce même degré de feu   "
pendant quatre heures , après lequel   "
temps on met du charbon fur la gril-   "
le du foyer. Le feu de deffous l'allu-   "
me peu à peu. A ce fecond feu appro-   "
ché de la cornue , le balon s'échauffe   "
& fe remplit de vapeurs blanches, qui   "
ont une odeur d'Huile fœtide. Quatre   "
heures après , ce vaiffeau fe refroidit   "
& s'éclaircit. Alors il faut ouvrir d'un   "
pouce la porte du cendrier , mettre   "
du charbon dans le foyer de trois mi-   "
nutes en trois minutes, & en fermer à   "
chaque fois la porte , pour que l'air   "
froid de dehors ne frappe pas le fond   "
de la cornue ; ce qui la feroit fêler.   "

   " Quand on a entretenu le feu à   "
ce degré environ pendant deux heu-   "
res, le balon commence à fe tapiffer   "
d'un Sel volatil d'une nature finguliere-   "
re , qui ne peut être chaffé que par un   "
très-grand feu , & qui a une odeur   "

» affés forte d'amandes de noyaux de
» pêche. Il faut prendre garde que ce
» Sel concret ne bouche le petit trou
» du balon, parceque ce vaiſſeau ſe bri-
» ſeroit, la cornue étant rouge alors,
» & l'air très-raréfié. L'eau du balon
» qui s'échauffe par le voiſinage du four-
» neau, fournit des vapeurs qui diſſol-
» vent ce Sel raméfié, & le balon s'é-
» claircit une demi-heure après que ſa
» diſtillation a ceſſé. «

» Environ trois heures après que
» ce Sel a commencé à paroître, le ba-
» lon ſe remplit de nouvelles vapeurs,
» qui ont l'odeur du Sel Ammoniac
» qu'on brûleroit ſur le charbon. Elles
» ſe condenſent aux parois du récipient
» en un Sel qui n'eſt plus raméfié, mais
» formé en longues ſtries perpendicu-
» laires, que les vapeurs de l'eau ne diſ-
» ſolvent point. Ces vapeurs blanches
» ſont les avant-coureurs du Phoſpho-
» re; & vers la fin de leur diſtillation
» elles perdent leur premiere odeur de
» Sel Ammoniac, & prennent l'odeur
» d'ail. »

» Comme elles ſortent avec beau-
» coup de rapidité, il faut déboucher
» ſouvent le petit trou, pour voir s'il ne

siffle point trop fort ; car en ce cas il «
faudroit fermer entierement la porte «
du cendrier. Ces vapeurs blanches du- «
rent environ deux heures. Quand on «
reconnoît qu'elles ont cessé , on don- «
ne un peu de jour au dôme du four- «
neau , en ouvrant quelques-uns de ses «
regiftres , pour commencer à donner «
iffue à la flamme. On entretient le feu «
dans cet état moyen , jufqu'à ce qu'il «
commence à paroître un premier «
Phofphore volatil. «

« C'est environ trois heures après «
que les vapeurs blanches ont commen- «
cé à fortir , qu'il paroît. Pour le fça- «
voir, on retire de minute en minute «
le petit brin de bouleau, & on le frot- «
te en un endroit échauffé du fourneau, «
où il laiffera un trait de lumiere s'il eft «
enduit de Phofphore. «

« Peu de temps après qu'on a re- «
connu ce figne , on voit fortir par le «
petit trou du balon un dard de lumie- «
re bleuâtre, qui dure plus ou moins «
allongé jufqu'à la fin de l'opération. «
Le dard ou jet de lumiere ne brûle «
point. Qu'on y tienne le doigt vingt «
ou trente fecondes, il fe charge de «
cette lumiere ; & fi on en frotte la «

» main, il l'en enduit & la rend lumi-
» neufe. »

   » Mais de temps en temps ce jet
» s'allonge jufqu'à fept ou huit pouces,
» avec décrépitation & étincelles. Alors
» il brûle les corps combuftibles qu'on
» lui préfente. Quand cela arrive, il faut
» conduire le feu avec beaucoup d'atten-
» tion, fermer entierement la porte du
» cendrier, fans difcontinuer cependant
» de mettre du charbon dans le foyer
» de deux minutes en deux minutes. »

   » Le Phofphore volatil dure deux
» heures, au bout defquelles le petit jet
» de lumiere fe raccourcit à une ligne
» ou deux. C'eft alors qu'il faut pouffer
» le feu à l'extrême, ouvrir entierement
» la porte du cendrier, y mettre du bois,
» déboucher tous les regiftres du réver-
» bere, mettre de grands charbons dans
» le foyer de minute en minute ; en un
» m t, il faut que pendant fix à fept
» L res tout le dedans du fourneau
» foit blanc, & qu'on ne puiffe y diftin-
» guer la cornue. »

   » Pendant ce feu extrême, le vé-
» ritable Phofphore diftille comme une
» huile ou comme une cire fondue : une
» partie eft foûtenue par l'eau du réci-
             pient,

pient, l'autre s'y précipite. Enfin, on ``
s'apperçoit que l'opération est finie, ``
quand la partie supérieure du balon ``
où le Phosphore volatil s'est condensé ``
en une pellicule noirâtre, commence ``
à rougir. C'est une marque qu'à l'en- ``
droit de cette tache rouge le Phos- ``
phore est brûlé. Il faut alors boucher ``
tous les regiſtres, & fermer toutes les ``
portes du fourneau, pour étouffer le ``
feu, puis boucher le petit trou du ba- ``
lon avec du lut gras ou de la cire. On ``
laiſſe le tout en cet état pendant deux ``
jours, parcequ'il ne faut pas démon- ``
ter les vaiſſeaux qu'ils ne ſoient parfai- ``
tement refroidis, de crainte que le ``
Phosphore ne s'allume. ``

`` Auſſitôt que le feu eſt éteint, le ``
balon qui ſe trouve alors dans l'obs- ``
curité offre un ſpectacle aſſés agréa- ``
ble : toute la partie vuide de ce vaiſ- ``
ſeau qui eſt au-deſſus de l'eau, paroît ``
remplie d'une belle lumiere bleue, qui ``
dure pendant ſept à huit heures, ou ``
tant que ce vaiſſeau eſt chaud, & ne ``
diſparoît que quand il eſt refroidi. ``

`` Le fourneau étant parfaitement ``
froid, on démonte les vaiſſeaux, on ``
les ſépare l'un de l'autre le plus pro- ``

» prement qu'il eſt poſſible. On enleve
» avec un linge toute la matiere noire
» qu'on trouve à l'entrée du col du ba-
» lon ; car ſi cette ſaleté ſe mêloit avec
» le Phoſphore, elle empêcheroit qu'il
» ne devînt bien tranſparent dans le
» moule. Il faut que cela ſe faſſe vîte.
» Après quoi on verſe deux ou trois
» pintes d'eau froide dans le balon, pour
» accélerer la précipitation du Phoſpho-
» re qui eſt ſoutenu ſur l'eau. On agite
» enſuite l'eau du balon, pour détacher
» tout le Phoſphore qui ſeroit adhérent
» aux parois ; puis on verſe toute cette
» eau agitée & troublée dans une terri-
» ne bien nette, & on la laiſſe s'éclair-
» cir. On décante enſuite cette premie-
» re eau inutile, & on verſe de l'eau
» bouillante ſur le ſédiment noirâtre
» reſté au fond de la terrine pour fon-
» dre le Phoſphore. Il s'unit alors avec
» la matiere fuligineuſe ou Phoſphore
» volatil qui s'eſt précipité avec lui ; &
» il ſe met en une maſſe couleur d'ar-
» doiſe. Quand cette eau dans laquelle
» le Phoſphore eſt fondu, eſt ſuffiſam-
» ment refroidie, on le jette dans l'eau
» froide, & on l'y caſſe en petits mor-
» ceaux pour le mouler. »

« Il faut prendre alors un matras «
à long col, dont le col soit un peu «
plus large vers la boule qu'à son autre «
extrémité ; couper la moitié de cette «
boule pour en former un entonnoir, «
& boucher d'un bouchon de liége le «
bout étroit de ce col. Le premier «
moule étant ainsi préparé, on le plon- «
ge dans toute sa longueur dans un «
vaisseau plein d'eau bouillante, & on «
l'emplit de cette eau. On jette dans «
cet entonnoir les petits morceaux de «
la masse ardoisée, qui se fondent de «
nouveau dans cette eau chaude, & se «
précipitent tout fondus au bas du tu- «
be. On agite cette matiere fondue «
avec un fil de fer, pour aider le Phos- «
phore à se séparer de la matiere fuli- «
gineuse qui le salissoit, & qui étant «
moins pesante que lui, prend peu à «
peu le dessus du cylindre. «

« On entretient l'eau du vaisseau «
dans sa premiere chaleur, jusqu'à ce «
qu'en retirant le tube on voie le Phos- «
phore net & transparent. Alors on «
laisse un peu refroidir le tube clair, «
& on le trempe ensuite dans de l'eau «
froide, où le Phosphore se congéle «
en se refroidissant. Lorsqu'il est bien «

» congelé, on ôte le bouchon de liége,
» & avec un petit bâton à peu près de
» la groffeur du tube, on pouffe le cy-
» lindre de Phofphore vers l'entonnoir
» qui eft le côté de la dépouille. On
» coupe la partie noire du cylindre pour
» la mettre à part. Car lorfqu'on en a
» une certaine quantité, on peut la re-
» fondre par la même méthode, & en
» féparer le Phofphore net qu'elle con-
» tient encore. A l'égard du refte du
» cylindre qui eft net & tranfparent, fi
» on a deffein de le mouler en plus pe-
» tits cylindres, on le coupe par tron-
» cons, pour le faire refondre à l'aide de
» l'eau bouillante dans des tubes de ver-
» re plus petits. »

REMARQUES.

J'ai tiré en entier des Mémoires de
l'Académie des Sciences, année 1737,
le procédé pour faire le Phofphore. Ce
procédé y eft décrit avec tant d'exactitude, de clarté & de précifion par M.
Hellot, que j'ai cru ne pouvoir mieux
faire que de le donner tel qu'il eft, en
faveur de ceux qui n'ont pas les Mémoires de l'Académie, & de rapporter même les propres termes de M. Hellot.

Nous allons avoir occasion, dans ces remarques, de faire observer quelques particularités essentielles que j'ai omises dans la description du procédé, pour ne point interrompre l'exposition de la suite des faits qui se présentent dans cette expérience.

Il est bon de remarquer premierement, qu'une des causes les plus ordinaires qui fait manquer l'opération, est le défaut de bonté & de solidité dans la cornue dont on se sert. Il est absolument nécessaire que ce vaisseau soit de la meilleure terre, & tel qu'il puisse résister très-long-temps à la derniere violence du feu, comme on a pu le voir dans la description du procédé. Les cornues que nos potiers & nos fournalistes vendent ici, ne peuvent servir à cette opération. M. Hellot a été obligé d'en faire venir de Hesse-Cassel, pour les avoir conditionnées comme il convient. Nous avons cependant lieu d'espérer d'en avoir bientôt ici assés commodément d'aussi bonnes que celles d'Allemagne.

« Nous observerons, en second « lieu, avec M. Hellot, qu'avant de pla- « cer la cornue dans le fourneau, il est « bon de faire un essai de sa matiere, «

I iij

» pour voir s'il y a efpérance de réuf-
» fir. On en met pour cela environ une
» once dans un petit creufer qu'on chauf-
» fe jufqu'à le faire rougir. Le mêlange,
» après avoir fumé, doit fe refendre
» fans fe gonfler, fans même s'élever. Il
» en fort des ondulations de flammes
» blanches & bleuâtres qui s'élevent
» avec rapidité. C'eft-là le premier Phof-
» phore qui eft volatil, & qui fait tout
» le danger de l'opération. Quand ces
» premieres flammes font paffées, il faut
» augmenter l'ardeur de la matiere, en
» mettant fur le creufet un gros char-
» bon allumé. On voit alors le fecond
» Phofphore; c'eft une vapeur lumineu-
» fe, tranquille, couvrant toute la fu-
» perficie de la matiere, & de couleur
» tirant fur le violet; elle dure fort long-
» temps, & répand une odeur d'ail, qui
» eft l'odeur diftinctive du Phofphore
» dont il eft à préfent queftion. »

» Lorfque toute cette vapeur lumi-
» neufe eft diffipée, il faut verfer la ma-
» tiere embrafée du creufet fur une pla-
» que de fer. S'il ne fe trouve aucune
» goutte de fel en fufion, & qu'au con-
» traire tout fe réduife en poudre, c'eft
» une marque que la matiere a été fuf-

fisamment leſſivée, & qu'elle ne con- «
tient de Sel fixe, ou, ſi l'on veut, de «
Sel marin, que ce qu'il lui en faut. Si «
on trouve ſur la plaque quelques gout- «
tes de ſel figé, c'eſt qu'il eſt trop reſté «
de ſel, & l'opération court riſque de «
ne pas réuſſir, parceque la cornue ſe- «
roit rongée & percée par ce ſel ſur- «
abondant. En ce cas, il faudra leſſiver «
de nouveau le mélange, puis le deſſé- «
cher ſuffiſamment. «

Notre troiſiéme remarque ſera ſur le
fourneau qu'il convient d'employer dans
cette opération. Ce fourneau doit être
tel que dans un eſpace aſſés petit, il puiſſe donner autant & plus de chaleur qu'un
four de Verrerie, ſur-tout pendant les
ſept ou huit dernieres heures de l'opération. M. Hellot donne dans ſon Mémoire une deſcription exacte de ce fourneau.

« Comme il peut arriver des acci- «
dens pendant le cours de l'opération, «
il y a quelques précautions à prendre. «
Par exemple, ſi le balon venoit à ſe «
rompre pendant que le Phoſphore diſ- «
tille, ce qui en tomberoit ſur des corps «
combuſtibles, y mettroit le feu avec «
riſque d'incendie, parceque ce feu eſt «

» fort difficile à éteindre. Ainſi, il faut
» que le fourneau ſoit conſtruit dans
» quelqu'endroit voûté, ou ſous la hot-
» te élevée de quelque cheminée qui
» pompe bien l'air. Il ne faut pas noñ
» plus laiſſer auprès aucun meuble ou
» utenſile de bois. S'il tomboit du Phoſ-
» phore allumé ſur les jambes ou ſur les
» mains, en moins de trois minutes il
» pénétreroit juſqu'à l'os. Il n'y a que
» l'urine qui puiſſe arrêter le progrès de
» cette brulure. »

   » Si pendant que le Phoſphore ſe
» diſtille, la cornue ſe fêle, l'opération
» eſt manquée. Il eſt aiſé de s'en apper-
» cevoir, parcequ'on ſent auprès du
» fourneau l'odeur d'ail; & de plus, la
» flamme qui ſort par les ouvertures du
» réverbere eſt d'un beau violet. L'Aci-
» de du Sel marin teint toujours de cet-
» te couleur la flamme des matieres qui
» ſe brûlent avec lui. Mais ſi la cornue
» ſe caſſe avant que le Phoſphore ait
» commencé à paroître, on peut ſauver
» la matiere, en jettant pluſieurs briques
» froides dans le foyer, & un peu d'eau
» par-deſſus pour étouffer le feu ſubite-
» ment. » Toutes ces utiles remarques
ſont encore de M. Hellot.

Le Phofphore dont nous venons de donner la defcription, a été découvert d'abord par un bourgeois de la ville de Hambourg nommé Brandt, qui cherchoit la pierre philofophale, & travailloit fur l'urine. Deux autres habiles Chymiftes, qui ne fçavoient autre chofe du procédé, fi ce n'eft que cette matiere étoit tirée de l'urine, ou même en général de corps humain, ont travaillé à le découvrir aufli depuis, & en ont fait effectivement la découverte chacun de leur côté. Ces deux hommes font Kunckel & Boyle.

Le premier a fait la découverte en entier, & avoit trouvé le moyen d'en faire à la fois une aflés grande quantité; ce qui a fait donner à ce Phofphore le nom de *Phofphore de Kunckel.* Le fecond, qui étoit Anglois, n'a pas eu le temps de poufler fa découverte jufqu'au bout, & s'eft contenté de dépofer ce premier témoignage de fa découverte entre les mains du Secrétaire de la Société Royale de Londres, qui lui en donna un certificat.

« Quoique Brandt, dit M. Hellot, « qui avoit déja vendu fon fecret à un « Chymifte nommé Kraft, l'ait vendu «

» depuis à plufieurs autres perfonnes,
» même à vil prix ; quoique M. Boyle
» en ait publié le procédé ; il eſt cepen-
» dant très vraiſemblable que l'un &
» l'autre ſe ſont réſervé le mot de l'é-
» nigme, c'eſt-à-dire, *tout le détail né-*
» *ceſſaire pour faire réuſſir l'opération ;*
» puiſque juſqu'à la déconverte de Kunc-
» kel & de M. Gotfridth-Hantkuit Chy-
» miſte Anglois, à qui M. Boyle a dé-
» voilé tout le myſtère, aucun Chymi-
» ſte n'avoit fait une quantité un peu
» conſidérable de ce Phoſphore. »

» Nous ſommes bien éloignés,
» continue M. Hellot, de prétendre ce-
» pendant que tous ceux qui ont décrit
» cette opération aient voulu en impo-
» ſer ; mais nous croyons que la plupart
» ayant vû paroître des vapeurs lumi-
» neuſes dans le balon, & quelques
» étincelles vers la jointure des vaiſ-
» ſeaux, ils ont cru que cela leur ſuffi-
» ſoit. Ainſi M. Gotfridth-Hantkuit a
» été depuis la mort de Kunckel, & de-
» puis celle de M. Boyle, le ſeul Chy-
» miſte qui en ait pu fournir à tous les
» Phyſiciens de l'Europe : c'eſt pour ce-
» la que cette matiere a été auſſi aſſés
» connue ſous le nom de *Phoſphore*
» *d'Angleterre.* »

Presque tous les Chymistes pensent que le Phosphore est une substance composée de l'Acide du Sel marin combiné avec le Phlogistique, de même que le Soufre n'est que l'Acide vitriolique uni aussi au Phlogistique. Voici les principaux faits sur lesquels est appuyé ce sentiment.

Premierement, l'urine abonde en Sel marin, & contient aussi beaucoup de Phlogistique, c'est-à-dire, les matériaux dont on soupçonne qu'est composé le Phosphore.

Secondement, ce Phosphore a plusieurs des propriétés du Soufre, comme d'être dissoluble dans les Huiles, de se fondre à une douce chaleur, d'être très-combustible, de brûler sans donner de fuye, d'avoir une flamme vive & bleuâtre; enfin, de laisser après sa combustion une liqueur acide : preuves sensibles qu'il ne différe du Soufre que par la nature de son Acide.

Troisiémement, cet Acide du Phosphore mêlé avec la dissolution d'argent dans l'esprit de Nitre, précipite l'argent; & ce précipité est une vraie Lune-cornée, qui paroît même encore plus volatile, dit M. Hellot qui en a fait cette expérience, que la Lune-cornée ordinaire. Ce fait prouve invinciblement que l'Acide du Phofphore eft de la nature de celui du Sel marin ; car tous les Chymiftes fçavent qu'il n'y a que ce feul Acide qui ait la propriété de précipiter l'argent en Lune-cornée.

Quatriémement, M. Sthal remarque, que fi on jette du Sel marin fur des charbons ardens, ces charbons brûlent auffi-tôt avec beaucoup d'activité ; qu'il s'en éleve une flamme fort vive, & qu'ils font bien plutôt confumés que s'ils n'avoient pas touché à ce Sel ; que le Sel marin lui-même, qui peut foutenir la violence du feu affés long-temps lorfqu'il eft en fufion dans un creufet, fans fouffrir une diminution fenfible, s'évapore très-promptement, & fe réduit en fleurs blanches par le contact immédiat des charbons ardens ; qu'enfin la flamme qui s'éleve dans cette occafion a une couleur bleue tirant fur le violet, furtout fi on ne le jette pas immédiatement fur les charbons, mais fi on le tient en fufion dans un creufet au milieu des charbons ardens, & que le creufet foit placé de façon que la vapeur du Sel puiffe fe joindre avec le Phlogiftique embraſé qui s'éleve des charbons.

Ces expériences de M. Stahl prouvent que le Phlogiſtique a de l'action ſur l'Acide du Sel marin, même lorſqu'il eſt engagé dans ſa bâſe alkaline. La flamme qui s'éleve dans cette occaſion peut être regardée comme un Phoſphore ébauché. La couleur de cette flamme eſt même tout-à-fait ſemblable à celle du Phoſphore.

Tous les faits que nous venons de rapporter prouvent que l'Acide du Phoſphore eſt analogue à celui du Sel marin; ou plutôt eſt l'Acide du Sel marin lui-même. Mais il y a d'autres faits qui prouvent au moins que cet Acide a ſubi une altération, & une préparation particuliere avant d'entrer dans la combinaiſon du vrai Phoſphore, & que lorſqu'il en eſt dégagé par la combuſtion, il n'eſt point un Acide du Sel marin pur; mais qu'il eſt encore altéré par le mêlange de quelqu'autre ſubſtance qui le fait différer aſſés conſidérablement de cet Acide. Nous ſommes redevables de ces expériences à M. Marggraff, célébre Chymiſte de l'Académie des Sciences de Berlin. Je m'en vais en rapporter les principales le plus ſuccinctement qu'il me ſera poſſible.

M. Marggraff a aussi rendu public un procédé pour faire du Phosphore, & il assure que par le moyen de ce procédé, on retire en moins de temps, avec moins de chaleur, moins de peine & moins de frais, une plus grande quantité de Phosphore que par toute autre méthode. Voici quelle est son opération.

Il prend deux livres de Sel Ammoniac réduit en poudre, & les mêle exactement avec quatre livres de Minium. Il met le mêlange dans une cornue de verre, & en retire à un feu gradué un esprit volatil urineux très-pénétrant. *

Il s'en trouve quatre livres huit onces. Il mêle trois livres de ce plomb corné avec neuf à dix livres d'urine putréfiée pendant deux mois, & évaporée jusqu'à consistence de miel. Il fait ce mêlange peu à peu dans un chaudron de

* Nous avons dit dans nos Elémens de théorie, que quelques substances métalliques avoient la propriété de décomposer le Sel Ammoniac, & d'en séparer l'Alkali volatil, & nous avons expliqué notre sentiment à ce sujet. Le Minium, qui est une chaux de plomb, est du nombre de ces substances métalliques. Il décompose dans cette expérience le Sel Ammoniac, en sépare l'Alkali volatil; & ce qui reste dans la cornue, est une combinaison du Minium avec l'Acide du Sel Ammoniac, qui, comme on sçait, est le même que celui du Sel marin: par conséquent ce résidu est une espece de plomb corné.

fer fur le feu, en le remuant de temps
en temps. Il y ajoûte une demi-livre
de charbon pulvérifé , & il évapore en
remuant toujours la matiere jufqu'à ce
qu'elle foit entierement réduite en poudre noire. Il diftille enfuite ce mêlange
à un feu gradué , dans une retorte de
verre , en pouffant fur la fin le feu jufqu'à la faire rougir pour enlever tout
ce qu'il peut y avoir d'efprit urineux ,
d'huile fuperflue & de matiere ammo-
niacale. Il ne refte dans la cornue , après
cette diftillation, qu'un *caput mortuum*
très-friable.

Il pulvérife encore ce réfidu, & il en
jette une pincée fur des charbons ardens, pour s'affurer fi la matiere eft
bien préparée, & en état de fournir du
Phofphore. Si elle eft relle , il en fort
auffitôt une odeur arfenicale, & une
flamme bleue qui fe proméne à la fuperficie des charbons en faifant des ondulations.

Après s'être ainfi affuré du fuccès de
fon opération, il met la moitié de fa matiere par parties égales , dans trois petites cornues de terre d'Allemagne , capables de contenir chaque environ dix-
huit onces d'eau. Ces cornues ne fe trou-

vent pleines que jufqu'aux trois quarts. Il place ces trois cornues à la fois dans un même fourneau de réverbere, fait à peu près comme ceux dont nous avons donné la defcription, excepté qu'il eft difpofé de façon qu'il peut contenir à la fois les trois cornues rangées fur une même ligne. Il lutte à chaque cornue un récipient un peu plus qu'à moitié plein d'eau, & arrange le tout de maniere que le bec des cornues foit trèsproche de la fuperficie de l'eau.

Il commence la diftillation, en échauffant peu à peu les cornues, environ pendant une heure, par le moyen d'une douce chaleur. Il augmente après ce temps le feu de maniere que dans l'efpace d'une demi-heure, les charbons commencent à toucher le fond des cornues. Il continue à mettre peu à peu des charbons dans le fourneau, jufqu'à ce qu'ils aient atteint la moitié de la hauteur des cornues, & il emploie à cela encore une demi-heure. Enfin, pendant la demi-heure fuivante, il met du charbon jufque par-deffus la voûte des cornues.

Alors le Phofphore commence à paroître en vapeurs : il augmente auffitôt

l'ardeur

l'ardeur du feu, autant qu'il lui est possible, en emplissant entierement le fourneau de charbon, & faisant bien rougir les cornues. Ce degré de feu fait sortir le Phosphore en gouttes qui se précipitent dans l'eau. Il soutient ce degré de feu pendant une heure & demie ; après quoi l'opération est achevée, ainsi elle ne dure en tout qu'environ quatre heures & demie ; encore assure-t-il qu'un Artiste adroit dans l'administration du feu, peut la faire en quatre heures seulement. Il distille de la même maniere la seconde moitié de son mêlange dans trois autres cornues pareilles.

L'avantage qu'il trouve à se servir de plusieurs petites cornues, plutôt que d'une grosse, c'est que le feu les pénétre plus facilement, & que l'opération se fait avec moins de chaleur & en moins de temps. Il purifie & moule son Phosphore, à peu près de la même maniere que M. Hellot : il retire deux onces & demie de beau Phosphore cristalin tout moulé, de la quantité de mêlange dont nous avons parlé.

M. Marggraff considérant en conséquence des expériences que nous venons de rapporter, que l'Acide du Sel marin très-concentré, contribue beaucoup à la formation du Phofphore, a fait encore plufieurs autres expériences, où il emploie cet Acide engagé dans d'autres bâfes. Il a mêlé, par exemple, une once de Lune-cornée avec une once & demie d'urine putréfiée & épaiffie, & il a retiré de ce mêlange un très-beau Phofphore.

Enfin, toutes les expériences que nous venons de rapporter, lui faifant croire fermement que l'Acide du Sel marin, pourvû qu'il fût très-concentré, fe combinoit avec le Phlogiftique auffi facilement que l'Acide vitriolique, il a voulu voir s'il pourroit faire du Phofphore avec des matieres qui continffent cet Acide & du Phlogiftique, mais fans employer l'urine.

Il a fait dans cette vûe un grand nombre d'expériences différentes, dans lefquelles il a employé le Sel marin en fubftance, le Sel Ammoniac, le plomb corné, la Lune-cornée, le Sel Ammoniac fixe, autrement nommé *Huile de chaux*. Il a mêlé ces différentes fubftances qui contiennent toutes l'Acide du Sel marin, avec différentes matieres abondantes en Phlogiftique, différens

charbons végétaux, & même des matieres animales, telles que l'huile de
corne de cerf, le sang humain, & d'autres, en variant de plusieurs manieres
les doses de toutes ces substances, sans
avoir jamais pu parvenir à faire un atôme de Phosphore : ce qui a fait soupçonner avec raison à cet habile Chymiste,
que l'Acide marin pur & crud n'est pas
capable de se combiner comme il convient avec le Phlogistique pour former
du Phosphore ; qu'il faut que préalable-
ment cet Acide ait contracté union avec
quelqu'autre matiere : que celui qui se
trouve dans l'urine a apparemment subi
l'altération convenable pour cela : M.
Marggraff croit que cette matiere, qui
par son union rend l'Acide du Sel marin capable d'entrer dans la combinaison du Phosphore, est une espece de
terre vitrifiable extrêmement tenue.
Nous allons voir, par les expériences
qu'il a faites sur l'Acide du Phosphore,
que son sentiment n'est point sans fon-
dement.

M. Marggraff, en laissant reposer dans
un lieu frais de l'urine évaporée jusqu'à
consistence de miel, en a retiré par la
cristalisation un Sel d'une nature singu-

liere. Il s'eſt aſſuré qu'en diſtillant enſuite l'urine de laquelle il l'avoit retiré,
elle lui fourniſſoit beaucoup moins de
Phoſphore que celle dont il ne l'avoit
point retiré; & comme on ne peut la
dépouiller entierement de ce Sel, il croit
que la petite quantité de Phoſphore que
cette urine lui a fourni, venoit du Sel
qui y étoit reſté.

De plus, il a diſtillé ce Sel ſeul avec
du noir de fumée; & il lui a fourni une
quantité conſidérable de très-beau Phoſphore. Il a même mêlé de la Lune-cornée avec ce Sel, pour voir s'il en retireroit une plus grande quantité de Phoſphore; mais infructueuſement : ce qui
lui a fait conclure que c'eſt dans cette
matiere ſaline que réſide le véritable
Acide propre à entrer dans la combinaiſon du Phoſphore. Pluſieurs expériences qu'il a faites ſur l'Acide du Phoſphore, auquel il a trouvé des propriétés ſemblables à celles de ce Sel d'urine, confirment encore ſon ſentiment.

L'Acide du Phoſphore paroît être
plus fixe qu'aucun autre, c'eſt pourquoi
lorſqu'on veut le ſéparer par la combuſtion du Phlogiſtique auquel il eſt uni,
on n'a pas beſoin d'un appareil de vaiſ-

feaux femblables à celui qu'on employe
pour retirer l'Efprit de Soufre. Cet Acide fe trouve au fond du vaiffeau dans
lequel on a fait brûler du Phofphore.
Si on le pouffe au feu, la partie la plus
fubtile s'évapore, & le refte prend la
forme d'une matiere vitrifiée.

Le même Acide fait effervefcence
avec les Alkalis fixes & volatils, & forme avec eux des efpeces de Sels neutres; mais qui different beaucoup du Sel
marin, & du Sel Ammoniac. Celui qui
a pour bâfe l'Alkali fixe, ne décrépite
point fur les charbons ardens; mais il s'y
gonfle & s'y vitrifie comme le Borax.
Celui qui a pour bâfe l'Alkali volatil,
forme des criftaux longs & pointus; &
pouffé au feu dans une cornue, laiffe
échapper fon Alkali volatil. Il refte dans
la cornue une matiere vitrifiée. Ce Sel
eft femblable à celui dont nous venons
de parler qu'on retire de l'urine, & qui
fournit le Phofphore.

On voit par les expériences que nous
venons de rapporter, que l'Acide du
Phofphore tend toujours à la vitrification; ce qui prouve qu'il n'eft pas pur,
& qui a donné lieu à M. Marggraff de
croire qu'il eft altéré par le mêlange d'u-

ne terre vitrifiable très-subtile.

Le même M. Marggraff a retiré du Phosphore de plusieurs substances végétales qui nous servent tous les jours d'alimens : cela lui donne lieu de croire que le Sel propre à former le Phosphore peut exister dans les végétaux, & passer de-là dans les animaux qui s'en nourrissent.

Enfin, il nous apprend, en terminant son Mémoire, une vérité très-importante : c'est que l'Acide qu'on retire du Phosphore par la combustion, peut servir à réformer de nouveau Phosphore. Il ne faut pour cela que le combiner avec quelque matiere charbonneuse, comme le noir de fumée, & le distiller.

Les Chymistes, comme on peut le voir par ce que nous avons rapporté dans cet article, ont sur le Phosphore, & particulierement sur son Acide, beaucoup de recherches à faire curieuses & intéressantes.

Je terminerai cet article, en rapportant quelques-unes des propriétés du Phosphore dont je n'ai pas encore fait mention.

Le Phosphore exposé à l'air s'y dissout. Ce que l'eau ne peut faire, dit

M. Hellot, ou ne fait que pendant huit ou dix années, l'humidité de l'air le fait en dix ou douze jours, soit parceque le Phosphore s'allume à l'air, & que la partie inflammable s'évaporant presque toute entiere, laisse à découvert l'Acide de ce Phosphore, qui comme tout autre Acide extrêmement concentré, est fort avide de l'humidité ; soit aussi parceque l'humidité de l'air étant une eau divisée en particules infiniment déliées, elle se trouve alors d'une ténuité analogue à la petitesse des pores du Phosphore, dans lesquels les particules trop grossieres de l'eau commune ne pourroient s'introduire.

Le Phosphore échauffé par la proximité du feu, ou par quelque frottement, s'allume aussitôt, & brûle avec vivacité. Il se dissout dans toutes les Huiles & dans l'Ether, & donne à ces liqueurs la propriété d'être lumineuses quand on débouche le flacon dans lequel elles sont contenues. Lorsqu'on le fait bouillir dans l'eau, il lui communique aussi la faculté lumineuse. Cette observation est de M. Morin Professeur à Chartres.

Feu M. Grosse, célébre Chymiste, de l'Académie des Sciences, a observé que le Phosphore dissous dans les Huiles essentielles s'y cristalise. Ces cristaux s'allument à l'air, soit qu'on les jette dans un vaisseau sec, où qu'on les mette dans un morceau de papier. Si on les trempe dans l'Esprit-de-vin, & qu'on les en retire sur le champ, ils ne s'enflamment plus à l'air : ils fument un peu, & pendant très-peu de temps, & ne se consument presque point. Il en a laissé pendant quinze jours dans une cuillere, sans qu'ils aient paru diminués de volume ; mais si on échauffe un peu la cuillere, ils s'enflamment comme le feroit le Phosphore ordinaire, avant sa distillation & sa cristalisation dans une huile essentielle.

M. Marggraff ayant mis un gros de Phosphore avec une once d'esprit de Nitre très-concentré dans une cornue de verre, a observé que sans le secours du feu, l'Acide dissolvoit le Phosphore ; qu'une partie de cet Acide passoit en même temps dans le récipient lutté à la cornue, & qu'en même temps le Phosphore s'est allumé avec impétuosité, & qu'il a brisé les vaisseaux avec fracas. Il n'arrive rien de semblable lorsqu'on le traite de même avec les autres Acides même concentrés.

III. PROCEDE'.

Décompoſer le Sel marin par l'interméde de l'Acide vitriolique. Sel de Glauber. Purification & concentration de l'Eſprit de Sel.

METTEZ d'abord dans un pot de terre non verniſſé, le Sel marin dont vous voudrez retirer l'Acide. Placez ce pot au milieu des charbons ardens. Le Sel décrépitera, ſe deſſéchera & ſe réduira en poudre. Mettez ce Sel décrépité dans une cornue de verre tubulée, dont les deux tiers demeurent vuides. Placez la cornue dans un fourneau de réverbere, & adaptez-y un récipient pareil à celui de la diſtillation de l'Eſprit de Nitre fumant. Luttez-le auſſi de même avec la cornue, & encore plus exactement s'il eſt poſſible. Verſez enſuite par le trou ſupérieur de la cornue environ un tiers du poids de votre Sel, d'Huile de Vitriol bien concentrée, & bouchez auſſitôt exactement le trou de la cornue avec un bouchon de verre qui doit être uſé à l'émeri dans le même trou.

Tome I.   L

A peine l'Huile de Vitriol aura-t-elle touché le Sel, que la cornue & le récipient fe rempliront d'une grande quantité de vapeurs blanches ; & que bientôt après, fans qu'il foit befoin de mettre du feu dans le fourneau, il fortira du bec de la cornue des gouttes d'une liqueur jaune. Laiffez ainfi aller la diftillation fans feu, tant que vous verrez paroître des gouttes ; mettez enfuite très-peu de feu fous la cornue, & continuez la diftillation en augmentant le feu peu à peu avec beaucoup de ménagement jufqu'à la fin de la diftillation. Elle fera achevée fans qu'on ait été obligé d'augmenter le feu jufqu'à faire rougir la cornue. Déluttez les vaiffeaux, & verfez promptement la liqueur du récipient, qui eft un Efprit de Sel très-fumant, dans un flacon de criftal femblable à celui de l'Efprit de Nitre fumant.

REMARQUES.

Le Sel marin eft, comme nous avons déja dit, un Sel neutre compofé d'un Acide différent du vitriolique & du nitreux, combiné avec un Alkali fixe qui a quelques propriétés qui lui font particulieres, mais qui ne différent point des

autres en ce qui regarde fes affinités. Ce
Sel doit donc être décomposé par l'Acide vitriolique, de même que le Nitre ;
c'eſt auſſi ce qui arrive dans l'expérience que nous venons de décrire. L'Acide
vitriolique s'unit à la bâſe alkaline du
Sel marin, & en ſépare l'Acide avec encore plus de facilité qu'il ne dégage l'A-
cide nitreux de ſon Alkali fixe, parceque l'Acide du Sel marin a moins d'affinité que l'Acide nitreux avec les Alkalis
fixes.

Comme on emploie dans cette expérience de l'Huile de Vitriol bien concentrée, & qu'on a fait deſſécher & décrépiter le Sel marin, avant de le diſtiller, l'Acide qu'on en retire eſt très-déphlegmé & toujours fumant, avec encore plus d'impétuoſité que l'Acide nitreux
le plus fort. Les vapeurs de cet Acide
ſont auſſi beaucoup plus élaſtiques &
plus pénétrantes que celles de l'Acide
nitreux ; ce qui eſt cauſe que notre diſtillation de l'Eſprit de Sel fumant eſt
une des plus difficiles, des plus labo-
rieuſes, & des plus dangereuſes opérations de la Chymie.

Nous avons demandé une cornue tubulée pour ce procédé, afin qu'on puiſ-

fe ne mêler l'Huile de Vitriol avec le Sel
marin qu'après que le récipient eft bien
lutté avec la cornue ; car auffitôt que
ces deux matieres font mêlées enfemble, l'Efprit de Sel fort avec tant de vivacité, que fi les vaiffeaux n'étoient point
luttés dans le temps, les vapeurs qui for-
tiroient en grande quantité par le col du
balon, le mouilleroient tellement, ainfi
que celui de la cornue, qu'on ne feroit
plus maître d'y appliquer, & d'y faire
tenir le lut comme il convient. Ajoûtez à cela, que l'Artifte fe trouveroit expofé à ces dangereufes vapeurs qui entrent dans le poumon avec une activité
prodigieufe, & y font une telle impreffion, qu'on eft menacé fur le champ de
fuffocation.

Après ce que nous venons de dire fur
l'élafticité & la vivacité des vapeurs de
l'Efprit de Sel, il n'eft pas befoin que
nous infiftions ici fur la néceffité qu'il y
a de donner de temps en temps de l'é-
vent aux vaiffeaux, en débouchant le
petit trou du balon ; c'eft-là même le
cas pour éviter de perdre beaucoup de
vapeurs, d'employer l'appareil des balons enfilés, & d'appliquer deffus les linges mouillés, pour rafraîchir & con-

denser les vapeurs dans les récipiens.

On trouve , lorsque l'opération est achevée , une masse saline blanche & moulée dans la cornue. Si on la fait dissoudre dans l'eau , & qu'on fasse cristalliser la dissolution , elle fournit une assés grande quantité de Sel marin qui n'a pas été décomposé , & un Sel neutre composé de l'Acide vitriolique uni à la bâse alkaline de celui qui a été décomposé. Ce Sel neutre , qui porte le nom de *Glauber* son inventeur , diffère du Tartre vitriolé ou du Sel de *duobus* qu'on trouve après la distillation de l'Acide nitreux , principalement en ce qu'il est plus fusible , plus dissoluble dans l'eau , & que la figure de ses cristaux est différente. Comme l'Acide est néanmoins le même dans ces deux Sels , c'est à la nature particuliere de la bâse du Sel marin qu'il faut attribuer les différences qui se trouvent entr'eux.

L'Esprit de Sel tiré par le procédé que nous venons de donner est altéré par le mêlange d'un peu d'Acide vitriolique qui a été emporté par le feu avant qu'il ait pu se combiner avec l'Alkali du Sel marin , comme cela arrive aussi à l'Acide nitreux tiré par la même méthode.

Si on veut le rendre pur , & en féparer abfolument l'Acide vitriolique , il faut le rediftiller une feconde fois fur du Sel marin , comme nous avons vu qu'on re-diftille l'Acide nitreux fur de nouveau Nitre , pour le purifier du mêlange de l'Acide vitriolique.

On peut auffi décompofer le Sel marin de même que le Nitre , par toutes les combinaifons d'Acide vitriolique uni à une fubftance métallique ou terreufe ; mais il eft bon d'obferver que fi on veut diftiller de l'Efprit de Sel par l'interméde du Vitriol verd, l'opération ne réuf-fit point auffi-bien que la diftillation de l'Acide nitreux par le même interméde. On retire moins d'Efprit de Sel par cette méthode , & il faut un feu beaucoup plus violent.

La raifon de cela eft fondée fur la propriété qu'a l'Acide du Sel marin de diffoudre le fer , lors même qu'il a été privé d'une partie de fon Phlogiftique par l'union qu'il a contractée avec un autre Acide : d'où il arrive qu'à mefure que l'Acide vitriolique le dégage de fa bâfe , il s'unit avec la bâfe ferrugineufe du Vitriol , & n'en peut être féparé que par une violente action du feu. Cela ar-

rive fur-tout fi on emploie du Vitriol
calciné ; car l'humidité , comme nous
allons le voir bientôt , facilite beaucoup
la féparation de cet Acide d'avec les
fubftances aufquelles il eft uni.

Lorfqu'on n'a pas intention de retirer
un Efprit de Sel très - déphlegmé & fumant , on peut le diftiller en fe fervant
pour interméde de quelque terre qui
contienne de l'Acide vitriolique , comme de l'Argile, par exemple , ou du Bol.
Il faut pour cela mêler exactement une
partie de Sel marin légerement defféché & réduit en poudre fine , avec deux
parties de la terre qui fert d'interméde
auffi mife en poudre ; faire de ce mêlange une pâte dure , en y ajoûtant une
quantité convenable d'eau de pluie ; former avec cette pâte de petites boules de
la groffeur d'une noifette , & les laiffer
fécher au foleil ; lorfqu'elles font féches ,
les mettre dans une cornue de grais ou
de verre luttée , de laquelle un tiers
demeure vuide ; placer la cornue dans
un fourneau de réverbere & la couvrir
du dôme ; y adapter un récipient, qu'il
n'eft pas befoin de lutter d'abord ; é-
chauffer les vaiffeaux très-lentement. Il
fort d'abord de la cornue une eau infi-

pide qu'il faut jetter : il paroît après cela
des vapeurs blanches, qui font l'Efprit
de Sel. Il eft temps pour lors de lutter
les vaiffeaux, & d'augmenter le feu par
degrés. Il faut le pouffer fur la fin jufqu'à la derniere violence. On reconnoît que l'opération eft achevée, quand
il ne fort plus de gouttes du bec de la
cornue, que le récipient fe refroidit, &
que les vapeurs blanches dont il étoit
rempli difparoiffent.

L'Efprit de Sel qu'on retire par le procédé que nous venons de donner, n'eft
pas fumant, & contient beaucoup plus
de phlegme que celui qu'on diftille par
l'interméde de l'Huile de Vitriol concentrée ; parceque la terre, quoique def-
féchée au foleil, contient encore beaucoup d'humidité, qui fe mêle avec l'A-
cide du Sel marin. Il eft beaucoup plus
facile, par conféquent, de raffembler
fes vapeurs, & cette opération eft bien
moins laborieufe que l'autre. Il eft bon,
néanmoins, d'aller doucement ; de ne
donner que peu de chaleur dans le commencement, & de déboucher de temps
en temps le petit trou du récipient: car les
vapeurs de l'Efprit de Sel, même affoi-
blies par le mêlange de l'eau, quand el-

les font en une certaine quantité , font
capables de faire caffer les vaiffeaux.

Il faut un degré de feu bien plus confidérable pour retirer l'Efprit de Sel par
ce dernier procédé , que pour celui où
l'on emploie l'Acide vitriolique pur ,
parcequ'une partie de l'Acide marin fe
joint à la terre qu'on emploie pour interméde , à mefure qu'il eft dégagé de
fa bâfe par l'Acide vitriolique que contient cette même terre , & qu'il n'en
peut être féparé que par une violente
action du feu.

On pourroit retirer auffi , par l'interméde de l'Acide vitriolique pur , un Efprit de Sel qui ne feroit pas fumant. Il
faut pour cela n'emploier que de l'Efprit
de Vitriol , ou de l'Huile de Vitriol affoiblie par beaucoup d'eau.

Il y a quelques Chymiftes qui prefcri-
vent de mettre de l'eau dans le récipient , lorfqu'on diftille de l'Efprit de Sel
par l'interméde de l'Huile de Vitriol
concentrée , afin que les vapeurs acides
qui s'élévent puiffent s'y condenfer plus
facilement. A la vérité , on évite par
cette méthode une partie des inconvéniens dont nous avons parlé dans la diftillation de l'Efprit de Sel fumant ; mais

auffi , comme les vapeurs acides fe
noient dans l'eau à mefure qu'elles fortent de la cornue, on n'obtient par cette
méthode qu'un Efprit de Sel auffi aqueux
que celui qu'on retire par l'interméde
des terres : c'eft par conféquent une dé-
penfe fuperflue. Ainfi quand on ne veut
point avoir d'Efprit de Sel fumant , il
vaut mieux fe fervir de l'interméde des
terres , d'autant plus que l'Acide marin
qu'on retire par ce moyen eft plus pur ,
& eft moins altéré par le mélange de
l'Acide vitriolique , par la raifon que
nous en avons déja donnée.

On peut féparer une partie de l'Acide du Sel marin de fa bâfe alkaline par
la feule action du feu , & fans fe fervir
d'aucun interméde. Il faut pour cela
mettre le Sel dans la cornue fans l'avoir
fait deffécher. Il fort d'abord une eau
infipide; mais qui peu à peu devient acide , & a toutes les propriétés de l'Efprit
de Sel. Quand le Sel qui eft dans la cornue eft bien defféché , il n'en fort plus
rien , quelque degré de chaleur qu'on
emploie. Si on veut en retirer une plus
grande quantité , il faut retirer la maffe
faline qui eft dans la cornue , la mettre
en poudre , & la laiffer expofée à l'air

pendant quelque temps , afin qu'elle puisse en attirer l'humidité , ou bien l'humecter d'abord avec un peu d'eau de pluie , & recommencer à distiller ce Sel comme la premiere fois. On en retirera de même de l'eau insipide , & un peu d'Esprit de Sel ; mais qui cessera aussi de s'élever quand le Sel contenu dans la cornue sera desséché. On peut réitérer cette manœuvre un aussi grand nombre de fois qu'on voudra. Peut-être parviendroit-on à décomposer ainsi entierement le Sel marin , sans se servir d'aucun interméde. L'Esprit de Sel qu'on retire par cette voie est extrêmement foible, en petite quantité, & chargé de beaucoup d'eau.

Cette expérience prouve que l'humidité facilite beaucoup la séparation de l'Acide du Sel marin d'avec les matieres ausquelles il est uni. Aussi, dans notre distillation de l'Esprit de Sel par l'interméde des terres, a-t-on besoin d'un degré de feu infiniment moindre dans le commencement de l'opération, temps où la terre & le sel contiennent encore beaucoup d'humidité , que vers la fin , lorsque ces matieres commencent à être bien desséchées.

Il refte dans la cornue, après l'opération, une maffe faline & terreufe qui
contient 1°. du Sel marin entier, & qui
n'a fouffert aucune décompofition; 2°.
du Sel de Glauber, Sel neutre compofé, comme nous avons dit, de l'Acide
vitriolique uni à la bâfe alkaline du Sel
marin, de laquelle il a dégagé l'Acide;
3°. de la terre qu'on a employée pour
interméde, laquelle contient encore une
partie de l'Acide vitriolique qu'elle avoit
originairement, & qui ne s'étant pas
trouvé affés près de quelques molécules
falines, n'a point fervi à la décompofition du Sel, & eft demeuré uni à fa bâfe terreufe; 4°. la même terre impré-
gnée d'une partie de l'Acide du Sel marin qui s'eft combiné avec elle à mefure
qu'il a été féparé de fa bâfe alkaline par
l'Acide vitriolique, & que la violence
du feu n'a pu en détacher lorfque les
matieres fe font trouvées parfaitement
féches. En conféquence de ce qui refte
dans ce *caput mortuum*, fi on trituroit
toute cette maffe, qu'on l'humectât a-
vec un peu d'eau, & qu'on la foumît à
une feconde diftillation, on en retireroit encore beaucoup d'Efprit de Sel. La
même chofe arrive dans toutes les dif-

tillations de cette efpece.

L'Efprit de Sel qu'on retire par tout autre interméde que l'Huile de Vitriol concentrée, eft ordinairement affés foible. On peut, fi on veut, le déphlegmer & le concentrer à peu près comme l'Huile de Vitriol : il faut pour cela le mettre dans une cucurbite de verre, la placer fur un bain-marie, y adapter un chapiteau & un récipient, & retirer à un degré de feu modéré, le tiers ou la moitié de la liqueur contenue dans la cucurbite. Ce qui fera paffé dans le récipient fera la partie la plus aqueufe qui fe fera élevée la premiere comme étant la plus légere, chargée cependant d'un peu d'acide ; & ce qui reftera dans la cucurbite fera de l'Efprit de Sel concentré, ou la partie la plus acide, qui comme plus pefante n'aura pas été enlevée par le degré de feu capable de faire diftiller le phlegme. L'Efprit de Sel ainfi concentré, qu'on nomme auffi *Huile de Sel*, a une couleur jaune tirant fur le verd, & une odeur faffranée affés gracieufe. Il n'eft point fumant.

IV. PROCEDE'.

Décomposer le Sel marin par l'interméde
de l'Acide nitreux. Eau-régale..
Nitre quadrangulaire.

PRENEZ du Sel marin desséché. Réduisez-le en poudre. Mettez-le dans une cornue de verre dont la moitié demeure vuide. Versez dessus un tiers de son poids de bon Esprit de Nitre. Placez la cornue sur le bain de sable d'un fourneau de réverbere : ajoûtez-y le dôme : luttez-y un récipient percé d'un petit trou, & échauffez les vaisseaux très-lentement. Il passera dans le récipient des vapeurs & une liqueur acide. Augmentez le feu par degrés, jusqu'à ce qu'il ne sorte plus rien de la cornue. Déluttez ensuite les vaisseaux, & mettez dans un flacon de cristal, bouché comme ceux des autres Esprits acides, la liqueur qui se trouvera dans le récipient.

REMARQUES.

L'Acide nitreux a plus d'affinité avec les Alkalis fixes que n'en a l'Acide marin. Si donc on mêle ensemble de l'Esprit de Nitre & du Sel marin, il arrivera à certains égards la même chose que lorsque l'on mêle l'Acide vitriolique avec ce même Sel; c'est-à-dire, que l'Acide nitreux le décomposera comme l'Acide vitriolique, en séparant son Acide de sa bâse alkaline, & se substituant à sa place. Mais comme l'Acide nitreux est beaucoup moins fort, & beaucoup moins pesant que le vitriolique, il s'en éleve une grande partie avec l'Acide du Sel marin pendant l'opération. La liqueur qu'on trouve dans le récipient est donc une véritable Eau-régale.

Si on a employé, pour faire l'opération, du Sel décrépité & de l'Esprit de Nitre bien fumant, on retire une Eau-régale qui est très-forte; & il sort pendant l'opération des vapeurs très-élastiques qui briseroient les vaisseaux, si on ne prenoit pas les précautions que nous avons indiquées pour les distillations de l'Esprit de Nitre, & de l'Esprit de Sel fumant.

On trouve dans la cornue, quand l'opération est achevée, une masse saline qui contient du Sel marin non décomposé, & une nouvelle espece de Nitre, qui ayant pour bâse l'Alkali du Sel ma-

rin, lequel, comme nous avons dit plusieurs fois, est d'une nature particuliere, differe aussi du Nitre ordinaire,
premierement, par la figure de ses cristaux qui sont des solides à quatre faces,
ayant la figure de losanges ; secondement, en ce qu'il se cristalise plus difficilement, retient plus d'eau dans sa cristalisation, attire l'humidité de l'air, &
se dissout dans l'eau avec les mêmes phénoménes que le Sel marin.

CHAPITRE IV.

DU BORAX.

PROCEDE'.

Décomposer le Borax par l'interméde des
Acides, & en séparer le Sel sédatif
par sublimation & cristalisation.

REDUISEZ en poudre fine le Borax
dont vous voudrez retirer le Sel
sédatif. Mettez cette poudre dans une
cornue de verre dont le col soit large.
Versez dessus un huitiéme de son poids
d'eau commune, pour humecter la poudre ; puis ajoûtez un peu plus du quart
du

du poids du Borax d'Huile de Vitriol
concentrée. Placez la cornue dans un
fourneau de réverbere : faites d'abord un
feu modéré, que vous augmenterez peu
à peu jufqu'à faire rougir ce vaiffeau.

Il paffe d'abord dans le récipient un
peu de phlegme ; puis le Sel fédatif monte avec les dernieres humidités qui s'é-
levent encore de la maffe faline : ce qui
fait qu'une portion de ce Sel fe diffout
dans ce fecond phlegme, & paffe avec
lui dans le récipient ; mais la plus grande partie du Sel s'attache fous la forme
de fleurs falines à la premiere partie du
col de la cornue, qui fort de l'échan-
crure du fourneau. Elles s'y accumulent
en fe pouffant infenfiblement les unes
les autres, enforte qu'elles bouchent légerement cette portion du col. Alors
celles qui montent lorfque le col eft
bouché reftent derriere, s'attachent à la
partie du col de la cornue qui eft échauffée, s'y vitrifient en quelque maniere,
& y forment un cercle de Sel fondu.
Dans cet arrangement les fleurs du Sel
fédatif femblent partir de ce cercle, &
l'avoir pour bâfe : elles y font en lames
extrêmement minces, brillantes, très-lé-
géres qu'il faut détacher avec une plume.

Il reſtera au fond de la cornue une maſſe ſaline : faites-la diſſoudre dans une ſuffiſante quantité d'eau chaude ; filtrez la diſſolution pour en ſéparer une terre brune qui ſe précipite ; mettez la liqueur évaporer : il s'y formera des criſtaux de Sel ſédatif.

REMARQUES.

Quoique le Borax ſoit d'un grand uſage dans pluſieurs opérations Chymiques, particulierement dans les fuſions métalliques, comme nous aurons occaſion de le voir, la nature de ce Sel a cependant juſqu'à ces derniers temps été inconnue aux Chymiſtes, & ſon origine l'eſt encore. Tout ce qu'on en ſçait de certain, c'eſt qu'on l'apporte brut des Indes Orientales, & qu'on le purifie en Hollande.

M. Homberg eſt un des premiers Chymiſtes qui ait entrepris l'analyſe de ce Sel. C'eſt lui qui a fait connoître, qu'en le mêlant avec l'Acide vitriolique, & en le diſtillant, on en retire un Sel qui ſe ſublime en petites aiguilles fines. Il a donné lui-même le nom de Sel ſédatif à ce produit du Borax, parcequ'il lui a reconnu la propriété de calmer les

grands mouvemens & les effervefcences
du fang dans les maladies.

Depuis M. Homberg , d'autres Chymiftes fe font exercés fur le Borax. M.
Lémery a reconnu que l'Acide vitriolique n'étoit point le feul par le moyen
duquel on pût obtenir du Sel fédatif en
le travaillant avec le Borax ; mais que
les deux autres Acides minéraux , le nitreux & le marin , pouvoient lui être
fubftitués.

M. Geoffroy a facilité beaucoup le
moyen de retirer le Sel fédatif du Borax , en faifant voir qu'on pouvoit le retirer auffi-bien par la criftalifation , que
par la fublimation, & que le Sel fédatif
qu'on retire par cette voie ne le céde
en rien à celui qu'on retiroit avant lui
par la fublimation ; c'eft à lui auffi que
nous avons l'obligation de fçavoir qu'il
entre dans la compofition du Borax un
Sel alkali de la nature de la bâfe du Sel
marin. M. Geoffroy l'a reconnu en
voyant qu'il retiroit du Sel de Glauber
de la diffolution de Borax dans laquelle
il avoit mêlé de l'Acide vitriolique pour
en retirer le Sel fédatif.

Enfin , M. Baron dont nous avons
parlé à ce fujet dans nos Elémens de

théorie, a prouvé par un grand nombre d'expériences, qu'on pouvoit retirer du Sel fédatif du Borax, en se servant des Acides végétaux, ce qu'on n'avoit pu faire avant lui ; que le Sel fédatif n'est point une combinaison d'une matiere alkaline avec l'Acide qu'on emploie pour le retirer, comme quelques-unes de ses propriétés sembloient l'indiquer ; mais qu'il existe tout formé dans le Borax ; que l'Acide qu'on emploie pour l'extraire ne sert qu'à le dégager de l'Alkali avec lequel il est uni ; que cet Alkali est effectivement de la nature de celui du Sel marin, puisqu'après en avoir séparé le Sel fédatif, qui uni avec lui forme le Borax, on retrouve un Sel neutre, de même espece que celui qui doit résulter de l'union de l'Acide qu'on a employé avec la bâse du Sel marin ; c'est-à-dire, un Sel de Glauber, si c'est l'Acide vitriolique ; un Nitre quadrangulaire, si c'est l'Acide nitreux, & un véritable Sel marin, si c'est l'Acide marin ; que le Sel fédatif peut se rejoindre avec son Alkali & reformer du Borax.

Il ne nous reste plus à présent, pour avoir sur la nature du Borax toutes les connoissances qu'on peut desirer, qu'à

sçavoir ce que c'est que le Sel sédatif.
M. Baron a déja donné sur sa nature des
connoissances en quelque sorte négati-
ves, en nous faisant voir ce qu'il n'est
pas, c'est-à-dire, que l'Acide qu'on emploie pour le retirer n'entre point dans
sa composition. Nous avons tout lieu
d'espérer qu'il poussera plus loin ses recherches, & qu'il ne laissera rien à desirer sur cette matiere.

On peut séparer le Sel sédatif du Borax, non-seulement par le moyen des
Acides libres & purs, mais aussi avec ces
mêmes Acides engagés dans une bâse
métallique. Ainsi les Vitriols, par exemple, peuvent servir très-bien dans cette
occasion. On sent bien que le Vitriol
doit alors se décomposer, & que son
Acide ne peut s'unir avec l'Alkali dans
lequel est engagé le Sel sédatif, sans a-
bandonner la bâse métallique, qui se
précipite en conséquence.

Le Sel sédatif se sublime à la vérité,
quand on distille une liqueur dans laquelle il est contenu; mais ce n'est pas
à dire pour cela qu'il soit volatil par lui-
même; il ne se sublime ainsi qu'à la faveur de l'eau avec laquelle il est joint.
La preuve en est, que lorsque toute

l'humidité du mêlange dans lequel il eſt
contenu eſt diſſipée, il ne s'en ſublime
plus, quelque violent que ſoit le feu ;
& qu'en ajoûtant de l'eau pour mouiller
de nouveau la maſſe deſſéchée qui le
contient, on peut en retirer encore à
pluſieurs repriſes. De même, ſi on ex-
poſe à un degré de chaleur convenable
du Sel ſédatif mouillé, il s'en ſublime
d'abord un peu à la faveur de l'eau ; mais
auſſitôt qu'il eſt ſec, il demeure très-
fixe.

Le Sel ſédatif a la figure & la ſaveur
d'un Sel neutre : il n'altére point la couleur du ſuc des violettes. Il ſe diſſout
même difficilement dans l'eau, puiſqu'il
faut deux pintes d'eau bouillante pour
en diſſoudre quatre onces ; cependant il
a, par rapport aux Alkalis, les propriétés
d'un Acide : il s'unit avec ces Sels, forme avec eux un compoſé ſalin qui ſe criſtaliſe, & même chaſſe les Acides qui
ſont unis avec eux, enſorte qu'il décompoſe les mêmes Sels neutres que l'A-
cide vitriolique.

Le Sel ſédatif, expoſé ſubitement à
une chaleur violente à feu ouvert, perd
près de la moitié de ſon poids, ſe fond,
ſe met & demeure ſous l'apparence d'un

verre ; mais il ne change point de nature pour cela. Ce verre se diffout dans l'eau, & se recristalise en Sel sédatif. Ce Sel communique au Sel alkali auquel il est joint, lorsqu'il est sous la forme de Borax, la propriété de se fondre à une chaleur modérée, & de former une espece de verre : c'est à cause de cette grande fusibilité, qu'on emploie souvent le Borax pour servir de fondant dans les essais de mine. On le fait entrer aussi quelquefois dans la composition des verres ; mais il leur communique à la longue le défaut qu'a son verre, de se ternir à l'air. Le Sel sédatif a aussi la propriété singuliere de se dissoudre dans l'Esprit-de-vin, & de donner à sa flamme, lorsqu'on le brûle, une couleur d'un beau verd ; toutes ces remarques sont de MM. Geoffroy & Baron.

Voici de quelle maniere M. Geoffroy fait le Sel sédatif, uniquement par la cristalisation.

« Il fait dissoudre quatre onces de « Borax raffiné dans une suffisante quan- « tité d'eau chaude : ensuite il y verse « une once deux gros d'Huile de Vi- « triol bien concentrée, qui y tombe « avec bruit. Après avoir laissé évapo- «

» rer quelque temps ce mêlange, le Sel
» fédatif s'y fait appercevoir en petites
» lames fines & brillantes, qui furna-
» gent la liqueur. Alors il faut arrêter
» l'évaporation, & peu à peu ces lames
» augmentent en épaiffeur & en lar-
» geur. Elles fe joignent les unes aux
» autres en petits floccons, ou forment
» entr'elles d'autres arrangemens. Pour
» peu qu'on remue le vaiffeau, on trou-
» ble l'ordre de la criftalifation. Ainfi il
» ne faut pas y toucher qu'elle ne pa-
» roiffe achevée. Pour lors, les floccons
» criftalins devenant des maffes trop pe-
» fantes, tombent d'eux-mêmes au fond
» du vaiffeau ; en cet état, il faut décan-
» ter doucement la liqueur faline qui
» furnage ces petits criftaux ; & comme
» ils ne font point aifément diffoiubles,
» il faut les laver en verfant lentement
» de l'eau fraîche fur les bords de la
» terrine, à deux ou trois reprifes, pour
» emporter le refte de cette liqueur fa-
» line ; enfuite les égouter, & les met-
» tre fécher au foleil. Ce Sel, en forme
» de neige, folié & léger, eft alors doux
» au toucher, frais, à la bouche lége-
» rement amer, faifant un peu de bruit
» fous les dents, & laiffant une petite impreffion

preſſion d'acidité ſur la langue. Il ſe «
conſerve ſans s'humecter ni ſe calci- «
ner, s'il eſt traité avec les précautions «
ſuſdites; c'eſt-à-dire, ſi on l'a exacte- «
ment ſéparé de ſa liqueur ſaline. «

« Il ne différe du Sel ſédatif fait par «
la ſublimation, qu'en ce que malgré «
ſa légereté apparente, il eſt un peu «
plus peſant que lui. M. Geoffroy pré- «
ſume que la cauſe de cette peſanteur «
vient de ce que dans la criſtaliſation «
pluſieurs de ces lames ſe collant les «
unes aux autres, elles retiennent en- «
tr'elles quelque portion d'humidité; «
ou, ſi l'on veut, que formant des cri- «
ſtaux moins diviſez, ils préſentent nu- «
mériquement moins de ſurfaces à l'air «
qui éléve les corps légers. Au contrai- «
re, l'autre Sel ſédatif pouſſé par la vio- «
lence du feu, s'éléve au chapiteau des «
cucurbites, ſous une forme plus tenue, «
& dont les parties ſont beaucoup plus «
diviſées. » «

« M. Geoffroy s'eſt aſſuré, en ſou- «
mettant ſon Sel ſédatif fait par criſta- «
liſation à toutes les mêmes épreuves «
que celui qu'on retire par ſublimation, «
qu'il n'y a aucune autre différence en- «
tre ces deux Sels. S'il arrive que le «

» Sel fédatif criftalifé fe calcine au fo-
» leil, c'eſt-à-dire, que ſa ſurface ſe ter-
» niſſe & devienne farineuſe, c'eſt une
» marque qu'il contient encore un peu
» de Borax, ou de Sel de Glauber : car
» ces deux Sels ſont ſujets à ſe calciner
» ainſi, & le Sel fédatif pur ne doit point
» être ſujet à cet inconvénient. Il faut,
» pour le purifier & le ſéparer entiere-
» ment de ces Sels, le rediſſoudre dans
» de l'eau bouillante. Auſſitôt que l'eau
» eſt réfroidie, on voit reparoître le Sel
» fédatif en lames légeres, brillantes,
» criftalines & voltigeantes dans la li-
» queur. Vingt-quatre heures après, il
» faut décanter la liqueur, & laver le
» Sel avec de l'eau fraîche : on l'a par
» ce moyen très-beau & très-pur. »

Le Sel de Glauber & le Borax ſont infiniment plus diſſolubles dans l'eau que
le Sel fédatif, & ſe criftaliſent en conſéquence bien moins promptement : ainſi
la petite quantité de ces Sels qui pouvoit être demeurée ſur la ſuperficie du
Sel fédatif, ſe trouvant étendue dans
beaucoup d'eau, y reſte diſſoute tandis
que le Sel fédatif ſe criftaliſe. Comme
on le lave encore avec de l'eau pure,
lorſqu'il eſt criftaliſé, il eſt impoſſible

qu'il reste la moindre particule de ces
autres Sels, & par conséquent c'est un
très-bon moyen de le purifier.

SECTION SECONDE.

Des Opérations qui se font sur les Métaux.

CHAPITRE PREMIER.

DE L'OR.

PREMIER PROCEDE'.

*Séparer l'Or, par l'amalgame avec le
Mercure, d'avec les terres & les pierres avec lesquelles il se trouve mêlé.*

REDUISEZ en poudre les terres &
pierres parmi lesquelles il y aura de
l'Or mêlé. Mettez cette poudre dans de
petites sebilles de bois: plongez-les sous
l'eau, & remuez doucement la sebille,
& ce qu'elle contient. L'eau deviendra
trouble, & se chargera des parties terreuses de la mine. Continuez à la laver
ainsi, jusqu'à ce que l'eau ne se trouble

plus. Verſez ſur cette mine ainſi lavée, de fort vinaigre, dans lequel vous aurez fait diſſoudre, à l'aide de la chaleur, environ le dixiéme de ſon poids d'alun. Il faut que toute la poudre ſoit mouillée & couverte de ce vinaigre. Laiſſez le tout en repos pendant deux fois vingt-quatre heures.

Décantez le vinaigre, & lavez avec de l'eau chaude la poudre qui aura été ainſi macérée, juſqu'à ce que l'eau avec laquelle vous la laverez ne prenne plus aucune ſaveur en paſſant deſſus. Faites ſécher la matiere : mettez-la dans un moitier de fer, avec le quadruple de ſon poids de Mercure coulant; triturez le tout avec un large pilon de bois, juſqu'à ce que toute la poudre ait une couleur noirâtre : verſez-y pour lors de l'eau, & continuez encore à triturer pendant quelque temps. Les parties terreuſes & hétérogènes ſeront encore ſéparées par le moyen de cette eau d'avec les métalliques. Décantez cette eau qui ſera devenue trouble : ajoûtez-en de nouvelle à pluſieurs repriſes : ſéchez avec une éponge, & par le moyen d'une douce chaleur, ce qui reſtera dans le mortier. Ce ſera un amalgame du Mercure avec l'Or.

Mettez cet amalgame dans un fac de peau de chamois : nouez-le, & preffez-le fortement entre vos doigts, au-deffus de quelque vaiffeau évafé ; il fortira à travers les pores de la peau de chamois une grande quantité de petits jets de Mercure, qui formeront comme une pluie qui fe raffemblera en groffes gouttes dans le vafe que vous aurez mis deffous. Lorfque vous ne pourrez plus faire fortir de Mercure par ce moyen, ouvrez le fac, & vous y trouverez l'amalgame dépouillé de la quantité furabondante de Mercure qu'il contenoit : l'Or en aura retenu feulement un poids à peu près égal au fien.

Mettez cet amalgame dans une cornue de verre, & placez cette cornue dans le bain de fable d'un fourneau de réverbere : couvrez-la entierement de fable : ajuftez à la cornue un récipient de verre à moitié plein d'eau, & difpofez-le de façon que le bout de la cornue foit plongé dans cette eau. Il n'eft pas néceffaire de lutter ce récipient à la cornue. Echauffez-la par degrez, & augmentez le feu jufqu'à ce que vous apperceviez le Mercure fe fublimer en gouttes dans le col de la cornue, & tomber

N iij

dans l'eau en faisant un sifflement. Si vous entendez quelque bruit dans la cornue, diminuez un peu le feu. Enfin, lorsque vous verrez qu'en augmentant encore le feu il ne sortira plus rien, cassez la cornue, vous y trouverez l'Or qu'il faut faire fondre dans un creuset avec du Borax.

REMARQUES.

L'Or est un métal parfait, qui ne peut être dépouillé de son phlogistique en aucune maniere, & sur lequel la plupart des dissolvans chymiques, même les plus forts, n'ont aucune action : c'est pourquoi on le trouve presque toujours dans la terre sous sa forme métallique, & il n'a besoin quelquefois que d'une simple lotion pour en être séparé. Celui qu'on trouve dans le sable de certaines rivieres qui roulent des paillettes d'Or, est dans ce cas. Lorsqu'il est dans des pierres, ou dans des terres tenaces, on a recours au procédé que nous venons de donner, qui est un amalgame, ou une union du Mercure avec l'Or. Le Mercure ne peut contracter d'union avec les substances terreuses, pas même avec les terres métalliques, lorsqu'elles font privées de leur phlogiftique , & qu'elles ne font pas fous la forme métal-lique.

Il fuit de-là , que lorfqu'on triture avec le Mercure un mêlange de parti-cules d'Or, terreufes & pierreufes , le Mercure fe joint avec l'Or, & le fépare d'avec ces autres fubftances qui lui font étrangeres. Si cependant il y avoit avec l'Or quelqu'autre métal fous fa forme métallique, excepté le Fer, le Mercure s'amalgameroit auffi avec lui. Cela arri-ve fouvent par rapport à l'Argent , qui étant comme l'Or un métal parfait , eft par la même raifon quelquefois dans la terre fous fa forme métallique, & mê-me joint avec l'Or. Quand cela eft ain-fi, ce qu'on trouve dans la cornue après avoir retiré le Mercure de l'amalgame eft un compofé d'Or & d'Argent, qu'il faut féparer l'un de l'autre par les pro-cédés que nous indiquerons pour cela. Le procédé dont il eft à préfent quef-tion peut donc avoir lieu auffi-bien pour l'Argent que pour l'Or.

Quelquefois l'Or eft intimement mê-lé avec des matieres minérales qui em-pêchent que le Mercure n'ait action fur lui. Il faut pour lors torréfier le mêlan-

ge avant de procéder à l'amalgame, parceque si ces matieres sont volatiles, antimoniales, par exemple, ou arsénica-
les, le feu les dissipe; & dans ce cas l'a-
malgame réussit après la torréfaction.
Mais quelquefois ce sont des matieres
fixes qui exigent la fusion; pour lors il
faut avoir recours à des procédés parti-
culiers dont nous donnerons la description lorsque nous parlerons de l'Argent,
parceque ces procédés sont les mêmes
pour ces deux métaux.

On doit laver les mines orifiques a-
vant de les traiter par l'amalgame, afin
que le métal dégagé de beaucoup de
parties terreuses qui l'environnent, puisse plus facilement se combiner avec le
Mercure. D'ailleurs, le Mercure a la
propriété de prendre la forme d'une
poudre terne & non métallique, lorsqu'on le triture long-temps avec d'autres matieres, ensorte qu'on a de la peine à le distinguer d'avec les parties terreuses. De-là vient que lorsqu'on lave
une seconde fois les matieres après que
l'amalgame est fait, si on continuoit toujours à triturer, l'eau qui sortiroit de
dessus l'amalgame seroit toujours trouble, parcequ'elle emporteroit avec elle

des parties de l'amalgame. La preuve en est, que si on laisse reposer cette eau trouble, & qu'on distille le sédiment qui s'y forme, on en retire du Mercure coulant.

On fait macérer la mine dans le vinaigre chargé d'alun, afin de nettoyer la superficie de l'Or, qui est souvent enduite d'une fine couche de terre laquelle empêche que l'amalgame ne se fasse facilement.

Il faut avoir attention d'employer pour cette opération du Mercure qui soit très-pur. S'il étoit altéré par le mélange de quelque substance métallique, il faudroit l'en séparer par les procédés que nous indiquerons à son article.

Le moyen dont on se sert pour séparer le Mercure d'avec l'Or, est fondé sur la propriété qu'ont ces deux substances métalliques, l'une d'être très-fixe, & l'autre d'être très-volatile. L'union que contracte le Mercure avec les métaux n'est pas assés intime pour que le nouveau composé qui résulte de cette union participe entierement des propriétés des deux substances unies, au moins en ce qui regarde le degré de fixité & de volatilité. De-là vient que

l'Or ne communique que très-peu de
fa fixité au Mercure dans notre amalgame, de même que le Mercure ne lui
communique que très-peu de fa volatilité. Si cependant en faifant la diftillation on employoit un degré de chaleur
beaucoup plus confidérable que celui
qui eft néceffaire pour enlever le Mercure, il ne laifferoit pas d'emporter a-
vec lui une quantité d'Or affés confidérable.

Il eft encore important, par une autre raifon, de bien adminiftrer le feu
dans cette occafion, car fi on donnoit
un degré de feu trop fort, & qu'on vînt
enfuite à le diminuer, l'eau du récipient
dans laquelle eft plongé le bout du col
de la cornue, monteroit dans le corps
de cette même cornue, la feroit caffer
auffitôt, & l'opération feroit manquée.

La raifon de ce phénoméne eft fondée fur la propriété qu'a l'air de fe raré-
fier par la chaleur, & de fe condenfer
par le refroidiffement, & fur fa pefanteur.
Lorfque la cornue commence à éprouver un degré de chaleur moindre que
celui qu'elle éprouvoit l'inftant d'avant,
l'air qu'elle contient fe condenfe, & laiffe un efpace vuide, que l'air extérieur,

en vertu de sa pesanteur, tend à occuper : mais comme l'orifice de la cornue est plongé dans l'eau, l'air extérieur ne peut s'y introduire qu'en forçant l'eau, qui lui ferme le passage, à entrer elle-même. Cette observation a lieu pour toutes les distillations où les vaisseaux sont appareillés comme dans celle-ci.

Il faut prendre garde aussi que le col de la cornue ne soit trop enfoncé dans l'eau, parceque comme il s'échauffe assés considérablement pendant le cours de l'opération, le Mercure ayant besoin pour s'élever d'une chaleur à peu près trois fois plus grande que celle qui éleve l'eau, il peut être cassé facilement par le contact de l'eau froide du récipient.

Cette maniere de tirer l'Or & l'Argent de leur mine, par l'amalgame avec le Mercure, n'est pas absolument sure pour juger par un essai en petit de la quantité de ces métaux que peut fournir la terre qu'on soumet à cet essai, parcequ'il y a toujours une petite partie de l'amalgame qui se perd dans la lotion, & que de plus le Mercure emporte aussi avec lui une petite quantité d'Or, lorsqu'on le passe dans la peau de chamois. Ainsi, lorsqu'on veut connoître plus exactement par ce moïen la quantité d'Or ou d'Argent qui se trouve mêlée dans les terres, il ne faut pas presser l'amalgame dans la peau de chamois, mais le distiller tout entier. Le moyen le plus sûr de tous pour faire un essai exact, est la fusion & scorification dont nous donnerons la description à l'article de l'Argent.

On se sert du moyen de l'amalgame, pour retirer par un travail en grand l'Or & l'Argent qu'on trouve sous leur forme métallique en certains pays, & principalement en Amérique. Agricola & d'autres Métallurgistes ont donné la description des machines par le secours desquelles on fait ces amalgames en grand.

II. PROCEDE'.

Dissoudre l'Or dans l'Eau-régale, & le séparer d'avec l'Argent par son moyen. Or fulminant. Réduction de l'Or fulminant.

PRENEZ de l'Or pur, ou qui ne soit allié qu'avec de l'Argent. Réduisez-le en petites lames minces, en le frappant avec un marteau sur une enclume. Si l'Or n'est pas bien ductil, faites-le rougir dans un feu modéré, dont les charbons ne fument point, & le laissez refroidir doucement pour lui rendre sa ductilité.

Lorsque les lames seront bien minces, faites-les rougir de même, & coupez-les en petits morceaux avec des cisailles. Mettez ces petits morceaux dans une cucurbite haute, & dont l'ouverture soit étroite : versez dessus le double de leur poids de bonne Eau-régale, faite avec une partie d'esprit de sel, ou de Sel ammoniac, & quatre parties d'esprit de Nitre. Mettez la cucurbite sur un bain de sable médiocrement chaud, & bouchez-en légerement l'ouverture avec un cornet de papier, pour empêcher les ordures d'y tomber. L'Eau-régale commencera bientôt à fumer. Il se formera autour des petits morceaux d'Or une infinité de petites bulles qui monteront à la surface de la liqueur. L'Or se dissoudra entierement s'il est pur, & la dissolution sera d'une belle couleur jaune : s'il est allié avec une petite quantité d'Argent, cet Argent restera au fond du vaiſſeau ſous la forme d'une poudre blanche. Si l'Or eſt allié avec beaucoup d'Argent, l'Argent conſervera après la diſſolution la forme des petites lames métalliques que vous aurez miſes dans le vaiſſeau pour les faire diſſoudre.

Lorſque la diſſolution ſera faite, verſez doucement la liqueur dans une autre cucurbite de verre qui ſoit baſſe, & dont l'ouverture ſoit large, en prenant garde qu'aucune partie de l'Argent reſté en forme de poudre au fond du vaſe ne s'échappe avec la liqueur. Reverſez ſur cette poudre d'Argent une quantité de nouvelle Eau-régale aſſés grande pour la ſubmerger entierement. Ajoûtez de nouvelle Eau-régale, juſqu'à ce que vous ſoyez ſûr qu'elle ne diſſout plus rien. Enfin, après avoir décanté l'Eau-régale de deſſus l'Argent, lavez cet Argent avec un peu d'eſprit de Sel affoibli avec de l'eau, & mêlez cet eſprit de Sel avec l'Eau-régale qui aura diſſous l'Or. Ajuſtez enſuite un chapiteau à la cucurbite qui contiendra ces liqueurs, & à ce chapiteau un récipient, & diſtillez à une douce chaleur, juſqu'à ce que la matiere contenue dans la cucurbite ſoit ſéche.

REMARQUES.

L'Eau-régale eſt, comme on ſçait, le vrai diſſolvant de l'Or, & ne touche point à l'Argent. Ainſi, ſi l'Or qu'on diſſout ſe trouve allié à l'Argent, ce qui arrive ſouvent, on l'en ſépare par ce moyen aſſés exactement. Mais ſi l'on veut que l'Or qu'on retire de cette diſſolution ſoit abſolument pur, il faut, avant de le diſſoudre, qu'il ſoit exempt du mêlange de toute autre ſubſtance métallique que de l'Argent ; parceque l'Eau-régale a de l'action ſur la plupart des autres métaux & demi-métaux. Nous indiquerons, comme nous avons dit, à l'article de l'Argent, les moyens de purifier une maſſe d'Or & d'Argent de l'alliage de toute autre ſubſtance métallique. Nous renvoyons auſſi à cet article, le départ ordinaire par l'Eau-forte, parceque c'eſt l'Argent qui ſe diſſout dans cette occaſion.

Si l'Or qu'on diſſout par l'Eau-régale eſt pur, la diſſolution ſe fait facilement & promptement. Si au contraire il eſt allié avec de l'Argent, l'Eau-régale a plus de difficulté à le diſſoudre. Si même la quantité de l'Argent ſurpaſſe celle de l'Or, la diffolution ne fe fait point du tout, par les raifons que nous en avons données dans nos Elémens de Théorie, & dont nous ferons encore mention à l'article du départ par l'Eau-forte.

Nous avons recommandé dans le procédé, de faire la diffolution de l'Or dans un vaiffeau élevé. Cette précaution eft néceffaire pour empêcher qu'une partie de l'Or ne foit perdue, l'Eau-régale ayant la propriété d'en enlever avec elle une certaine quantité, fur-tout quand elle eft faite par le mêlange du Sel ammoniac, qu'on échauffe le vaiffeau dans lequel on fait la diffolution, & que l'Eau-régale eft bien forte. Il eft bon néanmoins d'employer de l'Eau-régale plutôt trop forte que trop foible, parceque fi elle eft trop forte, & qu'on remarque qu'elle n'agiffe point à caufe de cela fur le métal, il eft aifé de l'affoiblir en y ajoûtant de l'eau pure peu à peu, jufqu'à ce qu'on voie qu'elle commence à agir avec vigueur. Cette regle eft générale pour toutes les diffolutions métalliques par les Acides.

Lorfqu'on a fait évaporer la diffolution d'Or jufqu'à ficcité, fi on veut réduire en maffe l'Or en poudre qui refte au fond de la cucurbite, il faut le mettre dans un creuset, & le couvrir de Borax réduit en poudre, mêlé avec un peu de Nitre & de cendres gravelées ; fermer ensuite le creuset, & l'échauffer par un feu modéré ; puis en augmenter le feu assés pour mettre le tout en fusion. Vous trouverez au fond du creuset un culot d'Or, sur lequel les sels que vous y aurez ajoûtez seront comme vitrifiez. On y mêle ces sels, principalement pour faciliter la fusion.

On peut, si l'on veut, séparer l'Or d'avec son dissolvant, sans évaporer la dissolution comme nous l'avons prescrit. Il n'y a qu'à mêler peu à peu avec la dissolution un Alkali fixe ou volatil, jusqu'à ce qu'on voie qu'il ne se forme plus aucun précipité ; laisser reposer la liqueur, au fond de laquelle il se formera un dépôt ; filtrer le tout, & laisser sécher ce qui sera resté sur le filtre.

Les Alkalis soit fixes soit volatils, ayant, comme nous l'avons dit bien des fois, plus d'affinité que les substances métalliques avec les Acides, précipitent l'Or, & le séparent d'avec les Acides qui le tenoient dissous ; mais il est essentiel de remarquer, que si on vouloit fondre

Tome I.   O

dans un creuſet cet Or ainſi précipité, il ſe feroit une fulmination ſi terrible, auſſitôt qu'il commenceroit à ſentir la chaleur, que ſi la quantité en étoit un peu conſidérable, cela mettroit l'Artiſte en danger de périr. Cet Or ſe nomme pour cette raiſon, *Or fulminant* ; il ne lui faut même qu'un frottement un peu fort pour le faire fulminer.

On n'a donné juſqu'à préſent aucune explication ſatisfaiſante de ce phénoméne ſingulier. Quelques Chymiſtes conſidérant que lorſqu'on précipite l'Or, il ſe régénere du Nitre par l'union de l'Alkali avec l'Acide nitreux qui fait partie de l'Eau-régale, ont cru qu'une partie de ce Nitre régénéré ſe joignant à l'Or précipité, s'enflammoit, & détonnoit, ſoit par le ſecours du peu de phlogiſtique que peut contenir l'Alkali, ſoit même par le moyen de celui de l'Or. Mais on ſçait d'abord, que les Alkalis fixes contiennent trop peu de phlogiſtique pour faire détonner le Nitre. A la vérité, ſi on emploïe un Alkali volatil pour faire la précipitation, il ſe formera un Sel ammoniacal nitreux, qui contient aſſés de phlogiſtique pour être capable de détonner ſans le concours d'une nouvelle

quantité de phlogiftique ; mais cette détonnation du Sel ammoniacal nitreux
n'a rien de comparable pour la violence
des effets, avec la fulmination de l'Or.
D'ailleurs, on ne remarque pas que l'Or
précipité par un Alkali volatil, fulmine
avec plus de violence que celui qui eft
précipité par un Alkali fixe. Pour ce qui
eft de l'Or, on s'eft affuré qu'il ne fouf-
fre aucune décompofition dans fa fulmination. On en a fait fulminer fous
une cloche de verre une affés petite
quantité pour n'avoir rien à craindre des
effets de cette fulmination, & l'on a
retrouvé enfuite fous la cloche les petites parties de l'Or qui avoient été jet-
tées de côtez & d'autres, mais qui n'a-
voient reçu aucune altération.

D'autres ont cru que la fulmination
de l'Or n'étoit que la décrépitation du
Sel marin, qui fe régénére lors de la précipitation de ce métal, par l'union de
l'Alkali fixe avec l'Acide marin qui fait
partie de l'Eau-régale. Mais on peut leur
répondre, que l'Or précipité par un Alkali volatil, n'eft pas moins fulminant que
celui qui eft précipité par un Alkali fixe;
& cependant il ne fe forme point de Sel
marin dans la liqueur par l'addition de

l'Alkali volatil, mais feulement un Sel ammoniac qui n'a pas la propriété de décrépiter. D'ailleurs, il n'y a nulle comparaifon pour les effets, entre la décrépitation du Sel marin & la fulmination de l'Or.

Enfin, on ne peut guères attribuer cette fulmination à l'explofion que feroient les Sels pour fe dégager d'entre les particules d'Or, entre lefquelles on fuppoferoit qu'ils feroient fortement refferrés; car il ne faut que faire bouillir cet Or dans de l'eau pour lui faire perdre toute fa vertu, & diffoudre entierement les particules falines dont il n'eft vraifemblablement qu'enduit. Il y a, comme on voit, fur ce fujet matiere à de très-belles recherches.

Un des moyens des plus prompts & des plus faciles pour dépouiller l'Or de fa qualité fulminante, eft de broyer dans un mortier deux fois autant de fleurs de Soufre qu'on a d'Or à réduire, & de mêler peu à peu cet Or fulminant avec le Soufre, en continuant toujours de le broyer; de mettre le tout dans un creufet, & de chauffer le mélange autant qu'il eft néceffaire pour faire fondre le Soufre. Une partie du Soufre fe diffipe

en vapeurs , & le refte s'allume. Lorfqu'il eft confumé , il faut augmenter
le feu jufqu'à faire rougir le creufet.
Quand on ne fent plus aucune odeur de
Soufre, il faut verfer fur l'Or un peu de
Borax qu'on aura fondu dans un autre
creufet avec un Alkali fixe , comme cendres gravelées, ou Nitre fixé par le Tartre; pouffer enfuite le feu affés fort pour
fondre le tout. Vous trouverez fous les
Sels au fond du creufet , après la fufion,
un petit culot d'Or.

On peut encore réduire l'Or fulminant en verfant deffus une affés grande
quantité d'Alkali fixe réduit en liqueur,
ou d'Huile de Vitriol, faifant évaporer
enfuite toute l'humidité , puis jettant
peu à peu dans un creufet qu'on tient
rouge dans un fourneau , ce qui refte
après l'évaporation , mêlé avec quelque
matiere graffe. La raifon pour laquelle
ces matieres enlevent à l'Or fa qualité
fulminante , tient à l'explication du phénoméne de la fulmination.

On peut auffi féparer l'Or d'avec
l'Eau-régale , & le précipiter par l'interméde de plufieurs fubftances métalliques, qui ont plus d'affinité que lui , foit
avec l'Eau-régale , foit avec un des deux

Acides qui la compofent. Une de celles qui eft le plus propre à cet effet, eft le Mercure. En verfant peu à peu dans une diffolution d'Or, une diffolution de Mercure dans l'Acide nitreux, les liqueurs fe troublent, & il fe forme un précipité. Il faut ajoûter de la diffolution de Mercure jufqu'à ce qu'il ne fe faffe plus de précipité ; laiffer enfuite repofer la liqueur, au fond de laquelle il fe formera un dépôt qui eft l'Or précipité, de deffus lequel il faut décanter la liqueur, & qu'il faut laver avec de l'eau pure.

Le Mercure a plus d'affinité avec l'Acide du Sel marin qu'avec l'Acide nitreux. Cette affinité du Mercure avec l'Acide du Sel marin, eft auffi plus grande que celle de l'Or avec ce même Acide, l'Or ne pouvant même être diffout par l'Acide marin, que quand cet Acide eft affocié avec l'Acide nitreux, ou au moins avec une certaine quantité de Phlogiftique ; de-là il arrive que lorfqu'on mêle une diffolution de Mercure par l'Acide nitreux avec une diffolution d'Or dans l'Eau-régale, le Mercure s'unit à l'Acide du Sel marin qui fait partie de cette Eau-régale ; l'Acide marin ne peut s'unir ainfi au Mercure, fans fe fé-

parer de l'Or & de l'Acide nitreux aufquels il étoit joint ; & l'Or qui ne peut
être tenu en diffolution par l'Acide nitreux feul, eft obligé de fe précipiter &
de fe féparer de fon diffolvant. La liqueur qui furnage cet Or ainfi précipité, contient donc du Mercure uni avec
l'Acide du Sel marin : auffi peut-on en
retirer un vrai Sublimé corrofif, lequel,
comme on fçait, n'eft qu'un compofé de
Mercure & d'Acide marin.

On fe fert du Mercure diffous dans
l'efprit de Nitre pour faire la précipitation dont nous venons de parler, parceque les fubftances métalliques ainfi divi-
fées par un Acide , font beaucoup plus
propres à ces expériences que celles qui
font en maffe.

L'Or ainfi précipité par l'interméde
d'une fubftance métallique , n'eft point
fulminant.

III. PROCEDE'.

Diffoudre l'Or par le Foie de Soufre.

MESLEZ enfemble parties égales de
Soufre commun & d'un Sel alkali
fixe bien fort ; par exemple, le Nitre
fixé par les charbons. Mettez-les dans

un creuset, & faites fondre le mêlange
en le remuant de temps en temps avec
un petit bâton. Il ne sera pas nécessaire
de pousser le feu bien vivement, parceque le Soufre facilite la fusion du Sel
alkali. Il s'élevera du creuset quelques
vapeurs sulphureuses. Les deux matieres
se mêleront intimement ensemble, & il
en résultera un composé rougeâtre. Jettez ensuite dans le creuset quelques petits morceaux d'Or réduits en lames
minces, dont le poids total n'excéde pas
le tiers de celui du Foie de Soufre :
augmentez un peu le feu. Aussitôt que
le Foie de Soufre sera parfaitement fondu, il commencera à dissoudre l'Or a-
vec ébullition ; il sortira même quelques
flammes du mêlange. L'Or se trouvera
entierement dissous dans l'espace de
quelques minutes, sur-tout s'il a été réduit en petites lames minces.

REMARQUES.

Le procédé que nous venons de décrire, est de M. Stahl. Cet habile Chymiste s'étoit proposé à examiner par
quels moyens Moyse avoit pu brûler le
veau d'or qu'avoient fabriqué les Israé-
lites pour l'adorer pendant le temps qu'il
étoit

étoit sur la montagne : comment il avoit
pu réduire ensuite ce veau en poudre,
le jetter dans l'eau dont s'abreuvoit le
peuple, & le faire boire ainsi à tous ceux
qui avoient prévariqué, conformément
à ce qui est rapporté dans l'Exode.

M. Stahl, après avoir remarqué que
l'Or est absolument inaltérable & indes-
tructible par la seule action du feu, quelque violent qu'il soit, conclut qu'à moins
qu'on ne veuille supposer un miracle,
Moyse n'a pû faire sur le veau d'or les
opérations qui sont ici rapportées, sans
avoir mêlé avec cet Or quelque matiere
propre à l'altérer & à le dissoudre. Il remarque ensuite que le Soufre pur n'a pas
d'action sur l'Or, & que bien d'autres
substances qu'on croit capables de le diviser & de le dissoudre, ne peuvent le
faire aussi intimement qu'il est nécessaire
pour rendre ce métal capable des effets
qui sont rapportés. Il donne le moyen
de le dissoudre par le foie de Soufre,
comme nous venons de le dire.

Le foie de Soufre dissout aussi tous
les autres métaux ; mais M. Stahl observe qu'il atténue l'Or plus qu'aucune autre substance métallique, & qu'il s'unit
avec lui d'une maniere encore plus in-

time qu'avec les autres; ce qui paroît
par ce qui arrive lorsqu'on veut dissoudre dans l'eau les composés qui résultent de l'union d'un métal avec le foie
de Soufre; car alors le métal se sépare
& paroît sous la forme d'une poudre ou
chaux fine, au lieu que quand c'est l'Or
qui est uni au Soufre, tout le composé
se dissout si parfaitement dans l'eau, que
l'Or même passe avec le foie de soufre
à travers les pores du papier à filtrer.

Si on verse un Acide dans la dissolution du composé de foie de Soufre &
d'Or, l'Acide s'unit avec l'Alkali du foie
de Soufre, & l'Or se précipite au fond
de la liqueur avec le Soufre qui ne le
quitte pas. Il est très-facile, par une légere torréfaction, d'emporter tout le
Soufre qui s'est aussi précipité avec l'Or,
Cet Or reste après cela extrêmement at-
ténué. On peut aussi, sans avoir recours
à la dissolution & précipitation, emporter le Soufre de notre composé en le
torréfiant, & l'Or demeure de même si
divisé, qu'il peut se mêler avec les liqueurs sur lesquelles il nâge, ou dans
lesquelles il se soutient de maniere qu'il
est très-facile de l'avaler lorsqu'on les
boit. M. Stahl conclut de tout cela, qu'il

y a tout lieu de croire que c'eſt par le moyen du foie de Soufre que Moyſe a diviſé & en quelque ſorte calciné le veau d'or, de maniere qu'il ait pu le répandre dans les eaux, & le faire boire aux Iſraélites.

IV. PROCEDE'.

*Séparer l'Or d'avec toute autre ſub-
ſtance métallique par le moyen
de l'Antimoine.*

METTEZ dans un creuſet l'Or que vous voudrez purifier. Placez ce creuſet dans un fourneau de fuſion : cou-vrez-le, & faites fondre l'Or. Lorſque ce métal ſera fondu, jettez deſſus, à plu-ſieurs repriſes, deux fois autant de bon Antimoine crud réduit en poudre, & recouvrez auſſitôt le creuſet : entrete-nez la matiere en fuſion pendant quel-ques minutes. Quand vous verrez que le mêlange métallique ſera parfaitement fondu, & que ſa ſuperficie commence-ra à étinceler, verſez-le dans un cône de fer creux, que vous aurez avant chauffé & graiſſé avec du ſuif. Frappez auſſitôt avec un marteau le plancher ſur lequel sera posé ce cône ; & lorsque le tout sera refroidi, ou du moins bien figé, renversez le cône, & le frappez : toute la masse métallique en sortira, & la partie inférieure, celle qui étoit dans la pointe du cône sera un Régule plus ou moins jaune, suivant que l'Or se sera trouvé plus ou moins allié. En frappant la masse métallique, ce Régule se séparera facilement de la masse sulphureuse de dessus.

Remettez aussitôt dans le creuset ce Régule, & le faites fondre. Il n'est pas nécessaire d'employer pour cela autant de feu que la premiere fois. Ajoûtez-y ensuite la même quantité d'Antimoine, & procédez de même. Faites encore la même chose une troisiéme fois, si l'Or est fort impur.

Mettez ensuite votre Régule dans un bon creuset, beaucoup plus grand qu'il ne faut pour le contenir : puis placez le creuset dans le fourneau de fusion. Echauffez la matiere autant seulement qu'il est nécessaire pour la faire fondre, & que sa superficie soit unie & brillante. Quand elle sera en cet état, dirigez-y le bout d'un soufflet à long tuyau, & faites jouer continuellement & doucement

ce foufflet. Il s'élevera du creufet une
fumée confidérable qui diminue beaucoup fi on ceffe de fouffler, & augmente lorfqu'on recommence à fouffler. A
mefure que l'opération approche de fa
fin, il faut augmenter le feu. Si la furface du métal perd fon poli brillant, &
qu'elle paroiffe fe couvrir d'une croûte
dure, c'eft une marque que le feu n'eft
pas affés fort : il faut l'augmenter dans
ce cas, jufqu'à ce que cette furface ait
repris fa premiere apparence. Enfin,
lorfque la fumée ceffe entierement de
paroître, & que l'Or a une furface nette & verdâtre, jettez deffus peu à peu
du Nitre en poudre, ou un mêlange de
Nitre & de Borax. La matiere fe gon-
flera. Ajoûtez ainfi du Nitre peu à peu,
jufqu'à ce qu'il ne fe faffe plus aucun
mouvement dans le creufet ; laiffez alors
refroidir le tout. Si quand l'Or eft froid
vous remarquez qu'il n'eft pas bien ductil, faites-le refondre encore, & y ajoûtez les mêmes Sels quand il commencera à fondre. Réitérez ainfi jufqu'à ce
qu'il foit parfaitement ductil.

REMARQUES.

L'Antimoine eft un compofé d'une

P iij

partie demi-métallique unie avec environ un quart de fon poids de Soufre commun. On peut voir par la neuviéme colonne de la table des affinités, que la partie réguline de l'Antimoine a une moindre affinité avec le Soufre qu'aucun autre métal, excepté le Mercure & l'Or. Si donc l'Or eft altéré par le mêlange du Cuivre, de l'Argent ou de quelqu'autre métal, & qu'on le fonde avec l'Antimoine, ces métaux doivent s'unir avec le Soufre de l'Antimoine, & le féparer de la partie réguline, qui devenue libre, s'unit & fe confond avec l'Or. Ces deux fubftances métalliques formant un tout beaucoup plus pefant que le mêlange des autres métaux avec le Soufre, fe réuniffent au fond du creufet, en forme de Régule, pendant que les autres les furnagent comme des efpeces de fcories. Dès ce moment l'Or ne fe trouve donc plus allié qu'avec la partie réguline de l'Antimoine.

Tous les métaux ayant beaucoup d'affinité avec le Soufre, & l'Or étant feul capable de réfifter à fon action, on pourroit croire que le Soufre feul fuffiroit pour le féparer d'avec les métaux qui font unis avec lui, & qu'ainfi il feroit

plus avantageux d'emploier le Soufre
pur dans notre opération, que de se servir d'Antimoine dont la partie réguline
demeure unie avec l'Or ; ce qui est cause que pour l'en séparer on est obligé
d'avoir recours à une autre opération
longue & laborieuse.

À la vérité, à prendre la chose dans
la rigueur, le Soufre seul seroit suffisant
pour opérer la séparation qu'on desire ;
mais il est bon d'observer que le Soufre
seul étant très-combustible, la plus grande partie en seroit consumée dans l'opération, avant d'avoir pu se joindre avec
les substances métalliques ; au lieu que
lorsqu'il est combiné avec le Régule
d'Antimoine, il est capable de soutenir
beaucoup plus long-temps l'action du
feu sans se brûler, & est par conséquent
plus propre à l'opération dont il s'agit.
D'ailleurs, si on emploioit le Soufre pur,
une grande partie de l'Or que le Régule
d'Antimoine tient dans une fusion parfaite, & dont il facilite la précipitation,
demeureroit confondue dans le mêlange
sulphureux.

Cependant, comme lorsqu'on se sert
d'Antimoine, les métaux alliés avec l'Or
ne peuvent s'en séparer qu'il ne s'unisse

avec l'Or une quantité de Régule proportionnée à celle du métal qui s'en sépare, & que plus l'Or contient de ce Régule, plus l'opération devient longue,
dispendieuse & laborieuse, cette consi-
dération doit entrer pour quelque chose dans l'ordonnance de notre procédé.
Ainsi, si l'Or est fort allié, & est au-des-
sous du titre de seize karats, il ne faut
point mêler avec lui de l'Antimoine crud
seul, mais y ajoûter autant de fois deux
gros de Soufre pur, qu'il s'en faut de karats que l'Or ne soit à seize, en diminuant à proportion la quantité de l'Antimoine par rapport à l'Or.

Il est essentiel de tenir le creuset bien
couvert après avoir mêlé l'Antimoine
avec l'Or, pour empêcher qu'il ne tombe dedans quelque charbon ; car si cela
arrivoit, le mêlange se gonfleroit considérablement, & pourroit même surmon-
ter le creuset.

On graisse avec du suif l'intérieur du
cône dans lequel on verse le mêlange
métallique fondu, afin de l'empêcher de
s'y attacher, & qu'on puisse l'en retirer
facilement. Le coup qu'on donne sur le
plancher lorsque la matiere est dans le
cône, sert à faciliter la précipitation, &

la descente du Régule d'Or & d'Antimoine au fond de ce même cône.

Il faut moins de feu lorsqu'on refond ce Régule composé, pour y mêler de nouvel Antimoine, qu'il n'en faut quand l'Or n'est pas encore mêlé avec la partie réguline de l'Antimoine, parceque cette substance métallique étant beaucoup plus fusible que l'Or, en facilite la fusion. On mêle ainsi l'Antimoine avec l'Or à plusieurs reprises, afin que la séparation des métaux se fasse plus facilement & plus exactement. On pourroit cependant faire réussir l'opération, en mettant en une seule fois tout l'Antimoine, & ne répétant point les fontes.

Le culot métallique qu'on trouve après toutes ces opérations au fond du cône, est un mélange de l'Or avec la partie réguline de l'Antimoine. Tout le reste du procédé ne consiste qu'à séparer de l'Or cette partie réguline. Comme l'Or est le plus fixe de tous les métaux, & que le Régule d'Antimoine ne peut éprouver la violence du feu sans s'exhaler en vapeurs ; il ne s'agit, pour parvenir à ce but, que d'exposer ce mélange, ainsi qu'il est prescrit dans le procédé, à un feu assés violent, & assés long-temps continué pour diſſiper tout le Régule d'Antimoine. Ce demi-métal s'exhale ſous la forme d'une fumée blanche fort épaiſſe. On ſouffle doucement dans le creuſet pendant tout le temps de l'opération, parceque le contact immédiat de l'air continuellement renouvellé, facilite & augmente conſidérablement l'évaporation. Cette regle eſt générale pour toutes les matieres qui s'évaporent.

A meſure que le Régule d'Antimoine ſe diſſipe, & que l'opération approche de ſa fin, il faut augmenter le feu, parceque le mêlange de Régule d'Antimoine & d'Or eſt d'autant moins fuſible, que la proportion du Régule eſt moindre. Quoique dans cette opération le Régule d'Antimoine ſe ſépare d'avec l'Or, par la raiſon que ce métal, étant très-fixe, peut réſiſter ſans ſe volatiliſer, à la violence du feu qui diſſipe le Régule; cependant, comme ce Régule eſt fort volatil, il ne laiſſe pas d'emporter avec lui une partie de l'Or, ſur-tout ſi on preſſe vivement l'évaporation, en employant un degré de feu conſidérable, en ſoufflant avec activité dans le creuſet, & encore plus ſi au lieu de creuſet on a mis le mêlange dans un vaiſ-

feau évafé. Ainfi, il faut éviter tout cela, fi on veut ne perdre de l'Or que le
moins qu'il fera poffible.

A moins qu'on ne pouffe l'évaporation à l'extrême, par les moyens que
nous venons d'indiquer, il refte toujours
une petite portion de Régule d'Antimoine unie avec l'Or, qui la défend contre l'action du feu. Cette petite portion
de Régule empêche que l'Or ne foit entierement pur & ductil; c'eft pour la
confumer & la fcorifier, qu'on ajoûte
du Nitre dans le creufet lorfqu'on n'en
voit plus fortir de vapeurs blanches.

Le Nitre, comme on fçait, a la propriété de réduire en chaux toutes les
fubftances métalliques excepté l'Or &
l'Argent, parcequ'il s'enflamme avec la
partie phlogiftique, qui leur donne la
forme métallique; mais comme cette inflammation du Nitre occafionne une effervefcence & un gonflement, il faut
avoir attention de ne le mettre que peu
à peu, parceque la matiere, fi on en
mettoit trop à la fois, furmonteroit les
bords du creufet.

On pourroit, fi on vouloit abréger
beaucoup cette opération, mettre à profit la propriété qu'a le Nitre de confu-

mer ainſi le phlogiſtique des ſubſtances
métalliques, & détruire par ſon moyen
tout le Régule d'Antimoine qui ſe trouve mêlé avec l'Or, ſans avoir recours à
une évaporation longue & ennuyeuſe.
Mais auſſi, en ſe ſervant de ce moyen,
on perd une beaucoup plus grande quantité d'Or, à cauſe du tumulte & de l'ef-
ferveſcence qui ſont inſéparables de la
détonnation du Nitre. Si donc on emploie le Nitre pour purifier l'Or, il faut
avoir grande attention à ne le mettre
qu'en petite quantité à la fois.

Tout l'Argent qui étoit mêlé avec
l'Or, & même une petite portion de
l'Or, demeurent engagés dans les ſcories ſulphureuſes qui ſurnagent le Régule d'Or après qu'on a ajoûté l'Antimoine; nous indiquerons à l'article de
l'Argent, comment il faut ſéparer ces métaux d'avec le Soufre.

CHAPITRE II.

DE L'ARGENT.

PREMIER PROCEDE'.

Séparer l'Argent de ses mines par le moyen de la scorification avec le Plomb.

REDUISEZ en poudre dans un mortier de fer la mine dont vous voudrez retirer l'Argent, après l'avoir bien torréfiée pour lui enlever tout ce qu'elle peut contenir de Soufre & d'Arsenic. Pesez-la exactement : pesez ensuite séparément huit fois autant de Plomb réduit en grenailles. Mettez dans un têt à rôtir la moitié de votre Plomb que vous distribuerez également sur son fond : mettez sur ce Plomb votre mine, & recouvrez-la entierement avec le reste du Plomb.

Placez le vaisseau ainsi chargé au fond de la moufle d'un fourneau de coupelle. Allumez le feu, & augmentez-le par degrés. En regardant par une des ouvertures de la porte du fourneau, vous verrez la mine couverte de chaux de

Plomb furnager ce même Plomb fondu. Peu de temps après elle commencera à s'amollir : elle se fondra, & fera pouffée vers les bords du vaiffeau, la furface du Plomb paroiffant dans le milieu nette & brillante comme un difque lumineux : le Plomb même commencera alors à bouillir, & à laiffer échapper des vapeurs. Il faut pour lors diminuer un peu le feu environ pendant un quart-d'heure, enforte que l'ébullition du Plomb ceffe prefqu'entierement ; & après ce temps le remettre au même degré, enforte que le Plomb recommence à bouillir & à fumer. Sa furface brillante diminuera peu à peu, & fe couvrira de fcories. Remuez le tout avec un crochet de fer, & ramenez vers le milieu ce qui eft fur les bords, afin que s'il y avoit quelque partie de la mine qui ne fût point encore diffoute par le Plomb, elle puiffe fe mêler avec ce métal.

Lorfque vous verrez que la matiere fera en parfaite fufion ; que ce qui s'attachera au crochet de fer, en le plongeant dans la matiere fondue, s'en féparera pour la plus grande partie, & retombera dans le vafe, & que l'extrémité de cet inftrument refroidi fe trouvera enduite d'une croûte mince, brillante & polie, ce fera une marque que la fcorification fera achevée ; & vous la jugerez d'autant plus parfaite, que la couleur de cette croûte fera plus uniforme & plus égale.

Les chofes étant en cet état, il faut retirer avec des pinces le vafe de deffous la mouffle, & verfer tout ce qu'il contient dans un cône de fer chauffé & graiffé de fuif. Toute cette opération dure environ trois quarts-d'heure. Lorf-que le tout eft refroidi, on fépare d'un coup de marteau le Régule d'avec les fcories ; & comme il n'eft pas poffible, quelque parfaite qu'ait été la fcorification, qu'une petite portion du Plomb tenant Argent ne foit retenue dans les fcories, il eft à propos de pulvérifer ces mêmes fcories, & d'en féparer tout ce qui peut s'étendre fous le marteau, pour l'ajoûter au Régule.

REMARQUES.

L'Argent, de même que l'Or, eft fouvent prefque tout pur & fous fa forme métallique dans les entrailles de la terre ; pour lors on peut le féparer d'avec les pierres & les fables par la fimple lotion, & par l'amalgame avec le Mercure, fuivant le procédé que nous avons donné pour l'Or. Mais auffi il arrive fréquemment que l'Argent eft combiné dans les mines avec d'autres fubftances métalliques, & des minéraux qui empêchent qu'on ne puiffe fe fervir de ce procédé; ce qui oblige d'avoir recours à d'autres moyens pour l'en féparer.

Le Soufre & l'Arfenic font les fubftances qui tiennent le plus ordinairement l'Argent & les autres métaux dans l'état minéral. Ces deux matieres ne font point unies bien étroitement avec l'Argent, enforte qu'elles en font féparées affés facilement par l'action du feu & l'addition du Plomb. Si c'eft l'Arfenic qui domine dans la mine d'Argent, ce minéral s'unit avec le Plomb, à l'aide d'une chaleur affés modérée, & en réduit promptement une affés grande partie en un verre pénétrant & fufible, qui a la propriété de fcorifier facilement toutes les fubftances fufceptibles de fcorification.

Lorfque c'eft le Soufre qui domine, la fcorification fe fait plus lentement, & ne réuffit pas toujours, parceque ce minéral

néral combiné avec le Plomb diminue sa fusibilité, & retarde sa vitrification. Il faut dans ce cas, qu'une partie du Soufre soit dissipée par l'action du feu. L'autre partie s'unit avec le Plomb, lequel rendu plus léger par cette union, surnage le reste du mêlange qui contient principalement l'Argent. L'action de l'air & du feu dissipent enfin la portion du Soufre qui s'étoit combinée avec le Plomb. Ce Plomb se vitrifie, & réduit en scories tout ce qui n'est point Argent ou Or : ainsi l'Argent étant débarrassé de ces matieres hétérogènes ausquelles il étoit uni, dont une partie est dissipée & l'autre vitrifiée, se combine avec la portion de Plomb qui n'a pas été vitrifiée, & se précipite à travers les scories qui doivent être pour cela dans une parfaite fusion.

Tout ce procédé consiste donc dans trois opérations distinctes. La premiere est la torréfaction, qui dissipe une partie des substances volatiles qui étoient unies avec l'Argent. La seconde est la scorification ou vitrification des matieres fixes unies avec ce même Argent, telles que les sables, les pierres, les métaux, &c. & la troisiéme est la précipitation, & la ſéparation de l'Argent d'avec ces ſcories: cette derniere eſt, comme on l'a vu, préparée & produite par les deux autres.

Comme tout ce que nous avons dit de l'Or, quand nous avons parlé du procédé de l'amalgame, doit s'appliquer à l'Argent qu'on peut retirer par ce même moyen lorſqu'il eſt ſous ſa forme métallique ; de même, tout ce que nous diſons à préſent ſur la maniere de retirer l'Argent par la ſcorification, lorſqu'il eſt altéré par le mélange de ſubſtances hétérogènes, doit auſſi s'appliquer à l'Or quand il eſt dans le même état, l'Argent d'ailleurs contenant preſque toujours naturellement une plus ou moins grande quantité d'Or.

Nous avons preſcrit, dans ce procédé, de pulvériſer la mine avant de l'expoſer au feu, afin d'en augmenter la ſurface, de faciliter l'action du Plomb, & de procurer l'évaporation des parties volatiles.

La précaution que nous avons dit qu'il falloit avoir, de diminuer un peu le feu dans le commencement de l'opération, a pour but d'empêcher que le Plomb réduit trop promptement en litarge, ne pénétre & ne ronge le vaiſſeau , avant d'avoir pu diſſoudre entierement la mine. Ainſi , ſi on étoit abſolument ſûr que le vaiſſeau dont on ſe ſert eſt aſſés bon pour ne ſe point laiſſer pénétrer par le Plomb , cette précaution ne ſeroit pas néceſſaire.

Il eſt bon d'ajoûter huit parties de Plomb ſur une de mine , quoique ſouvent cette quantité ne ſoit pas abſolument néceſſaire , ſur-tout quand la mine eſt bien fuſible. La réuſſite de cette opération dépend principalement de la parfaite ſcorification. Ainſi il n'y a aucun inconvénient à ajoûter beaucoup de Plomb , qui facilitant toujours la ſcorification , ne peut jamais être nuiſible.

Si la mine eſt mêlangée de parties terreuſes & pierreuſes , qu'on ne puiſſe pas en ſéparer par la lotion , elle eſt plus difficile à mettre en fuſion , quand même ces pierres ſeroient du nombre de celles qui ſont les plus diſpoſées à la vitrification , parceque les terres & les pierres les plus fuſibles , le ſont toujours moins que les matieres métalliques. Il faut dans ce cas , pour parvenir à la ſcorification , mêler exactement avec la mine réduite en poudre , partie égale de

Verre de Plomb, & ajoûter enfuite douze fois autant de Plomb réduit en grenailles ; puis procéder comme nous l'a-
vons indiqué pour la mine fufible , faifant éprouver à ce mêlange un degré de
chaleur affés vif & affés long-temps continué, pour donner aux fcories toutes les
propriétés dont nous avons fait mention , & qui indiquent que la fcorification eft parfaite.

Quelquefois la mine d'Argent eft mêlée avec des pyrites & de la mine d'Arfenic ou Cobolt, ce qui la rend auffi réfractaire. Comme les pyrites contiennent une grande quantité de Soufre , lequel eft très-volatil auffi-bien que l'Arfenic , il convient dans ce cas de commencer par la débarraffer de ces deux
matieres étrangeres. On y parvient aifément par le moyen de la torréfaction :
il faut feulement avoir attention , quand
on commence à expofer la mine au feu
dans le têt à rôtir , de la couvrir pendant quelques minutes avec un autre
vaiffeau renverfé de même grandeur ,
parceque ces fortes de mines font fujet-
tes à décrépiter quand elles commencent à éprouver la chaleur. On la découvre enfuite, & on la laiffe expofée

au feu, jufqu'à ce qu'il ne s'en éléve plus aucunes matieres fulphureufes ou arfenicales. On la mêle après cela avec la même quantité de Verre de Plomb, que nous venons d'indiquer pour la mine qui eft rendue réfractaire par le mêlange des terres & des pierres, & on procéde de même.

Il eft d'autant plus néceffaire de torréfier la mine d'Argent altérée par le Soufre & l'Arfenic, que le Soufre mettant obftacle à la fufion du Plomb, ne peut qu'être nuifible, & prolonger l'opération. Pour l'Arfenic, il a l'inconvénient de fcorifier trop promptement une très-grande quantité de Plomb.

Lorfque le Soufre & l'Arfenic font diffipés par la torréfaction, il faut traiter la mine comme celle qui eft rendue réfractaire par les matieres pierreufes & terreufes, parceque les pyrites contenant beaucoup de Fer, il refte après l'évaporation du Soufre une affés grande quantité de terre martiale difficile à fcorifier. Ces pyrites, ainfi que les Cobolts, contiennent outre cela une terre non métallique, qui eft difficile à mettre en fufion.

La regle générale eft donc, lorfque

la mine eſt rendue réfractaire par quelque cauſe que ce ſoit, d'y mêler du Verre de Plomb, & d'y ajoûter une plus
grande quantité de Plomb granulé. Il ſe
trouve néanmoins des mines ſi réfractaires, que le Plomb ſeul ne ſuffit pas, &
qu'il faut avoir recours à quelqu'autre
fondant. Celui qui convient le mieux
dans cette occaſion eſt le Flux noir, compoſé d'une partie de Nitre & de deux
parties de Tartre qu'on a fait détonner
enſemble. Le phlogiſtique que contient
cette quantité de Tartre, eſt plus que
ſuffiſant pour alkaliſer le Nitre. Ce Flux
n'eſt donc autre choſe que du Nitre alkaliſé par le Tartre, mêlé avec une partie
de ce même Tartre qui n'a pas perdu
ſon phlogiſtique, & ſe trouve ſeulement
réduit en une eſpece de charbon.

On préfére dans cette occaſion le Flux
noir au blanc, qui cependant eſt auſſi
très-propre à faciliter la fuſion, parceque le phlogiſtique du Flux noir empêche que le Plomb ne ſoit réduit ſi promptement en litarge, & lui donne le
temps de diſſoudre les matieres métalliques. Le Flux blanc, qui eſt le réſultat
de parties égales de Tartre & de Nitre
alkaliſés enſemble, n'étant qu'un Alkali

privé de phlogiftique, ou du moins n'en contenant que très-peu, n'auroit pas cet avantage.

Si l'Argent étoit mêlé avec du Fer qui eût fa forme métallique, ce qui n'arrive cependant pas ordinairement dans l'état de mine, & qu'on voulût l'en féparer, il faudroit avant de fondre ce mêlange avec le Plomb, dépouiller le Fer de fon phlogiftique, & le réduire en *crocus*; on y parvient en le faifant diffoudre dans l'Acide vitriolique, & en faifant enfuite évaporer cet Acide.

On eft obligé d'avoir recours à cette manœuvre, parceque le Fer fous fa forme métallique ne fe laiffe point diffoudre par le Plomb ni par le Verre de Plomb; mais lorfqu'il eft réduit en chaux, la litarge peut s'unir avec lui & le fcorifier.

Si on n'avoit pas les uftenfils néceffaires pour faire dans un têt à rôtir, & fous la mouffle, l'opération que nous venons de décrire, ou qu'on voulût traiter à la fois une plus grande quantité de mine, on pourroit fe fervir d'un creufet, & faire cette opération dans un fourneau de fufion.

Il faut pour cela préparer la mine,

comme nous l'avons indiqué , fuivant
fa nature ; la mêler avec la quantité de
verre de Plomb , & de Plomb convenable ; mettre le tout dans un bon creufet,
dont les deux tiers doivent demeurer
vuides , & ajoûter par-deffus un mêlange de Sel marin , & d'un peu de Borax ,
le tout très-fec , à la hauteur d'un bon
demi-pouce.

Cela fait, il faut placer le creufet au
milieu d'un fourneau de fufion ; mettre
du charbon jufqu'au bord fupérieur du
creufet ; allumer ce charbon ; couvrir le
fourneau de fon dôme , & ne pas pouffer le feu plus qu'il n'eft néceffaire pour
mettre le mêlange en fufion parfaite ; le
laiffer ainfi en fufion pendant un bon
quart-d'heure ; remuer le tout avec une
petite verge de fer ; puis le laiffer refroidir ; caffer le creufet , & féparer le Régule d'avec les fcories.

Les Sels qu'on ajoûte dans cette occafion font des fondans , & font deftinés
à procurer aux fcories une fufion parfaite.

Si on laiffoit plus long-temps que
nous ne l'avons indiqué les matieres ex-
pofées au feu , foit dans le têt à rôtir ,
foit dans le creufet , à la fin la portion
de

de Plomb qui s'est unie & précipitée a-
vec l'Argent, se vitrifieroit, & scorifie-
roit avec lui tout l'alliage que pourroit
avoir ce métal. Mais comme il n'y a pas
de vaisseaux qui puissent soutenir assés
long-temps l'action de la litarge sans
être percés & comme criblés, une partie de l'Argent pourroit passer à travers
les trous ou les fentes de ces vaisseaux,
& être perdue. Il vaut donc mieux, pour
achever de purifier l'Argent, avoir recours à l'opération de la coupelle, dont
nous allons donner la description.

II. PROCEDE'.

Affinage de l'Argent par la coupelle.

PRENEZ une coupelle qui puisse tenir
un tiers de plus de matiere que celle
que vous aurez à y mettre : placez-la
sous la moufle d'un fourneau tel que
celui dont nous avons donné la description dans nos Elémens de Théorie, &
qui est destiné particulierement à cette
sorte d'opération. Emplissez ce fourneau
de charbon : allumez-le : faites rougir la
coupelle, & la tenez ainsi très-rouge,
jusqu'à ce que toute l'humidité en soit

Tome I.   R

dissipée, c'est-à-dire, environ pendant un bon quart-d'heure, si la coupelle n'est composée que de cendres d'os brûlés, & pendant une heure entiere, s'il est entré dans sa composition des cendres de bois lessivées.

Réduisez le Régule restant de l'opération précédente, en petites lames fines, l'applatissant avec un petit marteau, & observant d'en séparer exactement tout ce qu'il peut y avoir de scories. Enveloppez dans un morceau de papier ces petites lames de Régule, & mettez-les doucement dans la coupelle avec une pince. Le papier étant consumé, le Régule se fondra aussitôt, & les scories qui naîtront du Plomb, à mesure qu'il se réduira en litarge, seront poussées vers les bords de la coupelle, par laquelle elles seront aussitôt absorbées. La coupelle prendra en même temps une couleur jaune, brune, ou noirâtre, suivant la quantité & la nature des scories dont elle sera pénétrée.

Diminuez le feu par les moyens que nous avons indiqués, quand vous verrez que la matiere contenue dans la coupelle sera agitée par une forte ébullition, & fumera considérablement. En-

tretenez un degré de chaleur, tel que
la fumée qui fortira de la coupelle ne
monte pas bien haut, & que vous puiſ-
ſiez diſtinguer la couleur que les ſcories
donneront à cette même coupelle.

A meſure qu'il ſe formera de la litarge, & que cette litarge ſera abſorbée,
il faut augmenter le feu. Si le Régule
que vous mettrez à cette épreuve ne
contient point d'Argent, vous le verrez
ainſi ſe convertir entierement en ſcories,
& diſparoître enfin entierement. S'il contient de l'Argent, lorſque la quantité du
Plomb ſera beaucoup diminuée, vous
appercevrez à ſa ſuperficie des couleurs
d'iris très-vives, qui s'agiteront & ſe
croiſeront de différentes manieres avec
beaucoup de vîteſſe. Enfin, lorſque tout
le Plomb ſera détruit, la petite peau
terne produite continuellement par le
Plomb à meſure qu'il ſe convertit en litarge, & qui couvre la ſuperficie de
l'Argent, diſparoîtra ſubitement; & s'il
ſe trouve que dans ce moment le feu
ne ſoit point aſſés fort pour entretenir
l'Argent en fuſion, la ſurface du métal
paroîtra tout d'un coup très-brillante :
mais ſi dans ce temps le feu eſt aſſés fort
pour entretenir l'Argent en fuſion, quoi-

qu'il ne foit plus allié de Plomb, ce changement, qu'on nomme *fulguration*, n'eft pas fi fenfible, & le bouton d'Argent paroît tout embrafé.

Ces phénoménes dénotent que l'opération eft achevée. Il faut laiſſer alors la coupelle pendant une minute ou deux fous la mouffle : après quoi l'approcher peu à peu de la porte par le moyen d'un crochet ; & lorſque l'Argent n'eft plus que médiocrement rouge , il faut retirer la coupelle de deſſous la mouffle avec des pinces : il ſe trouvera au milieu un bouton d'Argent extrêmement blanc, dont la partie inférieure ſera inégale & pleine de petits enfoncemens.

REMARQUES.

Le Régule qu'on retire du procédé antérieur à celui-ci , n'eft que l'Argent contenu dans la mine, allié avec une portion des autres métaux qui ont pu ſe trouver dans la même mine , & une bonne partie du Plomb qu'on a ajoûté pour précipiter cet Argent. L'opération de la coupelle n'eft en quelque forte qu'une ſuite de ce procédé, & a pour but de réduire en ſcories tout ce qui n'eft point Or ou Argent. Le Plomb étant celui de tous les métaux qui se vitrifie le plus aisément, qui facilite le plus la vitrification des autres, & le seul qui étant vitrifié pénétre la coupelle, & entraîne avec lui les autres métaux qu'il a vitrifiés, est en conséquence le plus propre à cette opération. Nous verrons à l'article du Bismuth, que ce demi-métal a les mêmes propriétés que le Plomb, & qu'il peut lui être substitué dans cette opération.

Il faut avoir attention de choisir une coupelle de grandeur convenable. Il vaut mieux même la prendre plutôt trop grande que trop petite, parceque la grandeur de ce vaisseau ne porte aucun préjudice à l'opération, au lieu que lorsqu'il est trop petit, il arrive que la coupelle étant chargée d'une trop grande quantité de Plomb, sa surface intérieure se trouve enfin rongée par la litarge qui détruit tout, & il se forme des fentes dans le corps même du vaisseau. Ajoûtez à cela, que les cendres dont il est composé étant une fois saoulées en quelque sorte de litarge, ne l'absorbent plus que très-lentement, & que cette litarge convertie en verre se trouvant en trop grande quantité pour être contenue dans la substance de la coupelle, transpire à travers, se répand sur la moufle, qu'elle corrode, rend inégale, & à laquelle il soude les vaisseaux qu'on pose dessus. On peut prendre pour regle de la grandeur des coupelles, de leur donner au moins la moitié de la pesanteur de la masse métallique qu'on veut coupeller.

Il est encore de la derniere conséquence de faire bien sécher les coupelles avant d'y mettre le métal. Il faut pour cela, comme nous l'avons dit, les tenir rouges pendant un certain temps; car quoiqu'à la vûe & au toucher elles paroissent très-séches, elles retiennent cependant avec beaucoup d'opiniâtreté une petite quantité d'humidité, laquelle suffiroit lorsque le métal est fondu, pour en faire perdre une partie, qui seroit lancée en forme de petits globuls jusqu'à la voûte de la moufle. Ce sont principalement les coupelles dans la composition desquelles il entre des cendres de bois qui ont besoin d'être ainsi chauffées vivement, parceque quelque soin qu'on ait eu de lessiver ces cendres avant de s'en servir, elles retiennent toujours une petite quantité de Sel alkali, lequel, comme on sçait, est très-avide de l'humidité, ne s'en laisse priver entierement que par le moyen d'une violente calcination, & la reprend bientôt, quand il est exposé à l'air.

Il peut encore être resté un peu de phlogistique dans les cendres dont les coupelles sont composées, & c'est une raison de plus pour les calciner avant de s'en servir; on dissipe ainsi ce reste de phlogistique, qui se combinant avec la litarge pendant l'opération, en feroit la réduction, & occasionneroit un mouvement dans la matiere, capable d'en faire répandre une partie. Il faut ajoûter encore à ces inconvéniens qui résultent d'un reste d'humidité ou de phlogistique, les fentes que les coupelles qui ne sont point entierement privées de l'une ou de l'autre de ces matieres, sont très-sujettes à contracter.

Il n'est pas moins important pour le succès de l'opération, d'entretenir un degré de chaleur convenable. Nous avons donné dans le procédé, des marques qui indiquent que la chaleur n'est ni trop forte ni trop foible; voici celles ausquelles on reconnoît qu'elle péche par l'un ou l'autre excès.

Si la fumée qui s'éleve du Plomb monte comme un jet jufqu'à la voûte de la mouffle ; fi la fuperficie du métal fondu eft extrêmement convexe eu égard à la quantité du métal ; fi la coupelle paroît fi rouge & fi embrafée qu'on ne puiffe diftinguer les couleurs que lui donnent les fcories en la pénétrant ; cela indique que la chaleur eft trop grande : il faut la diminuer. Si au contraire les vapeurs ne font en quelque forte que ramper à la fuperficie du métal ; que ce métal fondu foit très-peu fphérique par rapport à fa quantité ; qu'il ne paroiffe bouillir que foiblement ; qu'on s'apperçoive que les fcories qui paroiffent comme des gouttelettes brillantes, n'ont qu'un mouvement lent ; que ces fcories s'amaffent dans la coupelle, & ne la pénétrent point ; que le métal en foit couvert comme d'un enduit vitrifié, & qu'enfin la coupelle paroiffe fombre, on a pour lors la preuve que la chaleur eft trop foible : il faut l'augmenter.

Comme le but de cette opération eft de convertir le Plomb en litarge, & de lui donner le temps & la facilité de fcorifier & d'entraîner avec lui tout ce qui n'eft point Or ou Argent, il faut entre-

tenir le feu à un degré tel, que le Plomb
se réduise facilement en litarge, & que
cependant cette litarge ne soit pas ab-
sorbée trop promptement par la coupelle, mais qu'il en reste toujours une petite quantité qui entoure comme un an-
neau le métal fondu.

On augmente le feu à mesure que l'o-
pération approche de sa fin, parceque la
proportion du Plomb avec l'Argent al-
lant toujours en diminuant, la masse métallique se trouve moins fusible ; & que
l'Argent défend contre l'action du feu le
Plomb avec lequel il est mêlé, & l'empêche de se réduire facilement en litarge.

Lorsque l'opération est achevée, il
faut laisser encore la coupelle sous la
moufle, jusqu'à ce que toute la litarge
l'ait pénétrée, afin qu'on puisse retirer
facilement le bouton d'Argent, qui sans
cette précaution seroit si adhérent, que
l'on ne pourroit l'en séparer sans emporter avec lui un morceau de la coupelle.
Il faut avoir attention aussi de laisser refroidir peu à peu ce bouton d'Argent,
& de le laisser figer entierement, avant
de le retirer de dessous la moufle ; car
quand on l'expose tout d'un coup à l'air

froid , & avant qu'il foit figé , il fe gonfle , fe ramifie , & même jette affés loin
de petits grains qui font perdus.

Si le bouton fe trouve avoir un œil
jaunâtre , c'eft une marque qu'il contient
beaucoup d'Or , qu'il faudra en féparer
par les procédés que nous donnerons
dans la fuite.

Il eft bon d'obferver qu'il n'y a prefque point de Plomb qui ne contienne
une quantité d'Argent , trop petite à la
vérité pour qu'elle puiffe indemnifer des
frais qu'on feroit obligé de faire pour
l'en féparer ; mais cependant affés confidérable pour induire en erreur , en fe
mêlant avec l'Argent qu'on auroit retiré
de la mine , & en augmentant le poids.
Ainfi, lorfque c'eft pour faire l'effai d'une
mine,& voir ce qu'elle peut fournir d'Argent, qu'on a recours aux opérations que
nous venons de donner , il eft effentiel
de faire d'abord un effai du Plomb qu'on
fera obligé d'employer , & de s'affurer
de la quantité d'Argent qu'il peut contenir , pour le défalquer du poids total
du bouton d'Argent qu'on retire après
l'avoir ainfi purifié.

On peut , par la feule opération de la
coupelle , & fans avoir fait précéder de

scorification avec le Plomb, parvenir à séparer l'Argent de sa mine, & l'affiner en même temps. Il faut pour cela réduire la mine en poudre, la torréfier pour en diffiper toutes les parties volatiles ; la mêler avec un poids égal de litarge, si elle est réfractaire ; la diviser en cinq ou six parties qu'on enveloppera dans de petits papiers ; peser huit parties de Plomb pour une partie de mine si elle est fusible, & jusqu'à douze ou seize si elle est réfractaire ; mettre la moitié du Plomb dans une très-grande coupelle sous la moufle ; y ajoûter un des petits paquets de la mine quand le Plomb commence à fumer & à bouillir ; diminuer aussitôt un peu le feu ; le soutenir au même degré jusqu'à ce qu'on s'apperçoive que la litarge qui s'est formée autour du métal & à sa superficie ait un œil brillant ; augmenter pour lors le feu, ajoûter un nouveau paquet de mine ; continuer à proceder de la même maniere, jusqu'à ce que toute la mine soit employée ; ajoûter ensuite le reste du Plomb granulé, & conduire le reste de l'opération, comme celle de la coupelle.

Il est essentiel dans cette opération,

de ne pas pouffer le feu trop fort , & de le diminuer à chaque fois qu'on ajoûte une nouvelle portion de mine , afin de donner le temps au Plomb & à la litarge de diffoudre , de fcorifier & d'entraîner dans les pores de la coupelle toutes les matieres étrangeres avec lefquelles l'Argent eft mêlé. Malgré cette précaution , quand la mine eft réfractaire , il s'amoncelle fouvent dans la coupelle une affés grande quantité de fcories, & même une partie de la mine qui n'a pu être diffoute & fcorifiée. C'eft pour remédier à cet inconvénient, qu'on ajoûte à la fin la feconde moitié du Plomb , qui achéve de diffoudre & de fcorifier ce qui ne l'a pas été d'abord, & par ce moyen il ne refte point ou prefque point de fcories dans la coupelle à la fin de l'opération.

C'eft principalement pour purifier l'Argent de l'alliage du Cuivre, qu'on a recours à l'opération de la coupelle, parceque ce métal étant plus fixe & plus difficile à calciner que les autres fubftances métalliques , il eft le feul qui demeure uni avec l'Argent & le Plomb après la torréfaction & la fcorification par le Plomb. Il demande jufqu'à feize parties de Plomb pour être détruit dans la cou-

pelle., & féparé de l'Argent. Il fe fond
en une feule maffe avec le Plomb; & le
verre qui réfulte de ces deux métaux
privés de leur phlogiftique., tire fur le
brun ou fur le noir : c'eft à ces marques
qu'on reconnoît principalement que c'eft
avec ce métal que l'Argent étoit allié.

III. PROCEDE'.

Purifier l'Argent par le Nitre.

REDUISEZ en grenailles , ou en petites lames, l'Argent que vous voudrez purifiet : mettez-le dans un bon
creufet : ajoûtez-y un mêlange d'un
quart de fon poids de Nitre bien fec réduit en poudre, de moitié du poids du
Nitre de cendres gravelées, & d'environ un fixiéme de ce même poids du
Nitre de verre ordinaire pulvérifé. Couvrez ce creufet avec un autre creufet
renverfé, qui doit être moins grand, en
forte qu'il puiffe entrer un peu, & dont
le fond foit percé d'un trou d'environ
deux lignes de diametre. Luttez enfemble ces deux creufets avec de l'argile &
de la terre à four. Quand le lut fera fec,
placez ces creufets dans un fourneau de

fusion. Emplissez le fourneau de charbon, en observant cependant que le charbon n'excéde point la hauteur du fond du creuset supérieur.

Allumez le feu, & faites rougir médiocrement les vaisseaux. Quand ils seront rouges, prenez avec les pincettes un charbon ardent, que vous présenterez au trou du creuset supérieur. Si vous voyez aussitôt une lueur brillante autour de ce charbon, & que vous entendiez en même temps un petit sifflement, c'est une marque que le feu est à un degré convenable; & il faut l'entretenir à ce même degré jusqu'à ce que ce phénoméne cesse de paroître.

Augmentez alors le feu jusqu'au point convenable pour tenir l'Argent pur en fusion, puis retirez les vaisseaux du fourneau. Vous trouverez l'Argent au fond du creuset inférieur. Cet Argent sera couvert par une masse de scories alkalines de couleur verdâtre. Si après cette opération ce métal ne se trouve point encore bien pur & bien ductile, il faut la recommencer une seconde fois.

REMARQUES.

La purification de l'Argent par le Ni-

tre, eſt fondée, de même que l'affinage
par la coupelle, ſur la propriété qu'a ce
métal, de réſiſter à l'action du feu la plus
forte, & à celle des diſſolvans les plus
actifs, ſans perdre ſon phlogiſtique. La
différence qu'il y a entre ces deux opérations, ſe trouve dans les ſubſtances
qu'on emploie pour faciliter la ſcorification des métaux imparfaits, ou des
demi-métaux, qui peuvent être combinés avec l'Argent. Dans la première,
c'eſt le Plomb, & dans celle-ci c'eſt le
Nitre qui procure cet avantage. Nous
avons vu que ce Sel a la propriété de
calciner, & de détruire promptement
toutes les ſubſtances métalliques, en con-
ſumant leur phlogiſtique, & qu'il n'y a
que les métaux parfaits, c'eſt-à-dire,
l'Or & l'Argent, qui puiſſent réſiſter à
ſon action. Cette méthode peut donc
être employée auſſi-bien pour purifier
l'Or que l'Argent, ou même ces deux
métaux alliés enſemble.

Le Nitre s'alkaliſe dans cette opération, à meſure que ſon acide ſe conſume avec le phlogiſtique des ſubſtances
métalliques. Le Sel alkali & le verre pi-
lé qu'on ajoûte, ſont deſtinés à faciliter
la fuſion des chaux métalliques, à me-

sure qu'elles sont formées, & à lier &
retenir le Nitre, qui, comme nous l'allons voir, se dissipe lorsqu'il éprouve un
certain degré de chaleur.

On prend la précaution de fermer le
creuset avec un autre creuset renversé,
qui n'a qu'un petit trou à son fond,
pour empêcher qu'une partie de l'Argent ne soit perdue pendant l'opération;
car lorsque le Nitre éprouve un certain
degré de chaleur, & sur-tout quand il
s'embrase avec quelque matiere inflammable, il se dissipe en partie, & même
avec tant de rapidité, qu'il seroit capable d'enlever avec lui une assés grande
quantité d'Argent. Le petit trou qu'on
laisse au creuset qui sert de couvercle,
est nécessaire pour donner issue aux vapeurs qui s'élevent pendant l'inflammation du Nitre, lesquelles se feroient jour
en brisant les vaisseaux, si elles n'avoient
pas d'autre moyen de sortir. Cette ouverture se trouve, après l'opération, environnée de beaucoup de petites particules d'Argent, qui auroient été perdues
si le creuset étoit demeuré entierement
ouvert.

Si on s'appercevoit que dans le temps
de la détonnation du Nitre, il sortît par

le

le petit trou une grande quantité de vapeurs avec un bruit & un sifflement considérables, sans même y présenter de
charbon, ce seroit une marque que le
feu seroit trop vif, & il faudroit en diminuer l'activité ; car si on n'avoit pas
cette attention, il se dissiperoit une
grande partie du Nitre, qui emporteroit avec lui beaucoup d'Argent.

Il faut avoir attention de retirer l'Argent du creuset aussitôt qu'il est en fusion ; car si on n'avoit pas cette précaution, le Nitre étant entierement dissipé ou alkalisé, les chaux des métaux
qu'il auroit détruits pourroient reprendre un peu de phlogistique qui leur seroit
communiqué, soit par les vapeurs du
charbon, soit par quelques petits charbons même qui tomberoient dans le
creuset : d'où il arriveroit qu'une portion de ces métaux étant ressuscitée, se
remêleroit avec l'Argent, & l'empêcheroit d'avoir le degré de ductilité & de
pureté convenable : ce qui mettroit
dans la nécessité de recommencer l'o-
pération.

IV. PROCEDE'.

Diffoudre l'Argent dans l'Eau-forte, &
le féparer, par ce moyen, de toute autre
fubftance métallique. Purification de
l'Eau-forte. Précipitation de l'Argent
par le Cuivre.

REDUISEZ en petites lames l'Argent
que vous voudrez diffoudre : mettez-le dans une cucurbite de verre : verfez deffus le double de fon poids de bonne Eau-forte précipitée : couvrez la cucurbite avec un papier, & placez-la fur
un bain de fable qui ait une chaleur modérée. L'Eau-forte commencera à diffoudre l'Argent auffitôt qu'elle fera un
peu échauffée. Il s'élevera des vapeurs
rouges, & il paroîtra fortir de deffus
l'Argent des fuites de petites bulles qui
s'éleveront jufqu'à la fuperficie de la liqueur, & qui formeront des efpeces de
petites chaînes : c'eft la marque que la
diffolution fe fait bien, & que le degré
de chaleur eft convenable. Si la liqueur
paroiffoit fortement agitée, & bouillante, & qu'il s'élevât en même temps une
grande quantité de vapeurs rouges ; ce

seroit une marque que la chaleur seroit trop grande, & il faudroit la diminuer, jusqu'à ce que la dissolution fût revenue au point que nous venons d'indiquer. Il faut l'entretenir à ce point, jusqu'à ce qu'on n'apperçoive plus de bulles ni de vapeurs rouges.

Si l'Argent étoit allié avec de l'Or, cet Or se trouveroit après la dissolution au fond du vaisseau sous la forme d'une poudre. Il faut décanter la dissolution encore chaude; reverser sur cette poudre moitié moins de nouvelle Eau-forte, & la faire bouillir; décanter encore cette Eau-forte, & réitérer une troisiéme fois; puis bien laver avec de l'eau pure la poudre restante, qui sera d'une couleur brune tirant sur le rouge. Nous donnerons dans les remarques les moyens de séparer l'Argent d'avec l'Eau-forte.

REMARQUES.

Tous les procédés que nous avons donnés jusqu'à présent sur l'Argent, pour le séparer de ses mines, & pour l'affiner, soit par la coupelle, soit par le Nitre, conviennent aussi à l'Or. Et si l'Argent se trouvoit allié avec de l'Or avant d'a-

voir fubi ces différentes épreuves, il feroit encore allié de la même maniere,
& en contiendroit la même quantité
après les avoir fubies, parceque l'Or les
foutient auffi-bien que lui. Tout ce que
ces différentes opérations peuvent donc
produire, c'eft de féparer d'avec ces métaux ce qui n'eft point Or ou Argent. Il
faut, pour féparer ces deux métaux l'un
de l'autre, avoir recours au procédé
dont nous avons parlé à l'article de l'Or,
ou à celui dont nous venons de donner
la defcription, qui eft le plus commode,
le plus ufité, & connu plus particulierement fur le nom de Départ.

L'Eau-forte eft le vrai diffolvant de
l'Argent, & eft abfolument incapable
de diffoudre la moindre partie d'Or. Si
donc on expofe à l'action de l'Eau-forte
une maffe compofée d'Or & d'Argent,
cet acide diffoudra l'Argent contenu
dans ce compofé fans toucher à l'Or, &
ces deux métaux feront féparés l'un de
l'autre. Ce départ eft l'inverfe de celui
dont nous avons donné la defcription à
l'article de l'Or, lequel fe fait par le
moyen de l'Eau-régale.

Le départ par l'Eau-forte ne peut réuffir fans plufieurs conditions effentielles.

La premiere eſt que l'Or & l'Argent
ſoient dans une proportion convenable ;
c'eſt-à-dire, qu'il faut qu'il y ait au moins
deux fois plus d'Argent que d'Or dans
la maſſe métallique, ſans quoi l'Eau-forte ne pourroit le diſſoudre, par la raiſon que nous en avons donnée. Si donc
l'Argent n'étoit point en aſſés grande
quantité dans la maſſe métallique, il
faudroit ou la refondre pour y mêler
une quantité d'Argent convenable, ou
bien ſi l'Or ſe trouvoit en aſſés grande
proportion, avoir recours au départ par
l'Eau-régale.

Secondement, il eſt néceſſaire que
l'Eau-forte dont on ſe ſert dans cette
opération ſoit abſolument pure, & exempte des Acides vitriolique ou marin ; car
ſi elle étoit altérée par le mêlange de
l'Acide vitriolique, l'Argent ſe précipiteroit à meſure qu'il ſeroit diffous, & ce
précipité d'Argent ſe remêleroit avec
l'Or. Si l'Eau-forte contenoit de l'Acide
marin, outre l'inconvénient du précipité, on auroit encore celui que ce men-
ſtrue étant en partie régalin, diſſoudroit
auſſi une portion de l'Or. Il eſt donc néceſſaire d'être bien ſûr de ſon Eau-forte,
avant de commencer l'opération. Il faut

pour cela la mettre à l'épreuve, en en prenant une partie dans laquelle on fera diſſoudre autant d'Argent qu'elle en pourra diſſoudre. Si cette Eau-forte devient louche & laiteuſe à meſure qu'elle diſſoudra l'Argent, c'eſt une marque qu'elle contient quelqu'Acide étranger, dont il faut la ſéparer.

Pour y parvenir, il faut laiſſer repoſer la portion d'Eau-forte qui aura ſervi à faire l'épreuve. Ce qu'elle contient de parties blanches & laiteuſes tombera peu à peu au fond du vaſe. Quand tout ce blanc ſera ainſi précipité, décantez doucement la partie claire : verſez enſuite quelques gouttes de la diſſolution d'Argent que vous aurez décantée, dans l'Eau-forte que vous voudrez précipiter. Elle deviendra auſſitôt laiteuſe : laiſſez de même précipiter les particules blanches; puis ajoûtez encore quelques gouttes de votre diſſolution d'Argent. Si l'Eau-forte devient encore laiteuſe, laiſſez-la précipiter de même que la premiere fois, & réitérez la même manœuvre juſqu'à ce qu'en mêlant de la diſſolution d'Argent dans cette Eau-forte, vous remarquiez qu'elle ne ſe trouble plus en aucune maniere. Filtrez-la pour lors à tra-

vers le papier gris. Cette Eau-forte ainsi
précipitée sera très-propre à faire le départ.

Les particules blanches qui paroissent
& qui se précipitent, quand on fait dissoudre de l'Argent dans de l'Eau-forte
altérée par le mêlange de quelqu'Acide
étranger, ne sont autre chose que l'Argent même, qui à mesure qu'il est dissous par l'Acide nitreux, quitte ce dissolvant pour s'unir avec l'Acide vitriolique
ou marin, avec lequel il a plus d'affinité, & se précipite avec eux. Cela arrive
ainsi tant qu'il y a dans l'Eau-forte un
atôme de l'un ou de l'autre de ces deux
Acides.

Lors donc que l'Eau-forte a dissous
d'Argent tout ce qu'elle en peut dissoudre, & que toutes les particules blanches qui se font formées pendant la dissolution, sont précipitées au fond, on
peut être assuré que la portion qui reste
claire & limpide est une Eau-forte extrêmement âcre qui tient de l'Argent en
dissolution. Mais si on mêle de cette
dissolution d'Argent ainsi claréfiée, avec
de l'Eau-forte chargée d'Acide vitriolique ou marin, aussitôt la même précipitation aura lieu, par les raisons que nous

venons d'en donner, jusqu'à ce que tout ce que cette Eau-forte contient d'Acide étranger soit entierement précipité.

L'Eau-forte purifiée par cette méthode ne contient aucune substance hétérogéne, qu'une petite portion d'Argent ; ainsi elle est très-propre à faire le départ : mais si on vouloit s'en servir à d'autres opérations chymiques, il faudroit la distiller à petit feu dans une cornue de verre, pour en séparer le peu d'Argent qu'elle contient, qui resteroit au fond de la cornue.

La troisiéme condition nécessaire pour la réussite du départ, est que l'Eau-forte ne soit ni trop aqueuse ni trop concentrée. Si elle étoit trop foible, elle n'attaqueroit point l'Argent. La même chose arriveroit si elle étoit trop forte. On peut aisément remédier à l'un & à l'autre inconvénient, en retirant par la distillation une partie du phlegme surabondant dans le premier cas, ou en mêlant avec cette Eau-forte une quantité convenable d'Eau-forte beaucoup plus concentrée ; & en ajoûtant de l'eau de pluie bien pure, ou de l'Eau forte très-aqueuse, dans le second cas.

On peut s'assurer que cet Acide a un degré

degré de force convenable, en lui faifant diffoudre une petite lame d'un mêlange d'une partie d'Or, fur deux ou trois d'Argent; laquelle lame doit être roulée en forme de cornet. Si lorfque tout l'Argent qu'elle contient eft diffous, l'Or qui refte conferve la forme du cornet, c'eft une marque que le diffolvant a un degré de force convenable. Si au contraire l'Or eft réduit en poudre, cela indique que l'Eau-forte a trop d'activité, & qu'elle doit être affoiblie.

L'Or qui refte après la diffolution doit être fondu dans un creufet avec du Nitre & du Borax, comme nous l'avons dit à l'article du départ par l'Eau-régale. A l'égard de l'Argent qui refte diffous dans l'Eau-forte, il y a plufieurs moyens de l'en féparer.

Le plus ufité, eft de le précipiter par l'interméde du Cuivre, qui a plus d'affinité que l'Argent avec l'Acide nitreux. *
Pour cela, on affoiblit la diffolution avec deux ou trois fois autant d'eau de pluie très-pure. On place fur un bain de fable d'une chaleur douce la cucurbite qui contient la diffolution, & on met dedans des lames de Cuivre bien nettes. La

* Table des Rapports, quatriéme colonne.

surface de ces lames se couvre en peu
de temps de petites écailles blanches,
qui, quand il y en a une certaine quantité, se précipitent peu à peu au fond du
vaisseau. Il est bon même de donner de
temps en temps de petits coups sur la
cucurbite, pour faire tomber l'Argent
de dessus les lames de Cuivre, afin qu'il
puisse se faire une nouvelle précipitation
sur ces mêmes lames.

Comme l'Argent ne se sépare de l'Eau-
forte qu'à mesure que le Cuivre s'y dissout, la liqueur contracte une couleur
verte tirant sur le bleu, à mesure que la
précipitation avance. On continue à faire ainsi précipiter l'Argent, jusqu'à ce
que l'Eau-forte n'en contienne plus du
tout : ce que l'on reconnoît en plongeant dans la liqueur une nouvelle lame
de Cuivre, qui dans ce cas doit demeurer nette, & ne point se couvrir de particules cendrées ou grises ; ou bien en
mêlant dans la liqueur une goutte de dissolution de Sel marin, qui ne produit
aucun nuage blanc & laiteux, quand
tout l'Argent en est séparé.

La précipitation étant achevée, on
décante doucement la liqueur de dessus
le précipité d'Argent, qu'on lave à plu-

fieurs reprifes dans de l'eau , qu'il faut même faire bouillir pour enlever toutes les parties de la diffolution de Cuivre. L'Argent étant ainfi bien lavé, on le fait fécher exactement , & on le fait fondre dans un creufet , en le mêlant avec le quart de fon poids d'un flux compofé de parties égales de Nitre & de Borax calciné. On obferve dans cette occafion d'augmenter le feu doucement , & par degrés , jufqu'à ce que l'Argent foit en fufion.

Quoiqu'on lave exactement l'Argent précipité, pour en féparer la diffolution de Cuivre , cela n'empêche point que cet Argent ne foit toujours allié avec une petite portion de Cuivre ; mais ce Cuivre eft détruit facilement par le Nitre avec lequel on fait fondre enfuite l'Argent ; en forte que ce dernier métal refte très-pur après l'opération.

Si l'Argent n'avoit pas été coupellé avant de le faire ainfi diffoudre, & qu'il fût allié avec d'autres fubftances métalliques, la diffolution , la précipitation, & la fufion avec le Nitre , fuffiroient pour l'en féparer exactement , & le mettre à un degré de pureté comparable à celui que lui donne la coupelle.

Le Cuivre qui fe trouve diffous dan
l'Eau-forte après la précipitation de l'Argent, peut en être précipité de la même
maniere par le Fer; & comme il retient
une petite portion d'Argent, il ne le faut
pas négliger lorfque l'on fait ces opérations en grand.

Nous allons voir dans les deux procédés fuivans, deux autres moyens de
féparer l'Argent de l'Eau-forte.

V. PROCEDE'.

*Séparer l'Argent d'avec l'Acide nitreux
par la diftillation. Criftaux de
Lune. Pierre infernale.*

METTEZ dans une cucurbite de verre, baffe & large, la diffolution
d'Argent dont vous voudrez féparer
l'Argent par la diftillation. Adaptez à
cette cucurbite un chapiteau tubulé garni de fon bouchon. Placez cet alembic
dans un bain de fable, enforte que la cucurbite foit prefqu'entierement plongée
dans le fable: ajuftez un récipient à l'alembic, & diftillez à feu modéré, de
maniere que les gouttes fe fuccédent l'une à l'autre dans l'intervalle de quelques

fecondes. Si le récipient s'échauffoit beaucoup, il faudroit diminuer le feu. Lorfque les vapeurs rouges commenceront
à paroître, verfez dans l'alembic, par
l'ouverture du chapiteau, une nouvelle
portion de votre diffolution d'Argent,
que vous aurez eu foin de bien chauffer
auparavant. Continuez à diftiller de la
même maniere, & réitérez jufqu'à ce
que tout ce que vous aurez de diffolution foit entré dans l'alembic. Enfin,
quand vous n'aurez plus de nouvelle
diffolution à y mettre, & que tout le
phlegme étant forti, les vapeurs rouges
reparoîtront, jettez dans l'alembic un
demi gros ou un gros de fuif, & diftillez jufqu'à ficcité : après quoi augmentez le feu jufqu'à faire rougir le vaiffeau
qui contient le fable du bain. Vous trouverez dans l'alembic une chaux d'Argent
qu'il faut faire fondre dans un creufet
avec du favon & des cendres gravelées.

REMARQUES.

On choifit pour cette opération une
cucurbite qui foit baffe, afin que les parties de l'Acide nitreux qui font lourdes,
puiffent être enlevées & paffent plus facilement dans le récipient. C'eft pour la

même raison qu'on plonge presqu'entierement la cucurbite dans le sable ; car si on ne prenoit point cette précaution, les vapeurs acides pourroient se condenser autour de la partie de la cucurbite, qui étant hors du sable, seroit beaucoup moins chaude que celle qui en est environnée, d'où elles retomberoient au fond ; ce qui pourroit faire casser le vaisseau, & retarderoit à coup sûr la distillation.

Nonobstant ces précautions, les vaisseaux sont sujets à se casser dans ces sortes de distillations, sur-tout lorsqu'ils contiennent beaucoup de liqueur. C'est pour éviter cet accident, que nous avons prescrit de ne pas mettre en même temps dans l'alembic tout ce qu'on a de dissolution d'Argent à distiller. Le petit morceau de suif qu'on ajoûte à la fin de l'opération, est destiné à empêcher le métal de s'attacher fortement au vaisseau, lorsque toute l'humidité est dissipée, comme il feroit sans cela.

Le Savon & l'Alkali fixe qu'on mêle avec l'Argent pour le fondre, après qu'il a été ainsi séparé d'avec l'Eau-forte, servent à absorber quelques parties d'Acide le plus fixe qui peut être demeuré uni avec l'Argent.

Si on ceſſoit de diſtiller lorſqu'on a retiré une partie du phlegme, & qu'on laiſsât refroidir la liqueur, il s'y formeroit une grande quantité de criſtaux, qui ſont un Sel neutre compoſé de l'Acide nitreux & de l'Argent. Et ſi on interrompoit la diſtillation lorſqu'elle eſt encore plus avancée, & qu'elle approche de ſa fin, toute la liqueur étant refroidie ſe condenſeroit en une maſſe noirâtre qui eſt la Pierre infernale.

On a l'avantage, dans cette maniere de ſéparer l'Argent d'avec ſon diſſolvant, de retirer toute l'Eau-forte, qui eſt très-bonne, & peut ſervir à d'autres opérations.

VI. PROCEDE'.

Séparer l'Argent de l'Acide nitreux, en le précipitant en Lune-cornée.
Réduction de la Lune-cornée.

VERSEZ dans la diſſolution d'Argent environ le quart de ſon poids d'Eſprit de Sel, de diſſolution de Sel marin, ou de diſſolution de Sel ammoniac. La liqueur ſe troublera auſſitôt, & deviendra laiteuſe. Ajoûtez-y deux ou trois

T iv

fois son poids d'eau pure, & la laissez
reposer pendant quelques heures. Il se
précipitera au fond une poudre blanche.
Décantez la liqueur claire, & versez sur
le précipité de nouvelle Eau-forte, ou
de l'Esprit de Sel, & faites chauffer doucement le tout pendant quelque temps
sur un bain de sable. Décantez cette seconde liqueur, & faites bouillir à plusieurs reprises votre précipité dans l'eau
pure, jusqu'à ce que l'eau & le précipité
soient devenus insipides. Filtrez le tout,
& faites sécher le précipité. C'est une
Lune-cornée dont il faut faire la réduction de la maniere suivante.

Enduisez bien l'intérieur d'un bon
creuset avec du savon. Mettez-y votre
Lune-cornée: ajoûtez par-dessus la moitié de son poids de Sel de tartre bien
sec, & réduit en poudre : pressez bien
le tout : versez autant d'huile, ou de suif
fondu que la poudre en pourra absorber:
placez le creuset ainsi rempli, & couvert
exactement, dans un fourneau de fusion,
& ne faites de feu pendant le premier
quart-d'heure, que ce qu'il faudra pour
faire rougir médiocrement le creuset :
augmentez-le ensuite jusqu'au point de
faire fondre l'Argent & le Sel, jettant

de temps en temps quelques morceaux
de fuif dans le creufet. Lorfqu'il ne fortira plus de fumée, laiffez refroidir le
tout, ou le verfez dans un cône de fer
creux, chauffé & graiffé de fuif.

REMARQUES.

Le procédé que nous venons de donner fournit un moyen de donner à l'Argent un degré de pureté qu'il ne peut
obtenir par quelqu'autre méthode qu'il
foit traité. Celui qu'on affine par la
coupelle retient toujours une petite portion de Cuivre, dont il eft impoffible
de le féparer par cette voie ; mais fi on
diffout cet Argent dans l'Eau-forte, &
qu'on le précipite en Lune-cornée par
l'Acide marin, ce précipité eft un Argent abfolument pur, & qui n'eft plus
allié avec cette petite portion de Cuivre
que lui avoit laiffé la coupelle. Cela arrive parceque le Cuivre fe tient également bien en diffolution dans l'Efprit
de Sel & dans l'Eau-régale, que dans
l'Eau-forte. Ainfi, quand l'Argent eft
diffous dans l'Acide nitreux avec le Cuivre dont il eft allié, fi on vient à mêler
de l'Acide du Sel marin dans cette diffolution, une portion de cet Acide fe joint

avec l'Argent, & forme avec lui un nouveau composé, qui n'étant point dissoluble dans la liqueur, se précipite au fond. Le reste de l'Acide étant mêlé avec le nitreux, forme une Eau-régale dans laquelle le Cuivre se tient dissous, & de laquelle il ne se sépare point.

On fait passer sur la chaux d'Argent qui est précipitée un nouvel Acide, pour achever de dissoudre le peu de Cuivre qui pourroit avoir échappé à l'action du premier dissolvant. Il est indifférent d'employer pour cela de l'Esprit de Sel ou de l'Esprit de Nitre, parcequ'ils dissolvent également bien le Cuivre, & que l'Argent précipité par l'Esprit de Sel n'est dissoluble ni dans l'un ni dans l'autre.

Il est nécessaire de bien laver ensuite ce précipité avec de l'eau pure, pour enlever exactement toutes les parties d'Eau-forte dont l'Argent pourroit être mouillé, parceque cette Eau-forte pouvant contenir quelques parties de Cuivre, elles se mêleroient avec l'Argent, quand on viendroit à le faire fondre, & en altéreroient la pureté.

Si on expose au feu ce précipité d'Argent sans le mêler avec aucune autre substance, il se fond aussitôt qu'il commen-

ce à rougir ; & en augmentant le feu, il
s'en diſſipe une partie en vapeurs, & l'autre pénétre le creuſet dans lequel on l'a
faiṫ fondre. Mais ſi on le retire du creuſet auſſitôt qu'il eſt fondu, il ſe coagule
en une maſſe d'un rouge pourpré demi
tranſparente , peſante , & qui ſe laiſſe
plier juſqu'à un certain point, ſur-tout ſi
elle eſt mince. Elle a quelque reſſemblance avec de la corne , ce qui la fait
nommer *Lune-cornée.*

Comme la Lune-cornée n'eſt point
diſſoluble dans l'eau , il faut avoir recours à la fuſion, ſi on veut la réduire,
& ſéparer de l'Argent les Acides qui lui
donnent les propriétés dont nous venons de parler. Les Alkalis fixes & les
matieres graſſes ſont très-propres à opérer cette ſéparation.

Nous avons preſcrit d'enduire exactement de ſavon l'intérieur du creuſet
dans lequel on veut faire cette réduction, & de couvrir entierement la Lune-cornée avec un Sel alkali fixe & de
la graiſſe , afin que lorſqu'elle éprouve
un degré de chaleur aſſés fort pour la
diſſiper en vapeurs , ou pour lui donner
aſſés de ténuité pour la rendre capable
de pénétrer le creuſet , elle ſoit obligée

de paſſer à travers ces matieres qui ſont propres à abſorber ſon Acide, & à la réduire.

On peut encore réduire la Lune-cornée, en la faiſant fondre avec des ſubſtances métalliques qui ont plus d'affinité que l'Argent avec les Acides dont il eſt imprégné. Telles ſont l'Etain, le Plomb, le Régule d'Antimoine; mais la jonction de la Lune-cornée avec ces ſubſtances métalliques, ſe fait avec tant d'impétuoſité, qu'il s'éléve une quantité conſidérable de vapeurs, leſquelles enlévent avec elles une partie de l'Argent: c'eſt pourquoi, ſi on fait cette réduction par l'interméde de ces ſubſtances métalliques, il faut ſe ſervir d'une cornue au lieu d'un creuſet.

On a encore l'inconvénient, dans cette méthode, qu'une partie de ces ſubſtances métalliques peut s'unir avec l'Argent, & en altérer la pureté : c'eſt pourquoi il vaut mieux ſe ſervir du premier moyen que nous avons donné.

VII. PROCEDE'.

*Diſſoudre l'Argent & le ſéparer d'avec
l'Or par la cémentation.*

MEslez enſemble exactement quatre parties de tuiles réduites en
poudre fine, une partie de Vitriol calciné au rouge, & une partie de Sel marin
ou de Nitre, & mouillez un peu cette
poudre avec de l'eau. Garniſſez de ce
cément le fond d'un creuſet, à la hauteur d'un demi pouce : placez ſur ce
premier lit une petite lame du mêlange
d'Or & d'Argent que vous voudrez cémenter, & que vous aurez eu d'abord
la précaution de réduire ainſi en petites
lames. Couvrez cette lame d'une ſeconde couche de cément, de la même épaiſſeur que la premiere : mettez ſur cette
ſeconde couche une autre lame du métal : couvrez-la pareillement de cément,
& empliſſez de cette maniere le creuſet
juſqu'à un demi pouce de diſtance de
ſon bord ſupérieur. Achevez d'emplir
le creuſet avec du cément, & couvrez-
le avec un couvercle que vous lutterez
avec de la terre à four détrempée avec

de l'eau : placez votre creuset ainsi disposé dans un fourneau dont le foyer ait assés de profondeur pour l'entourer en entier , & jusqu'à son bord supérieur. Allumez du charbon dans le fourneau , ensorte que le feu ne soit pas d'abord bien vif : augmentez-le par degrés jusqu'au point seulement de faire rougir médiocrement le creuset : entretenez le feu à ce degré pendant dix-huit ou vingt heures : laissez après ce temps éteindre le feu : ouvrez le creuset quand il sera refroidi , & séparez le cément d'avec les lames d'Or. Faites bouillir cet Or dans de l'eau pure à plusieurs reprises , jusqu'à ce que l'eau soit entierement insipide.

REMARQUES.

Il doit paroître étonnant , après ce que nous avons dit de l'Acide du Sel marin , qui ne peut dissoudre l'Argent , que nous prescrivions indifféremment de faire entrer du Nitre ou du Sel marin dans le cément , qui doit produire un Acide capable de ronger tout l'Argent qui est mêlé avec l'Or. On conçoit bien que l'Acide nitreux dégagé du Nitre par l'intermède de l'Acide vitriolique , est très propre à produire cet effet ; mais fi c'eſt du Sel marin au lieu de Nitre qu'on fait entrer dans le cément, ſon Acide, quoique dégagé de même par le vitriolique, doit paroître inſuffiſant.

Il eſt néceſſaire, pour lever cette difficulté, que nous faſſions remarquer ici qu'il y a deux différences très-eſſentielles entre l'Acide marin raſſemblé en liqueur, comme il eſt lorſqu'on l'a diſtillé à la maniere ordinaire, & ce même Acide ſéparé de ſa bâſe dans un creuſet, comme dans la cémentation.

La premiere de ces deux différences eſt, que l'Acide ſe trouve réduit en vapeurs lorſqu'il agit ſur l'Argent dans la cémentation, ce qui facilite beaucoup ſon action : & la ſeconde, c'eſt qu'il éprouve dans le creuſet un degré de chaleur infiniment ſupérieur à celui qu'il peut éprouver lorſqu'il eſt ſous la forme de liqueur. Car lorſqu'il eſt une fois diſtillé & ſéparé de ſa bâſe, il ne peut ſoutenir un degré de chaleur un peu fort ſans ſe volatiliſer, & ſe diſſiper entierement : au lieu que lorſqu'il eſt encore engagé dans ſa bâſe, il eſt beaucoup plus fixe, & demande même une chaleur très-conſidérable pour en être ſéparé. Si par conféquent il trouve quelque matiere à diffoudre dans l'inftant même qu'il vient d'être féparé de fa bâfe, & qu'il eft pénétré d'une chaleur beaucoup plus forte que celle qu'il peut éprouver dans toute autre occafion, il doit agir deffus d'une maniere beaucoup plus efficace : & c'eft par ce moyen qu'il eft en état, dans la cémentation, de diffoudre l'Argent, fur lequel il ne pourroit mordre s'il n'étoit point ainfi difpofé.

Mais il n'en eft pas de l'Or comme de l'Argent ; car quelque force qu'aient les Acides, foit nitreux foit marin, lorfqu'ils font dégagés dans le creufet de la cémentation, ce métal n'en eft pas plus difpofé à céder à l'action de l'un ou de l'autre feparément, & ne fe laiffe jamais diffoudre par ces deux Acides, que lorfqu'ils font réunis enfemble.

Cette cémentation eft donc un vrai départ qui fe fait par la voie féche. L'Argent fe diffout, & l'Or demeure inaltérable : & même comme l'action des Acides eft beaucoup plus forte quand on emploie ce moyen, que quand on fe fert de la diffolution par la voie humide, l'Acide nitreux qui dans le départ ordinaire ne peut diffoudre l'Argent, que quand

quand fon poids eft double de celui de l'Or, eft en état dans la cémentation de diffoudre une très-petite quantité d'Argent diftribuée dans beaucoup d'Or.

Il arrive quelquefois qu'après l'opération le cément eft extrêmement dur, enforte qu'on a beaucoup de peine à le féparer entierement d'avec l'Or ; il faut dans ce cas le mouiller avec de l'eau chaude pour l'amollir. Cette dureté qu'acquiert le cément eft occafionnée par la fufion des Sels ; ce qui arrive lorfqu'ils ont éprouvé une trop forte chaleur. C'eft afin qu'ils puiffent éprouver un degré de chaleur convenable, fans entrer ainfi en fufion, qu'on mêle dans le cément une affés grande quantité de matiere terreufe incapable de fe fondre, telle qu'eft la brique pilée. L'inconvénient feroit encore plus grand, fi le feu étoit affés fort pour fondre l'Or ; car il fe remêleroit pour lors en partie avec les autres fubftances métalliques que le cément auroit mifes en diffolution, & par conféquent ne feroit pas purifié.

On ferme le creufet, & on lutte le couvercle, pour empêcher les vapeurs acides de fe diffiper fi promptement, & les faire circuler plus long-temps dans le creuſet. Il eſt cependant néceſſaire que ces vapeurs trouvent enfin une iſſue, autrement elles briſeroient le vaiſſeau; c'eſt pourquoi nous avons preſcrit de ne lutter le couvercle qu'avec de la terre à four, qui ne ſe durciſſant point beaucoup par l'action du feu, eſt en état de céder & de donner des iſſues aux vapeurs, lorſqu'il y en a une certaine quantité d'amaſſée dans le creuſet, & qu'elles commencent à faire effort de tous les côtés pour s'échapper.

L'Argent qui a été diſſous par l'Acide du cément, eſt après l'opération diſtribué en partie dans le cément, & en partie dans l'Or même qui en eſt imprégné: c'eſt pourquoi il faut laver l'Or avec de l'eau bouillante à pluſieurs repriſes, juſqu'à ce qu'elle ſoit abſolument inſipide, parceque ſans cette précaution, quand on viendroit à refondre l'Or, il ſe remêleroit avec l'Argent: on peut de même laver le cément pour en retirer l'Argent.

Quoique cette cémentation ſoit à proprement parler une purification de l'Or, nous l'avons cependant placée au nombre des procédés qui ſe font ſur l'Argent, parceque c'eſt l'Argent qui eſt diſſous dans cette occaſion, & que c'eſt une ma-

niere particuliere de diſſoudre ce métal.
D'ailleurs, la plupart des procédés que
nous avons donnés tant ſur l'Or que ſur
l'Argent, ſont communs à ces deux métaux.

Si après la cémentation, l'Or ne ſe
trouvoit pas bien pur, il faudroit la recommencer une ſeconde fois.

Il y a pluſieurs moyens pour connoître le degré de pureté de l'Or, la quantité d'Argent dont il eſt allié, & la proportion dans laquelle ces deux métaux
ſont mêlés dans une maſſe qui a été purifiée par la coupelle.

Un des plus ſimples eſt l'épreuve par
la Pierre de touche. Ce n'eſt autre choſe, en quelque ſorte, que de juger par la
couleur du métal compoſé, & à la ſimple vûe, de la quantité d'Or & d'Argent
dont il eſt compoſé.

La Pierre de touche eſt une eſpece de
marbre noir, dont la ſurface doit être à
demi polie. Si on frotte ſur cette Pierre
la maſſe métallique dont on veut juger,
elle y laiſſe une petite ſuperficie de métal dont on peut voir facilement la couleur. Ceux qui ſont dans l'habitude de
voir & de manier ſouvent l'Or & l'Argent, jugent d'abord à peu près ſur cet

échantillon, de la proportion dans laquelle ces métaux sont combinez : mais pour avoir encore plus de justesse , les personnes qui sont dans le cas d'avoir souvent besoin de cette épreuve , ont un nombre suffisant de petites masses ou aiguilles , dont l'une est d'Or pur , une autre d'Argent pur , & toutes les autres sont composées de ces deux métaux mêlés ensemble dans différentes proportions , en suivant les karats , ou des fractions de karats , si on veut plus de précision.

Le titre de chaque aiguille est marqué dessus ; on frotte , à côté de la marque qui est sur la Pierre de touche, celle des aiguilles dont la couleur paroît approcher le plus de celle de cette trace métallique. Cette aiguille y laisse aussi une trace : & s'il ne paroît aucune différence entre les deux traces métalliques, on juge que la masse métallique est au même titre que l'aiguille qu'on lui a comparée. S'il se trouve une différence fensible à la vûe , on cherche une autre aiguille dont la couleur approche davantage de celle du métal qu'on examine. Mais quelqu'exercé que l'on soit à juger ainsi à la simple vûe du titre de l'Or, on ne peut jamais avoir par ce seul moyen une connoissance absolument exacte de son titre. Si on veut acquérir cette connoissance, il faut avoir recours au départ ; encore quand on le fait, il reste toujours une petite portion du métal qui devoit être dissous, & qui échappe à l'action du dissolvant. Par exemple, si on s'est servi de l'Eau-régale, l'Argent qui reste après l'opération contient encore un peu d'Or ; & si c'est l'Eau-forte qu'on a employé, l'Or qui reste après le départ contient encore un peu d'Argent. Ainsi quand on veut pousser plus loin la séparation de ces deux métaux, par les dissolvans, il faut après avoir fait un premier départ, en faire un second, par la voie contraire : par exemple, si on s'est servi de l'Eau-forte, il faut quand elle a dissous tout ce qu'elle peut dissoudre de l'Argent contenu de la masse métallique, faire dissoudre dans l'Eau-régale l'Or qui reste : on en sépare par ce moyen la petite quantité d'Argent que l'Eauforte y avoit laissée : & faire le contraire si on a d'abord employé l'Eau-régale.

CHAPITRE III.

Du Cuivre.

PREMIER PROCEDE'.

Séparer le cuivre de sa mine.

RÉDUISEZ en poudre fine la mine de Cuivre, de laquelle vous aurez d'abord séparé les parties pierreuses, terreuses, sulphureuses & arsenicales, le plus exactement qu'il vous aura été possible, par la lotion, & la torréfaction. Mêlez cette poudre ainsi pulvérisée, avec le triple de son poids de flux noir : mettez ce mêlange dans un creuset : ajoûtez par-dessus du Sel commun, jusqu'à la hauteur d'un demi-pouce, & pressez le tout avec les doigts. Il faut que le creuset ne soit qu'à moitié plein. Placez-le dans un fourneau de fusion : allumez le feu par degrés, & augmentez-le insensiblement, jusqu'à ce que vous entendiez décrépiter le Sel marin. Quand la décrépitation sera achevée, faites rougir le creuset médiocrement pendant un demi-quart-d'heure. Augmentez alors le feu confidérablement , en excitant fon action par le moyen d'un bon foufflet à deux vents , enforte que le creufet foit très-rouge , & embrafé. Entretenez le feu à ce degré environ pendant un quart-d'heure. Otez après ce temps le creufet , & frappez de quelques coups de marteau le plancher fur lequel vous l'aurez pofé. Caffez-le lorfqu'il fera refroidi. Si l'opération a été bien faite & a réuffi , vous trouverez au fond de ce vaiffeau un Régule dur, d'un jaune brillant & demi-malléable, fur lequel il y aura des fcories d'un jaune roux , dures & brillantes, d'avec lefquelles vous féparerez le Régule à coups de marteau.

REMARQUES.

Le Cuivre eft ordinairement confondu dans fa mine avec plufieurs autres fubftances métalliques , & avec des minéraux volatils, tels que le Soufre & l'Arfenic : fouvent même les mines de Cuivre participent de la nature des pyrites , & contiennent une terre martiale & une terre non métallique, qui font l'une & l'autre entierement réfractaires, & empêchent la mine de fe fondre. Il faut dans ce cas ajoûter parties égales de verre fufible, un peu de Borax, & quatre parties de flux noir ; le tout pour faciliter la fufion. Le flux noir eft encore néceffaire pour donner au Cuivre le phlogiftique dont il manque, ou lui rendre celui dont il pourroit être privé pendant la fufion. Il eft néceffaire en général, par cette raifon, d'ajoûter du flux noir ou quelque matiere abondante en phlogiftique, dans toutes les fufions de mines qui ne font pas d'Or ou d'Argent.

Le Régule qu'on trouve après l'opération n'eft point malléable, parceque ce n'eft point du Cuivre pur, mais un mêlange de Cuivre avec les autres fubftances métalliques qui étoient dans la mine, excepté celles qui en ont été féparées par la torréfaction, qui ne s'y trouvent qu'en petite quantité.

Suivant la nature des matieres métalliques qui reftent confondues avec le Cuivre après cette fufion, le Régule a une couleur femblable à celle du Cuivre pur, ou bien il tire fur le blanc : fouvent même il eft noirâtre, ce qui lui fait donner le nom de Cuivre noir. Quand il eft dans cet état, & même en général, il eft affés d'ufage de le nommer Cuivre

noir,

noir, toutes les fois qu'il est allié avec d'autres substances métalliques, qui l'empêchent d'être malléable, quelque couleur qu'il ait d'ailleurs.

On voit par-là qu'il peut y avoir du Cuivre noir de bien des especes différentes. Le Fer, le Plomb, l'Etain, la partie réguline de l'Antimoine, le Bismuth, font presque toujours combinés avec les mines de Cuivre dans une infinité de proportions différentes; & toutes ces substances réduites pendant l'opération par le flux noir, se mêlent & se précipitent avec le Cuivre. Si la mine contient aussi de l'Or & de l'Argent, comme cela arrive assés souvent, ces deux métaux font aussi confondus avec les autres dans la précipitation, & font partie du Cuivre noir.

On peut faire une premiere fusion des mines de Cuivre pyriteuses, sulphureuses & arsenicales avant de les avoir torréfiées, pour en séparer d'abord les parties hétérogènes les plus grossieres; mais il faut dans ce cas ne point mêler avec la mine de flux de qualité alkaline, parceque l'Alkali se combinant avec le Soufre, formeroit un foie du Soufre, qui dissoudroit la partie métallique; ensorte que tout demeureroit confondu, & qu'il ne se précipiteroit point ou presque point de Régule. Ainsi il ne faut ajoûter dans cette occasion, pour faciliter la fusion, que du verre tendre & fusible, avec une petite quantité de Borax.

On peut aussi faire cette premiere fusion à travers les charbons, & mettre la mine dans le fourneau sans creuset : il faut pour lors qu'il y ait sous la grille du foyer un vase de terre, très-chaud & même rouge, pour recevoir la mine à mesure qu'elle se fond.

Le Régule qu'on obtient par ce moyen est beaucoup moins pur, & beaucoup plus fragile que le Cuivre noir, parcequ'il contient de plus une grande quantité de Soufre & d'Arsenic ; ces substances volatiles n'ayant pu se dissiper pendant le peu de temps nécessaire pour fondre la mine, & ne pouvant même être enlevées par le feu, quand on employeroit le temps convenable pour cela, lorsque la mine est une fois fondue. Il s'en dissipe néanmoins une certaine quantité, & le Fer qui est dans les mines pyriteuses ayant beaucoup plus d'affinité que le Cuivre, & même que les autres substances métalliques avec le Sou-

fre & l'Arſenic, abſorbe une partie de
ces matieres, & les ſépare du Régule.

Ce Régule, comme on le voit, contient donc encore toutes les mêmes parties que la mine. Il n'y a que les proportions qui ſont changées, en ce qu'il
y a une plus grande quantité de Cuivre
& une moindre quantité de Soufre,
d'Arſenic & de terre non métallique, qui
ont été diſſipés & réduits en ſcories. Si
donc on veut le rendre ſemblable au
Cuivre noir, il faut le réduire en poudre, & le torréfier à pluſieurs repriſes,
pour en ſéparer le Soufre & l'Arſenic,
puis le fondre avec le flux noir.

Si ce Régule contenoit une grande
quantité de Fer, il ſeroit bon de le faire
fondre une fois ou deux, avant que tout
le Soufre & l'Arſenic en fuſſent ſéparés
par la torréfaction, parceque de même
que le Fer en s'uniſſant avec ces ſubſtances volatiles, les ſépare d'avec le Cuivre
avec lequel elles ont moins d'affinité; le
Soufre & l'Arſenic en s'uniſſant avec le
Fer, ſervent auſſi réciproquement à ſéparer le Fer d'avec le Cuivre.

II. PROCEDE'.

Purifier le Cuivre noir , & le rendre
malléable.

REDUISEZ en petits morceaux le Cuivre noir que vous voudrez purifier : mêlez-y le tiers de son poids de Plomb en grenaille, & mettez le tout dans une coupelle placée sous la moufle de son fourneau, que vous aurez eu soin d'abord de faire bien rougir. Aussitôt que les métaux seront dans la coupelle, augmentez le feu considérablement, en vous servant, s'il est nécessaire, d'un soufflet à deux vents, pour faire fondre promptement le Cuivre. Lorsqu'il sera bien en fusion, diminuez un peu le feu, & entretenez-le seulement au point nécessaire pour tenir en fusion parfaite la masse métallique. La matiere en fusion sera bouillante, & il se formera des scories qui s'absorberont dans la coupelle.

Quand la plus grande partie du Plomb sera consumée, augmentez encore le feu, jusqu'à ce que la surface du Cuivre devenue claire & brillante, dénote que tout l'alliage du Cuivre en est séparé. Aussitôt que le Cuivre fera en cet état, couvrez-le de poudre de charbon, que vous mettrez dans la coupelle avec une cuillere de fer. Retirez alors la coupelle du fourneau, & la laiſſez refroidir.

REMARQUES.

Le Cuivre eſt, après l'Or & l'Argent, celui de tous les métaux qui ſoutient le plus long-temps la fuſion ſans perdre ſon phlogiſtique : c'eſt ſur cette propriété qu'eſt fondé le procédé que nous venons de donner pour le purifier.

Il eſt eſſentiel que le Cuivre entre en fuſion auſſitôt qu'il eſt dans la coupelle, parcequ'il a la propriété de ſe calciner beaucoup plus facilement, & beaucoup plus vîte lorſqu'il eſt ſimplement rouge, que lorſqu'il eſt fondu. C'eſt pour cela que nous avons preſcrit d'augmenter conſidérablement le feu auſſitôt que le Cuivre eſt ſous la moufle, enſorte qu'il entre promptement en fuſion. Il ne faut pas cependant qu'il éprouve un degré de feu trop violent ; car quand il n'eſt expoſé qu'au degré de chaleur néceſſaire pour le tenir ſeulement en fuſion, il eſt dans l'état le plus favorable pour perdre le moins qu'il eſt poſſible de ſon phlo-

giftique ; & fi la chaleur eft plus forte,
il s'en calcine une quantité plus confidérable. Il convient donc de diminuer le
feu auffitôt qu'il eft en fufion, & de le
réduire au degré convenable pour entretenir fimplement cette fufion.

Le Plomb qu'on ajoûte dans cette
occafion, eft deftiné à faciliter & à accé-
lérer la fcorification des fubftances métalliques alliées avec le Cuivre. Il arrive
donc à peu près la même chofe dans cette occafion, que lorfqu'on affine l'Or
& l'Argent dans la coupelle. La feule
différence qu'il y ait entre cet affinage
du Cuivre, & celui des métaux parfaits,
c'eft que ces derniers, comme nous l'a-
vons vu, réfiftent abfolument à l'action
du feu & à celle du Plomb fans fouffrir
la moindre altération, au lieu qu'il y a
une partie affés confidérable du Cuivre
qui fe calcine & qui fe détruit, lorfqu'on
le purifie ainfi à la coupelle. Il fe détrui-
roit même en entier, fi on ajoûtoit une
plus grande quantité de Plomb, ou qu'on
le laifsât trop long-temps dans le fourneau. C'eft pour en conferver le plus
qu'il eft poffible, que nous avons prefcrit, de le couvrir de poudre de charbon auffitôt que la fcorification eft faite.

Le Plomb fert encore à féparer promptement d'avec le Cuivre le Fer avec lequel il pourroit être allié. Le Fer & le
Plomb ne peuvent point contracter d'u-
nion enfemble : ainfi, à mefure que le
Plomb s'unit avec le Cuivre, il en fépare le Fer, qui eft exclus du mêlange. Par
la même raifon, fi le Fer étoit combiné
en grande proportion avec le Cuivre,
il empêcheroit le Plomb de s'introduire
dans ce mêlange; or, comme il eft néceffaire de chauffer plus vivement, & de
tenir plus long-temps en fufion le Cuivre qu'on veut mêler avec du Plomb,
quand ce Cuivre fe trouve allié avec une
certaine quantité de Fer, il faut dans
cette occafion ajoûter du flux noir, pour
empêcher le Cuivre & le Plomb de fe
calciner avant que le mêlange ait pu fe
faire.

Le Cuivre, après avoir été purifié par
le moyen que nous venons de donner,
eft beau & malléable : il n'eft plus allié
avec aucune autre fubftance métallique,
excepté l'Or & l'Argent, s'il y en avoit
dans le mêlange. En cas qu'on voulût
retirer cet Or & cet Argent, il faudroit
avoir recours à l'opération de la coupelle. Le procédé que nous venons de don-

X iv

ner pour la purification du Cuivre n'eſt pas d'uſage dans le travail en grand, parcequ'il ſeroit beaucoup trop couteux. On ſe contente, pour purifier le Cuivre noir, & lui donner la malléabilité, de le torréfier, & de le faire fondre à pluſieurs repriſes, pour diſſiper par la ſublimation les ſubſtances métalliques qui ſont moins fixes que lui, & ſcorifier les autres par la fuſion.

III. PROCEDE'.

Priver le Cuivre de ſon phlogiſtique par la calcination.

METTEZ dans un têt à rôtir, du Cuivre réduit en limaille : placez ce têt ſous la mouffle d'un fourneau de coupelle : allumez le fourneau, & entretenez un degré de feu capable de faire bien rougir le tout ; mais pas aſſés fort pour faire fondre le Cuivre. La ſuperficie du Cuivre perdra peu à peu ſon brillant métallique, & prendra l'apparence d'une terre rougeâtre. Remuez de temps en temps la limaille avec une petite verge de cuivre ou de fer, & laiſſez votre métal expoſé au même degré de feu jufqu'à ce qu'il foit entierement calciné.

REMARQUES.

Nous avons vu dans les remarques fur le précédent procédé, que le Cuivre en fufion fe calcine moins vîte & moins facilement que quand il éprouve un degré de chaleur capable de le tenir feulement bien rouge, fans le faire fondre : c'eft pour cela que nous avons preferit dans celui-ci, où il s'agit de le calciner, de ne lui donner que ce degré de chaleur.

Le fourneau de coupelle eft le plus propre à cette opération, parceque la mouffle peut recevoir un vaiffeau évafé tel qu'il convient qu'il foit pour cette opération, & lui tranfmettre beaucoup de chaleur, en empêchant en même temps qu'il ne tombe dedans quelques charbons, qui rendant du phlogiftique au Cuivre, nuiroient beaucoup à l'opération, & la prolongeroient confidérablement.

Comme le Cuivre eft très-difficile à calciner, cette opération eft extrêmement longue ; & quoique le Cuivre ait été ainfi expofé au feu pendant plufieurs jours & plusieurs nuits, & qu'il paroisse entierement calciné, cependant il arrive souvent que si on vient à le fondre ensuite, il y en a une partie qui reparoît sous la forme de Cuivre : ce qui prouve qu'il y avoit encore du Cuivre qui n'avoit pas été privé de son phlogistique. On parvient bien plus promptement à dépouiller le Cuivre de son phlogistique, en le calcinant dans un creuset avec le Nitre.

La chaux du Cuivre absolument calcinée, est très-difficile à mettre en fusion : exposée cependant au foyer d'un grand verre ardent, elle se fond & se change en un verre rougeâtre & presque opaque.

On peut, par le procédé que nous venons de donner, calciner de même toutes les autres substances métalliques qui n'entrent en fusion que lorsqu'elles sont bien rouges. A l'égard de celles qui se fondent avant de rougir, elles se calcinent assés bien lors même qu'elles sont fondues.

IV. PROCEDE'.

Reſſuſciter la chaux de Cuivre, & la réduire en Cuivre, en lui rendant du phlogiſtique.

MEslez la chaux de Cuivre avec trois fois autant de flux noir : mettez le mêlange dans un bon creuſet qui ne ſoit rempli que juſqu'aux deux tiers : ajoûtez par-deſſus le mêlange l'épaiſſeur d'un doigt de Sel marin. Couvrez le creuſet, & le placez dans un fourneau de fuſion : échauffez-le doucement, & entretenez-le médiocrement rouge, juſqu'à ce que la décrépitation du Sel marin ſoit achevée. Augmentez alors le feu conſidérablement, par le moyen d'un bon ſouflet à deux vents : aſſurez-vous que la matiere eſt bien en fuſion, en plongeant dans le creuſet une verge de fer : entretenez le feu à ce degré pendant un demi-quart-d'heure. Le creuſet étant refroidi, vous trouverez au fond un culot de très-beau Cuivre, que vous ſéparerez facilement d'avec les ſcories ſalines qui ſont deſſus.

REMARQUES.

Ce que nous avons dit fur la fufion des mines de Cuivre, doit s'appliquer à ce procédé, qui eft le même. Il faut donc confulter là-deffus les remarques & les explications que nous y avons jointes.

V. PROCEDE'.

Diffoudre le Cuivre dans les Acides minéraux.

PLACEZ fur un bain de fable, d'une chaleur fort douce, un matras dans lequel vous aurez mis du Cuivre réduit en limaille : verfez deffus le double du poids du Cuivre d'huile de Vitriol. Cet Acide ne tardera pas à attaquer le Cuivre. Il s'élevera des vapeurs qui fortiront par le col du matras. Une infinité de bulles s'éleveront de deffus la furface du métal, jufqu'à celle de la liqueur. Cette liqueur deviendra d'une belle couleur bleue. Quand le Cuivre fera diffous, remettez-en peu à peu dans le matras, jufqu'à ce que vous vous apperceviez que l'Acide ne l'attaque plus. Décantez

pour lors la liqueur, & la laissez reposer dans un lieu frais. Il s'y formera en
peu de temps une grande quantité de
beaux cristaux bleus, qui se nomment
Vitriol de Cuivre, ou *Vitriol bleu*. Ces
cristaux se dissolvent facilement dans
l'eau.

REMARQUES.

L'Acide vitriolique dissout très-bien
le Cuivre, qui d'ailleurs est dissoluble
dans tous les Acides, & même dans beaucoup d'autres menstrues.

On pourroit séparer cet Acide d'avec
le Cuivre qu'il a dissous, par la seule distillation; mais il faut pour cela un feu
de la derniere violence. Le Cuivre qui
reste après cette distillation a besoin d'ê-
tre fondu avec du flux noir, si on veut
le faire reparoître sous sa forme naturelle, tant parcequ'il reste toujours une
portion d'Acide unie avec le métal, que
parceque ce métal a été privé d'une partie de son phlogistique dans la dissolution. Le flux noir est très-propre à absorber l'Acide qui est demeuré uni avec
le Cuivre, & à lui rendre la portion de
phlogistique qu'il a perdue.

La maniere la plus usitée de séparer

le Cuivre d'avec l'Acide vitriolique, est
de préfenter à cet Acide un métal qui
ait plus d'affinité avec lui que le Cuivre.
Le Fer, qui eft dans ce cas, eft par conféquent propre à opérer cette féparation. Si donc on plonge dans une diffolution de Vitriol bleu des lames de Fer
bien nettes, l'Acide commence en peu
de temps à agir deffus : & à mefure qu'il
les diffout, il dépofe à leur furface une
portion de Cuivre proportionnée à la
quantité de Fer qu'il diffout. Ce Cuivre
ainfi précipité a l'apparence de petites
feuilles ou écailles extrêmement minces,
d'une belle couleur de cuivre. Il faut
avoir foin de fecouer de temps en temps
les lames de Fer, pour en faire tomber
ces écailles cuivreufes, qui les couvrant
enfin en entier, empêcheroient que l'A-
cide vitriolique n'attaquât le Fer, & ar-
rêteroient ainfi la précipitation du refte
du Cuivre.

Lorfque les furfaces nettes des lames
de Fer ne fe couvrent plus de ces écailles cuivreufes, on peut être affuré que
tout le Cuivre qui étoit dans la liqueur
eft précipité, & que cette liqueur qui
étoit avant la précipitation une diffolution de Vitriol bleu ou de Cuivre, eft

après cette précipitation une diſſolution de Vitriol verd ou de Fer. On fait donc en même temps deux opérations par ce moyen, ſçavoir, la précipitation du Cuivre, & la diſſolution du Fer.

Le Cuivre ainſi précipité n'a beſoin que d'être ſéparé de la liqueur par la filtration, & fondu avec un peu de flux noir, pour être de très-beau Cuivre malléable.

On peut auſſi précipiter le Cuivre de la diſſolution du Vitriol bleu, par l'interméde d'un Alkali fixe. Ce précipité eſt d'un verd bleu, & a beſoin d'une plus grande quantité de flux noir pour être réduit.

Le Cuivre ſe diſſout dans l'Acide nitreux, celui du Sel marin, & l'Eau-régale, & peut être ſéparé d'avec ces Acides par les mêmes moyens que nous venons de donner, pour l'Acide vitriolique.

CHAPITRE IV.
Du Fer.

PREMIER PROCEDE'.

Séparer le Fer de sa mine.

REDUISEZ en poudre grossiere les pierres ou terres ferrugineuses dont vous voudrez retirer du Fer : faites-les torréfier dans un têt à rôtir, sous la mouffle, pendant quelques minutes, & que le feu soit vif. Laissez-les ensuite refroidir, puis les réduisez en poudre fine, pour les exposer à une seconde torréfaction, qui doit durer jusqu'à ce qu'il ne sorte plus aucune odeur de la mine.

Mêlez ensuite avec cette mine un flux composé de trois parties de Nitre fixé par le Tartre, d'une partie de Verre fusible, & d'une demi-partie de Borax & de poudre de charbon. La dose de ce fondant réductif doit être trois fois le poids de la mine.

Mettez tout ce mêlange dans un bon creuset, & couvrez-le de Sel marin, à la hauteur d'un demi-doigt. Ajoûtez

par-

par-deſſus le couvercle du creuſet, que vous lutterez avec de la terre à four détrempée. Placez le creuſet, ainſi diſpoſé, dans un fourneau de fuſion que vous emplirez de charbon. Laiſſez le feu s'allumer de lui-même tranquillement, juſqu'à ce que le creuſet ſoit rouge. Lorſque le Sel marin ceſſera de décrépiter, augmentez le feu juſqu'à la derniere violence, en vous ſervant pour cela d'un ou même de pluſieurs ſouflets à deux vents. Entretenez ce degré de chaleur pendant trois quarts-d'heure ou une heure, obſervant de remplir toujours le fourneau de charbon nouveau pendant tout ce temps, à meſure que l'ancien ſe conſumera. Retirez le creuſet du fourneau après ce temps : frappez de quelques coups de marteau le plancher ſur lequel vous l'aurez poſé : laiſſez-le refroidir. Caſſez-le : vous y trouverez des ſcories & un Régule de Fer.

REMARQUES.

La torréfaction eſt néceſſaire aux mines de Fer comme à toutes les autres, pour en ſéparer, le plus qu'il eſt poſſible, les minéraux volatils, ſçavoir, le Soufre & l'Arſenic, qui, mêlez avec le

Fer, l'empêchent d'être malléable. Il est même d'autant plus nécessaire de torréfier ces sortes de mines , que le Fer est de toutes les substances métalliques celle qui a le plus d'affinité avec ces minéraux volatils , ensorte qu'il n'y en a aucune qui puisse servir d'intermède pour l'en séparer par la fusion & précipitation.

Les Alkalis fixes ont à la vérité plus d'affinité que le Fer avec le Soufre ; mais cette espece d'Alkali forme avec le Soufre une combinaison capable de dissoudre les métaux. Si donc on ne séparoit pas d'abord le Soufre par la torréfaction , & qu'on voulût se servir d'Alkali fixe pour le séparer d'avec le Fer par la fusion , le Foie de Soufre qui se formeroit dans cette opération , dissoudroit la partie ferrugineuse , & on ne trouveroit point, ou presque point de Régule après la fusion.

Les mines de Fer en général sont toutes réfractaires , & plus difficiles à mettre en fusion qu'aucune autre espece de mine : aussi faut-il dans ce procédé ajoûter beaucoup plus de fondans , & employer un degré de chaleur beaucoup plus violent que dans les autres fusions de mine. Une des causes qui contribuent

le plus à rendre ainſi ces mines réfractaires, eſt la propriété qu'a le Fer d'être
lui-même extrêmement difficile à mettre en fuſion, & de réſiſter d'autant plus
à l'action du feu, qu'il eſt plus pur, &
qu'il s'éloigne davantage de l'état minéral. Il eſt le ſeul, entre toutes les ſubſtances métalliques, qui ſoit moins fuſible
lorſqu'il eſt combiné avec la partie phlogiſtique qui lui donne la forme métallique, que quand il en eſt privé & ſous la
forme de chaux.

Dans le travail en grand, on fond la
mine de Fer à travers les charbons, dont
le phlogiſtique ſe combine avec la terre
ferrugineuſe, & lui donne la forme métallique. Le Fer ainſi fondu ſe raſſemble
au fond du fourneau, d'où on le fait couler dans de grands moules, dans leſquels
il prend la forme de longs priſmes, qui
ſe nomment *Gueuſes*. Ce Fer eſt encore
fort impur, & n'a point de malléabilité.
Ce défaut de ductilité du Fer fondu pour
la premiere fois, lui vient en partie de
ce que nonobſtant la torréfaction qu'on
a fait éprouver à la mine, il ſe trouve
encore après la fuſion une aſſés grande
quantité de Soufre ou d'Arſenic combinée avec le métal.

On mêle souvent avec la mine de Fer, avant de la mettre en fusion, une certaine quantité de chaux vive, ou de pierres propres à être converties en chaux. La chaux étant un absorbant terreux très-propre à s'unir au Soufre & à l'Arsenic, est utile pour séparer ces minéraux d'avec le Fer.

Il est encore avantageux d'en mêler avec la mine, lorsque les pierres ou terres qui accompagnent cette mine sont très-fusibles, parceque comme le Fer est de difficile fusion, il peut arriver que les matieres terreuses avec lesquelles il est mêlé se fondent aussi facilement, ou même plus facilement que lui. Il ne se fait point pour lors de séparation de la partie terreuse d'avec la métallique, qui se fondent & se précipitent ensemble confusément ; or la chaux qui est extrêmement réfractaire, sert dans cette occasion à rallentir la fusion de ces matieres trop fusibles.

La chaux, nonobstant sa qualité réfractaire, peut cependant quelquefois servir aussi de fondant au Fer : cela arrive lorsqu'il se rencontre dans la mine des substances, qui en se combinant avec elle la rendent fusible ; telles sont les matieres arſenicales, ou même certaines matieres terreuſes, qui combinées avec la chaux forment un compoſé fuſible.

Lorſque les mines de Fer ſont fort difficiles à réduire, on les abandonne ordinairement, quoiqu'elles ſoient riches, parceque comme le Fer eſt commun, on s'attache particulierement à exploiter les mines les plus aiſées à traiter, & qui exigent une moindre conſommation de bois.

Les mines réfractaires ne ſont cependant point ſans reſſource, quand elles ſont dans le voiſinage de quelqu'autre mine de Fer d'une qualité différente, parceque ſouvent deux mines de Fer qui exploitées ſéparément ſont très-difficiles à traiter, & ne fourniſſent que de mauvais Fer, deviennent fort traitables & fourniſſent d'excellent Fer quand on les mêle enſemble : auſſi arrive-t-il ſouvent qu'on fait ces ſortes de mélanges dans les travaux en grand.

Le Fer qu'on retire des mines à la premiere fuſion, peut être diviſé en deux eſpeces : l'une eſt de celui qui étant froid, réſiſte au marteau, ne ſe laiſſe point caſſer aiſément, & ſe laiſſe en quelque ſorte étendre ſous le marteau ; mais qui, lorfqu'il eft rouge & qu'on vient à le frapper, fe fépare en beaucoup de morceaux. Cette efpece de Fer eft toujours alliée de Soufre. L'autre efpece eft celui au contraire qui eft fragile lorfqu'il eft froid, & a de la ductilité lorfqu'il eft rouge; ce Fer n'eft point fulphuré, eft naturellement d'une bonne qualité, & fa fragilité ne lui vient que de ce que les parties métalliques ne font point fuffifamment rapprochées les unes des autres.

Le Fer eft fi abondant & fi univerfellement répandu fur la terre, qu'il eft difficile de trouver des corps qui n'en contiennent pas: c'eft ce qui a induit en erreur plufieurs Chymiftes, même d'un grand nom, qui ont cru avoir changé en Fer plufieurs efpeces de terres dans lefquelles ils ne foupçonnoient pas de Fer, en combinant ces terres avec une matiere inflammable; au lieu qu'ils n'ont fait effectivement que donner la forme métallique à une terre vraiment ferrugineufe qui fe trouvoit mêlée avec d'autres.

II. PROCEDE'.

Donner de la malléabilité à la fonte
& au Fer aigre,

METTEZ dans un vaiſſeau de terre
évaſé, dont l'intérieur ſoit garni
de charbon pulvériſé, la fonte que vous
voudrez rendre ductile : couvrez-la entierement de beaucoup de charbon :
pouſſez le feu vivement avec un ou pluſieurs ſouflets à deux vents, enſorte que
le Fer ſe fonde. S'il n'entre point promptement en fuſion, & qu'il ne ſe forme
point à ſa ſurface beaucoup de ſcories,
ajoûtez-y quelque fondant, comme du
ſable bien fuſible. Lorſque la matiere ſera fondue, remuez-la de temps en temps,
afin que toutes ſes parties éprouvent
également l'action de l'air & du feu. Il
ſe formera à la ſuperficie du Fer fondu
des ſcories qu'il faut retirer de temps en
temps. Vous verrez en même temps un
grand nombre d'étincelles s'élancer de
la ſurface du métal, & former une eſpece de pluie de feu. A meſure que le
Fer s'épure, le nombre de ces étincelles
diminue, ſans cependant qu'elles ceſſent

jamais entierement. Lorfqu'il ne fortira plus que peu d'étincelles, ôtez les charbons qui couvrent le Fer, & faites couler les fcories hors du vaiffeau. Le Fer deviendra folide en un moment. Enlevez-le encore tout rouge, & donnez-lui quelques coups de marteau, pour voir s'il a de la ductilité. S'il n'eft point encore malléable, recommencez une feconde fois l'opération, de la même maniere que la premiere fois. Enfin, lorfqu'il fera fuffifamment purifié par le feu, frappez-le long-temps à coups de marteau, pour l'étendre en différens fens, en le faifant rougir à plufieurs reprifes. Le Fer amené au point de ductilité néceffaire pour bien obéir au marteau, & fe laiffer étendre en tous fens, foit à chaud, foit à froid fans fe caffer, ni même contracter de fentes, eft très-bon & très-pur. Si on ne peut l'amener à ce point par les moyens que nous venons de donner, cela indique que la mine dont on a tiré ce Fer, doit être mêlée avec d'autres mines : ce qui demande fouvent bien des tentatives avant qu'on puiffe fçavoir au jufte la quantité & la proportion des mines avec laquelle il faut la mêler.

REMAR-

REMARQUES.

La fragilité & l'aigreur de la fonte, lui viennent des parties étrangeres qu'elle contient, & dont elle n'a pu être séparée par la premiere fusion. Ces matieres hétérogènes sont ordinairement du Soufre, de l'Arsenic, une terre non métallique, ou une terre ferrugineuse; mais qui n'a pu être combinée comme il convient avec le phlogistique pour avoir les propriétés métalliques, & qui doit être regardée comme hétérogène par rapport aux parties ferrugineuses bien conditionnées.

Les nouvelles fusions qu'on fait éprouver à la fonte, la débarrassent de ces matieres hétérogènes, en dissipant celles qui sont volatiles, comme le Soufre & l'Arsenic, & en scorifiant les matieres non métalliques. Pour ce qui est de la terre ferrugineuse qui n'a pas sa forme métallique, elle devient de vrai Fer, parcequ'elle trouve dans les charbons dont elle est environnée, une quantité suffisante de phlogistique pour se réduire en métal. Le charbon est encore nécessaire dans cette occasion, pour fournir continuellement du phlogistique au

Fer qui fans cela fe réduiroit en chaux.

Les coups de marteau dont on frappe le fer rouge à plufieurs reprifes après les fufions, fervent à faire fortir d'entre les parties ferrugineufes les matieres terreufes qui pourroient y être reftées, & à lier enfemble les parties métalliques auparavant défunies par l'interpofition de ces matieres hétérogènes.

III. PROCEDE'.

Convertir le Fer en Acier.

PRENEZ de petites verges du meilleur Fer, c'eft-à-dire, de celui qui eft malléable, foit lorfqu'il eft chaud, foit lorfqu'il eft froid : placez-les verticalement dans un vaiffeau de terre cylindrique, de même hauteur, enforte qu'elles foient féparées les unes des autres, & des parois du creufet, par un intervalle d'un pouce. Empliffez le vaiffeau avec un cément compofé de deux parties de charbon, d'une partie d'os brûlés dans un vaiffeau clos, jufqu'à ce qu'ils foient devenus bien noirs, & d'une demi-partie de cendres de bois neuf ; le tout bien pulvérifé & mêlé enfemble. Ayez foin de lever un peu les verges de Fer, afin que le cément puiſſe couvrir le fond du creuſet, & qu'il s'en trouve environ l'é-paiſſeur d'un demi-pouce ſous chaque verge, couvrez le creuſet & luttez-en le couvercle.

Placez le creuſet ainſi diſpoſé dans un fourneau conſtruit de maniere que le creuſet puiſſe être entouré de charbon depuis le bas juſqu'au couvercle ; en-tretenez pendant huit à dix heures un degré de feu tel que le vaiſſeau ſoit mé-diocrement rouge : après ce temps, reti-rez-le du fourneau , & plongez dans l'eau froide vos petites barres de Fer encore toutes rouges, elles feront con-verties en Acier.

REMARQUES.

La principale différence qu'il y a en-tre le Fer & l'Acier, c'eſt que ce dernier eſt uni à une plus grande quantité de phlogiſtique.

Il n'eſt pas néceſſaire, comme on le voit par cette expérience, que le Fer ſoit en fuſion pour ſe combiner avec la matiere inflammable ; il ſuffit qu'il ſoit rouge, ouvert, & amolli par le feu.

Toutes les matieres charbonneuſes

font propres à entrer dans la compofition du cément qu'on emploie pour
faire l'Acier, pourvû qu'elles ne contiennent point d'Acide vitriolique. On
a remarqué cependant, que celles qui
font tirées des animaux produifent un
effet plus prompt que les autres : c'eft
pour cela qu'il eft bon d'en mêler, comme nous l'avons prefcrit, avec la poudre
de charbon.

On juge que l'opération a réuffi, &
que le Fer a été changé en bon Acier,
par les fignes fuivans.

Ce métal, après avoir été trempé
comme nous l'avons dit, acquiert une fi
grande dureté, qu'il ne céde en aucune
maniere aux impreffions de la lime ni
du marteau, & qu'il fe laiffe plutôt caffer, que de s'étendre. Sur quoi il faut
remarquer que cette dureté de l'Acier
varie fuivant la maniere dont il eft trempé. La regle générale là-deffus, eft que
plus il eft chaud lorfqu'on le trempe, &
plus l'eau dans laquelle on le trempe eft
froide, plus il devient dur. On peut lui
enlever la dureté qu'il a acquife par la
trempe, en le faifant rougir & en le
laiffant refroidir lentement, ce qui s'appelle le détremper. Il devient pour lors

malléable, & se laisse entamer par la lime : c'est pourquoi les ouvriers qui travaillent l'Acier, commencent par le détremper, pour lui donner avec plus de facilité la figure de l'outil qu'ils en veulent faire. Ils retrempent ensuite l'outil lorsqu'il est fait, & l'Acier acquiert autant de dureté par cette seconde trempe, qu'il en avoit après la premiere.

L'Acier a une couleur moins blanche & plus sombre que celle du Fer, & les grains, facettes ou filets qui paroissent dans sa cassure, sont plus fins que ceux qu'on observe dans le Fer.

Si les barres de Fer qu'on a transformées en Acier par la cémentation, étoient fort grosses, ou qu'on ne les laissât point cémenter assés long-temps, elles ne seroient point changées en Acier dans toute leur épaisseur. Il n'y auroit que la superficie qui le seroit jusqu'à une certaine profondeur, & le centre ne seroit que du Fer, parceque le phlogistique n'auroit pu les pénétrer entierement. La cassure d'une barre de cette espece est très-propre à faire voir la différence qu'il y a entre la couleur & les grains de l'Acier, & ceux du Fer.

Il est facile d'enlever à l'Acier la quan-

tité surabondante de phlogistique qui le
constitue Acier, & de le réduire en Fer :
il ne faut pour cela que le tenir rouge
pendant un certain temps, en observant
de ne le point laisser environné pendant
ce temps, d'aucune matiere capable de
lui refournir le phlogistique que le feu
lui enleve. On y parvient encore plutôt
en le cémentant avec des matieres mai-
gres capables d'absorber le phlogistique,
telles que sont les os calcinés en blancheur, & les terres crétacées.

On peut aussi faire de l'Acier par la
fusion, ou convertir la fonte en Acier.
Il faut employer pour cela la même méthode que celle que nous avons donnée
pour la réduire en Fer malléable, avec
cette différence que comme l'Acier doit
avoir plus de phlogistique que le Fer, il
faut mettre en usage tous les moyens
qui sont capables d'introduire dans le
Fer une grande quantité de phlogistique,
comme de ne faire fondre à la fois qu'u-
ne petite quantité de Fer, & de la tenir
toujours environnée de beaucoup de
charbon ; de réitérer les fusions ; d'éviter que le vent du soufflet dirigé vers la
superficie du métal n'en écarte les parties charbonneuses, &c. Surquoi il faut

remarquer, qu'il y a des especes de fontes qu'il est fort difficile de réduire ainsi en Acier, & qu'il y en a d'autres avec lesquelles on réussit très-facilement, & presque sans peine. On donne aux mines qui fournissent ces dernieres, le nom de *Mines d'Acier*. L'Acier fait par cette méthode a besoin d'être trempé de la même maniere que celui qu'on fait par la cémentation. *

IV. PROCEDE'.

Calcination du Fer. Divers Saffrans de Mars.

PRENEZ la quantité qu'il vous plaira de limaille de Fer : mettez-la dans un vaisseau de terre non vernissé qui soit évasé. Placez ce vaisseau sous la moufle d'un fourneau de coupelle : faites-le rougir : remuez souvent la limaille : entretenez le même degré de feu jusqu'à ce que tout le Fer soit entierement réduit en une poudre rouge.

* M. de Réaumur a donné au Public un Ouvrage sur les moyens de convertir le Fer en Acier, qui ne laisse rien à desirer sur cette matiere. On ne peut mieux faire, si on veut avoir sur cette partie de la métallique des instructions fort amples & fort utiles, que de consulter cet Ouvrage.

REMARQUES.

Le Fer perd facilement son phlogistique par l'action du feu. La chaux qui reste après sa calcination a une couleur très-rouge : ce qui fait juger que c'est-là la couleur naturelle de la terre de ce métal. Aussi a-t-on remarqué que toutes les terres & pierres qui sont naturellement rouges, ou qui acquierent cette couleur par la calcination, sont ferrugineuses.

La couleur jaune - rouge qu'ont toutes les chaux ferrugineuses, de quelque maniere qu'elles soient préparées, leur a fait donner à toutes en général le nom de *Saffran*. Celle dont nous venons de donner la préparation, porte en Médecine le nom de *Saffran de Mars astringent.*

La rouille qui se forme à la surface du Fer, est une espece de chaux de Fer faite par la voie de la dissolution. L'humidité de l'air agit sur ce métal, le dissout, & le prive d'une partie de son phlogistique. Cette rouille se nomme en Médecine *Saffran de Mars apéritif*, parcequ'on croit que les parties salines, à l'aide desquelles l'humidité dissout le Fer, demeurant unies avec ce métal après fa diſſolution, lui donnent la vertu apéritive. Les Apoticaires préparent cette eſpece de Saffran de Mars, en expoſant de la limaille de Fer à la roſée, juſqu'à ce qu'elle ſoit entierement réduite en rouille. On le nomme alors *Saffran de Mars préparé à la roſée.*

On prépare encore d'une autre maniere beaucoup plus courte, un Saffran de Mars, en mêlant enſemble de la limaille & du Soufre pulvériſé, humectant le mêlange qui fermente, & s'échauffe au bout d'un certain temps. On le met ſur le feu : le Soufre ſe conſume : on remuë le tout juſqu'à ce qu'il ſoit réduit en une matiere rouge. Ce Saffran n'eſt autre choſe que du Fer diſſous par l'Acide du Soufre, qui comme on ſçait eſt de même nature que celui du Vitriol ; par conſéquent ce Saffran de Mars ne differe point du Vitriol calciné au rouge.

V. PROCEDE'.

Dissolution du Fer par les Acides minéraux.

METTEZ dans un matras un Acide minéral quelconque avec de l'eau : placez le matras sur un bain de sable d'une douce chaleur. Introduisez dans le vaisseau de la limaille de Fer. Les phénomènes ordinaires qui accompagnent les dissolutions métalliques paroîtront aussitôt. Ajoûtez de nouvelle limaille, jusqu'à ce que vous voyez que l'Acide n'agisse plus sensiblement. Retirez le matras de dessus le feu, vous aurez une dissolution de Fer.

REMARQUES.

Le Fer se laisse dissoudre très-facilement par tous les Acides. Si c'est le vitriolique dont on se sert, il faut avoir soin qu'il soit affoibli par de l'eau, en cas qu'il soit concentré, parceque la dissolution se fait mieux. Les vapeurs qui s'élevent dans cette occasion sont inflammables; & si on présente une bougie allumée à l'ouverture du matras, sur-tout après l'avoir tenu bouché pendant un moment, & avoir un peu agité le tout, ces vapeurs fulphureufes s'enflamment avec tant de rapidité, qu'il fe fait une explofion confidérable, qui quelquefois eft affés forte pour brifer le vaiffeau en mille pieces. La diffolution étant faite, a une couleur verte : c'eft un vrai Vitriol verd en liqueur, qui n'a befoin que de quelque temps de repos pour fe criftalifer.

Si c'eft l'Acide nitreux qu'on emploie, il faut ceffer d'ajoûter de la limaille, quand la liqueur, après quelques momens de repos, devient trouble, parceque quand cet Acide eft chargé de Fer jufqu'à un certain point, il laiffe précipiter une partie de celui qu'il a diffous, & devient capable d'en diffoudre de nouveau. On feroit diffoudre ainfi par cet Acide, en lui donnant toujours de nouveau Fer, une beaucoup plus grande quantité de ce métal qu'il n'en faut pour faouler entierement l'Acide. Cette diffolution eft de couleur rouffe, & ne fe criftalife point.

Si le temps n'eft pas extrêmement froid, & que les Acides aient un degré de force convenable, il n'eft pas néceffaire de fe fervir de bain de fable, & la diffolution fe fait très-bien fans cela.

Le Fer diffous par les Acides peut en être féparé, comme toutes les autres fubftances métalliques qui font dans le même cas, ou par l'action du feu qui enleve l'Acide & laiffe la terre ferrugineufe, ou par les intermédes qui ont plus d'affinité avec les Acides que les fubftances métalliques, c'eft-à-dire, par les terres abforbantes & les Sels alkalis. De quelque moyen qu'on fe ferve pour féparer le Fer d'avec les Acides qui le tiennent en diffolution, il paroît toujours après cette féparation fous la forme d'une poudre d'un jaune-rouge, parcequ'il eft pour lors privé de la plus grande partie du phlogiftique duquel il tient fa forme métallique : ce qui fait juger que c'eft-là la couleur propre de la terre de ce métal.

CHAPITRE V.
DE L'ETAIN.

PREMIER PROCEDE'.
Séparer l'Etain de sa mine.

RÉDUISEZ en poudre grossiere la mine d'Etain, & séparez-en d'abord exactement par la lotion toutes les matieres hétérogènes, & les autres especes de mines qui peuvent être mêlées avec elle. Faites-la ensuite sécher, & la torréfiez à un degré de feu fort, jusqu'à ce qu'il ne s'en éleve plus aucune vapeur arsenicale. Quand la mine sera torréfiée, réduisez-la en poudre fine, & la mêlez exactement avec le double de son poids de flux noir bien sec, le quart de son poids de limaille de fer non rouillée, autant de Borax & de poix noire : mettez le mêlange dans un creuset : ajoûtez par-dessus du Sel marin à la hauteur de quatre doigts, & couvrez exactement le creuset.

Placez le creuset ainsi disposé dans un fourneau de fusion : donnez d'abord un

degré de feu modéré & lent, jusqu'à ce
que la flamme de la poix qui s'échappe
à travers la jointure du couvercle soit
entierement cessée. Augmentez alors
le feu subitement, & poussez-le rapidement jusqu'au degré nécessaire pour
mettre en fusion tout le mêlange. Aussitôt que le tout sera fondu, ôtez le creuset du fourneau, & séparez le Régule
d'avec les scories.

REMARQUES.

Toutes les mines d'Etain contiennent
une quantité considérable d'Arsenic, &
point du tout, ou du moins une très-
petite quantité, de Soufre : de-là vient
que quoique l'Etain soit le plus léger des
métaux, sa mine est cependant beaucoup
plus pesante que celle d'aucun autre métal, l'Arsenic étant beaucoup plus pesant que le Soufre, qui est toujours en
assés grande proportion dans toutes les
autres especes de mines. Cette mine est
outre cela très-dure, & ne se réduit
point aussi facilement que les autres en
poudre fine.

Ces propriétés de la mine d'Etain
donnent le moyen de la séparer facilement par la lotion, non-seulement d'a-

vec les parties terreuses & pierreuses,
mais même d'avec les autres mines qui
pourroient être mêlées avec elle ; ce qui
est d'autant plus avantageux, que l'Etain
ne peut éprouver sans se détruire en
grande partie, un degré de feu assés fort
pour scorifier les matieres réfractaires
qui accompagnent sa mine ; & que ce
métal s'unissant facilement avec le Fer &
le Cuivre, dont les mines sont assés ordinairement confondues avec la sienne,
seroit après la réduction altéré par l'alliage de ces deux métaux, si on ne les en
avoit point séparés avant de la mettre
en fusion.

Quelquefois la mine de Fer qui est
confondue avec celle d'Etain, est aussi
très-pesante, & ne se laisse pas mettre
facilement en poudre : d'où il arrive
qu'on ne peut l'en séparer par la simple
lotion. En ce cas, il faut se servir de
l'Aimant pour la séparer après qu'elle a
été rôtie.

La torréfaction est aussi nécessaire à
la mine d'Etain, pour en séparer l'Arsenic, qui volatilise, calcine, détruit une
partie de l'Etain, & réduit le reste en
une matiere aigre & cassante comme un
demi-métal. On reconnoît que la mine

eſt aſſés torréfiée, lorſqu'il n'en ſort plus aucunes vapeurs, qu'elle n'a plus d'odeur d'ail, & qu'une lame de fer préſentée au-deſſus ne ſe blanchit point.

Comme l'Etain eſt un des métaux qui ſe calcinent le plus facilement, il eſt néceſſaire d'employer dans la réduction de ſa mine des matieres qui peuvent lui fournir du phlogiſtique. C'eſt pour empêcher le contact de l'air, qui accélére toujours la calcination des ſubſtances métalliques, qu'on couvre le mélange avec du Sel marin. La poix qu'on ajoûte ſert à augmenter la proportion du phlogiſtique.

II. PROCEDE'.

Calcination de l'Etain.

METTEZ dans un plat de terre non verniſſé la quantité d'Etain que vous voudrez calciner : faites fondre cet Etain, & l'agitez de temps en temps. Sa ſurface ſe couvrira d'une poudre d'un gris blanc. Continuez la calcination, juſqu'à ce que tout l'Etain ſe ſoit converti en cette poudre : ce ſera la chaux d'Etain.

REMAR-

REMARQUES.

Quoiqu'il foit avantageux pour la calcination des fubftances métalliques, de
les expofer en poudre ou en limaille à
l'action du feu, & de faire enforte qu'-
elles ne fe fondent point, parcequ'elles
préfentent beaucoup moins de furface,
quand elles font fondues, nous n'avons
cependant point prefcrit de prendre cette précaution dans la calcination de l'E-
tain. C'eft que ce métal eft fi fufible,
qu'il ne peut éprouver le degré de feu
convenable pour être privé de fon phlogiftique fans fe mettre en fufion : auffi,
quoique l'Etain fe calcine facilement,
cette opération ne laiffe cependant point
d'être longue, attendu que le métal
étant fondu, ne préfente que peu de fuperficie à l'action du feu & de l'air. On
peut remédier en partie à cet inconvénient, & abréger beaucoup l'opération,
en partageant en plufieurs petites portions la quantité d'Etain qu'on veut calciner, & en les expofant au feu dans des
vaiffeaux féparés, enforte qu'elles ne
puiffent fe réunir enfemble, lorfqu'elles
feront fondues, & fe réduire en une
feule maffe.

Tome I.   A a

L'Etain fait fufer & fulminer le Nitre, fi on le jette en lamines déliées fur ce Sel actuellement en fufion; & il s'éleve de ce mêlange une vapeur blanche, qui fe convertit en fleurs, lorfqu'on met quelqu'obftacle à fon entiere évaporation.

M. Geoffroy, qui a entrepris fur l'Etain un travail fuivi, dont on peut voir le détail dans les Mémoires de l'Académie des Sciences, a trouvé qu'on pouvoit juger par la couleur de la chaux de ce métal, de fon degré de pureté, & à peu près de la quantité & qualité des fubftances métalliques avec lefquelles il eft allié. Les expériences que çet habile Chymifte a faites fur cette matiere font très-curieufes.

M. Geoffroy fe fert d'un creufet pour faire fa calcination. Il le fait rougir couleur de cerifes; & il foutient toujours le feu au même degré pendant toute l'opération. La chaux qui s'eft formée fur fon métal à ce degré de chaleur, avoit la forme de petites écailles blanches, un peu rougeâtres par-deffous. Il l'a rangée de côté à mefure qu'elle fe formoit, afin qu'elle ne couvrît point la furface du métal, qui, comme tous les autres, a

befoin du contact de l'air pour fe réduire en chaux.

« M. Geoffroy a eu occafion , en «
faifant ces calcinations , d'obferver un «
fait curieux que perfonne n'avoit en- «
core remarqué avant lui , apparem- «
ment parcequ'on n'avoit pas calciné «
l'Etain par la même méthode. C'eft «
que pendant la calcination de l'Etain, «
foit qu'on rompe la pellicule qui fe «
forme à la furface du métal en fufion «
rouge , foit qu'on la laiffe en repos «
fans y toucher , on apperçoit en plu- «
fieurs endroits un petit foulevement «
d'une matiere qui ouvre & traverfe «
la pellicule. Cette matiere fe gonfle , «
rougit en s'allumant , & jette une pe- «
tite flamme blanchâtre auffi vive , & «
auffi brillante que celle du Zinc lorf- «
qu'on le pouffe à feu affés fort pour «
en faire les fleurs. On peut encore «
comparer la vivacité de cette flamme «
à celle de plufieurs petits grains de «
Phofphore d'urine qu'on allumeroit , «
en les faifant tomber doucement fur «
de l'eau bouillante. De cette flamme «
blanche il s'exhale une vapeur blan- «
che , après quoi la maffe foulevée s'é- «
croule en partie , & fe réduit en une «

» poudre blanche, légere, & tachée
» quelquefois de rouge, felon la force
» du feu. Après ce moment d'ignition,
» il y a des foulevemens de matiere plus
» forts, plus nombreux ou plus fréquens,
» dont il fort une affés grande fumée
» blanche, qu'on peut arrêter par un
» couvercle de tole ou de cuivre rouge
» ajufté au creufet. Ce font des fleurs
» d'Etain qui rongent un peu ces mé-
» taux : ce qui fait conjecturer avec
» beaucoup de vraifemblance à M. Geof-
» froy, que c'eft une portion d'Arfenic
» qui en facilite la fublimation. Quand
» la croûte formée par cette chaux eft
» affés épaiffe, ou en affés grande quan-
» tité pour ne pouvoir plus être rangée
» de côté, & laiffer une portion du mé-
» tal à découvert, M. Geoffroy fait cef-
» fer le feu, parcequ'il ne fe formeroit
» plus de chaux, la communication de
» l'air extérieur avec le bain de l'Etain
» étant, comme nous avons dit, abfo-
» lument néceffaire. Il eft à remarquer
» dans cette opération, que fi le feu eft
» trop lent, l'inflammation des particu-
» les fulphureufes, ni les fumées blan-
» ches qui s'élevent ne s'apperçoivent
» pas fi bien, que lorfque le feu eft tel

qu'il le faut pour entretenir simple- «
ment le creuset rouge de cerises. »

« M. Geoffroy, après avoir séparé «
cette premiere chaux, a recommencé «
la calcination. A ce second feu, les «
végétations ou boursouflemens sont «
plus considérables, & s'élevent en for- «
me de choux-fleurs; mais leur assem- «
blage est toujours composé de petites «
écailles. La portion de cette végéta- «
tion qui a été bien calcinée, est aussi «
blanche & rouge. Il se trouve même «
de petits morceaux dont la surface in- «
férieure est totalement rouge. Il sem- «
ble qu'en continuant ces calcinations, «
il s'éleve des vapeurs sulphureuses d'un «
autre genre que dans le commence- «
ment, puisqu'au premier feu toute la «
chaux est parfaitement blanche, au lieu «
qu'au second elle commence à être «
tachée en quelques endroits d'une «
teinte noire. M. Geoffroy a été obli- «
gé de faire douze calcinations diffé- «
rentes, pour réduire en chaux deux «
onces d'Etain. Il a eu occasion, pen- «
dant ces différentes calcinations, de «
s'assurer que dès la quatriéme, & quel- «
quefois dès la troisiéme, les taches «
rouges de la chaux diminuent, & les «

» noires augmentent ; que les végéta-
» tions cessent ; que la croûte de chaux
» reste plate ; qu'au douziéme feu l'E-
» tain ne fournit plus de cette croûte
» écailleuse ; que vers la fin les ondula-
» tions du métal en bain ne paroissent
» plus , & que le peu de chaux qui reste
» est mêlé de quelques grains de métal
» très-menus, & qui paroissent beaucoup
» plus durs que l'Etain. M. Geoffroy
» n'a pu en rassembler une assés grande
» quantité pour les coupeller , & s'assu-
» rer si ce n'étoit pas de l'Argent. »

Quoique l'Etain , & en général tous
les métaux imparfaits , paroissent réduits
en chaux , & soient privés de la forme
métallique par une premiere calcination
assés légere , ils ne sont cependant pas
privés de tout leur phlogistique ; car si ,
par exemple , on jette sur du Nitre en
fusion la chaux d'Etain faite par le procédé que nous avons donné , elle fait encore fuser ce Nitre très-sensiblement ;
preuve convaincante qu'elle contient
beaucoup de matiere inflammable. Si
donc on veut avoir une chaux absolument exempte de phlogistique , il faut
recalciner cette premiere chaux à un feu
plus violent , & continuer à calciner jus-

qu'à ce que tout le phlogiftique foit diffipé.

« M. Geoffroy, qui vouloit avoir
fa chaux d'Etain bien pure & bien calcinée , a expofé une feconde fois à
l'action du feu les douze portions de
chaux qu'il avoit eues de fes premieres
calcinations. Mais comme il auroit été
trop long de les recalciner toutes féparément , il les a réunies en quatre
lots , formés chacun de trois , pris fuivant leur ordre de calcination , en
donnant à chacun un feu affés fort &
affés long pour que la calcination en
fût la plus exacte qu'il feroit poffible;
& après cette feconde calcination , M.
Geoffroy a eu toutes ces chaux d'un
très-beau blanc , à la réferve du premier lot , qui étant compofé de la
chaux des trois premiers feux , laquelle avoit des écailles teintes de rouge ,
a confervé une teinte incarnate , mais
prefqu'imperceptible. Ces deux onces
d'Etain ont , fuivant la regle générale,
augmenté de poids après leur calcination. Leur augmentation a été de
deux gros cinquante-fept grains. »

M. Geoffroy remarque qu'il n'y a
que l'Etain abfolument pur qui donne

» ainſi une chaux d'un blanc parfait. Il
» a calciné de cette maniere beaucoup
» d'autres Etains impurs & alliés diffé-
» remment, qui lui ont tous donné des
» chaux diverſement colorées, ſuivant
» la nature & la quantité de leur allia-
» ge : d'où il conclut, avec raiſon, que
» la calcination eſt un très-bon moyen
» de juger du titre ou du degré de pu-
» reté de l'Etain. » On peut voir dans
le volume des Mémoires de l'Académie
pour l'année 1738. le détail des expériences de M. Geoffroy ſur cette matiere : elles ſont intéreſſantes.

Il eſt bon d'être averti qu'il ne faut
point s'expoſer ſans précaution aux vapeurs de l'Etain, parcequ'elles ſont dangereuſes ; ce métal étant ſoupçonné avec
raiſon par les Chymiſtes, de contenir
une matiere arſenicale.

III. PROCEDE'.

Diſſolution de l'Etain par les Acides.
Liqueur fumante de Libarius.

METTEZ dans un vaiſſeau de verre
la quantité qu'il vous plaira d'Etain
fin coupé par petits morceaux. Verſez
deſſus

deſſus trois fois autant d'Eau-régale,
compoſée de deux parties d'Eau-forte,
& d'une partie d'Eſprit de Sel. Placez le
vaiſſeau ſur un petit feu de digeſtion. Il
ſe fera une ébullition, & l'Etain ſe diſſoudra peu à peu. Quand vous verrez
que l'Acide n'agira plus ſur le métal,
verſez par inclination la liqueur dans un
autre vaiſſeau de verre; & ſi tout l'Etain
n'étoit point diſſous, ajoûtez de nouvelle Eau-régale ſur ce qui ſera demeuré :
laiſſez-la agir de même que la premiere
fois, juſqu'à ce que le métal ſoit entierement diſſous.

REMARQUES.

L'Etain eſt diſſoluble par tous les Acides; mais l'Eau-régale eſt celui qui le
diſſout le mieux. Il arrive cependant
dans cette diſſolution, qu'une partie de
l'Etain diſſous ſe précipite de lui-même
au fond du vaiſſeau ſous la forme d'une
poudre blanche. Cette diſſolution de
l'Etain eſt très-propre à précipiter l'Or
en couleur de pourpre. Il faut pour cela
la mêler goutte à goutte avec la diſſolution de ce métal. L'Eſprit de Nitre diſſout l'Etain à peu près comme l'Eau-régale.

Tome I.   B b

Si on verfe deux ou trois parties d'huile de Vitriol fur une partie d'Etain, & qu'on expofe le vaiffeau dans lequel on aura fait ce mêlange à un degré de chaleur convenable pour faire évaporer toute l'humidité, il reftera une matiere tenace qui fera attachée aux parois du vaiffeau. Alors, en expofant une feconde fois au feu cette matiere, après avoir verfé de l'eau deffus, elle fe diffoudra entierement, à l'exception d'une petite portion d'une fubftance gluante, qui peut elle-même fe diffoudre dans de nouvelle huile de Vitriol.

L'Acide du Sel marin peut fe combiner avec l'Etain par le procédé fuivant. Mêlez exactement, en triturant dans un mortier de marbre, un amalgame de deux onces d'Etain fin, & de deux onces & demie de Mercure coulant, avec autant de Sublimé corrofif. Auffitôt que le mêlange eft fait, mettez-le dans une cornue de verre, & diftillez avec les mêmes précautions que nous avons indiquées pour nos Acides concentrés & fumans: il paffera d'abord dans le récipient des gouttes d'une liqueur limpide, qui feront bientôt fuivies d'un efprit élaftique qui fortira avec impétuofité. Enfin il se sublimera des fleurs, & une matiere saline & tenace au col de la cornue. Cessez alors la distillation, & versez dans un flaccon de verre la liqueur du récipient. Cette liqueur laisse exhaler continuellement une quantité considérable de fumée blanche & épaisse, quand elle a communication libre avec l'air.

Le produit de cette distillation est une combinaison de l'Acide du Sel marin avec l'Etain. Comme notre métal a plus d'affinité avec cet Acide que n'en a le Mercure; l'Acide contenu dans le Sublimé corrosif quitte le Mercure auquel il étoit uni, pour se joindre avec l'Etain, qu'il volatilise assés pour le faire passer avec lui sous la forme d'une liqueur dans le récipient. On se sert de l'amalgame de l'Etain avec le Mercure, afin qu'on puisse le mêler exactement, comme il convient qu'il le soit pour la réussite de l'opération, avec le Sublimé corrosif.

L'Etain est volatilisé, dans cette expérience, & l'Acide du Sel marin qui est extrêmement concentré, se dissipe continuellement sous la forme de vapeurs blanches. Ce composé est connu en Chymie sous le nom de *Liqueur fuman-*

te de Libavius ; nom qu'elle a tiré de la qualité, & de fon inventeur. L'Etain diffous par les Acides, en eft féparé facilement par les Alkalis. Il fe précipite toujours fous la forme d'une chaux blanche.

CHAPITRE VI.

DU PLOMB.

PREMIER PROCEDE'.

Séparer le Plomb de fa mine.

RE'DUISEZ en poudre fine la mine de Plomb que vous aurez d'abord torréfiée : mêlez-la avec le double de fon poids de flux noir, le quart de fon poids de limaille de fer non rouillée, & de Borax ; mettez le tout dans un creufet qui puiffe contenir au moins trois fois autant de matiere. Ajoûtez par-deffus du Sel marin à la hauteur de quatre doigts. Après avoir couvert le creufet, lutté les jointures, & féché le tout à une douce chaleur, placez-le dans un fourneau de fufion.

Faites rougir médiocrement le creu-

fer ; vous entendrez décrépiter le Sel
marin. Après la décrépitation de ce Sel,
il se fera dans le creuset un petit sifle-
ment. Soutenez le même degré de feu,
jusqu'à ce qu'il soit entierement passé.

Ajoûtez pour lors autant de charbon
qu'il en faudra pour achever entierement l'opération, & augmentez subitement le feu assés pour faire fondre parfaitement tout le mélange. Soutenez ce
degré de feu l'espace d'un quart-d'heure, temps suffisant pour la précipitation
du Régule.

L'opération étant finie, ce qu'on re-
connoîtra à la tranquillité de la matiere
contenue dans le creuset, & à une flamme vive & brillante qui s'en élevera, retirez le creuset du fourneau, & séparez
le Régule d'avec les scories.

REMARQUES.

Toutes les mines de Plomb contiennent une assés grande quantité de Soufre, qu'il faut d'abord en séparer par la
torréfaction ; & comme ces sortes de
mines sont sujettes à décrépiter quand
elles commencent à éprouver la chaleur, il est bon de les tenir couvertes,
jusqu'à ce qu'elles soient bien échauffées.

Une autre attention qu'il faut avoir en
torréfiant cette mine , c'est de ne pas
l'expofer à une trop grande chaleur ;
mais d'entretenir feulement le vaiffeau
qui la contient médiocrement rouge ;
parcequ'elle prend facilement un commencement de fufion , ce qui eft caufe
qu'elle s'attache au vaiffeau.

Le Fer qu'on ajoûte & qu'on mêle
avec le flux , abforbe le Soufre qui pourroit être refté même après la torréfaction : il fert auffi à féparer d'avec le Plomb
quelques portions de demi-métal , fur-
tout d'Antimoine , qui font fouvent
mêlées dans la mine.

Il n'eft point à craindre que le Fer fe
mêle avec le Plomb dans la fufion , &
qu'il en altere la pureté ; car jamais ces
deux métaux ne peuvent contracter d'u-
nion enfemble quand ils ont leur forme
métallique.

Il ne faut pas non plus appréhender
que le Fer , à caufe de fa qualité réfractaire , mette obftacle à la fufion du mêlange ; car quoique ce métal ne foit point
fufible lorfqu'il eft feul , il le devient cependant à tel point par l'union qu'il contracte avec les matieres qu'il doit abforber , qu'il fait dans cette occafion , en

quelque forte, l'effet d'un fondant.

Le régime du feu eft un article effentiel dans cette opération. Il eft important de ne donner dans le commencement qu'un degré de chaleur modéré, parceque quand la terre du Plomb fe combine avec le phlogiftique pour prendre la forme métallique, elle fe gonfle de telle forte, qu'il eft à craindre que toute la matiere ne forte des vafes qui la contiennent. C'eft auffi pour éviter cet inconvénient, que nous avons prefcrit de fe fervir d'un très-grand creufet. Ce gonflement qui arrive au Plomb lors de la réduction, eft accompagné d'un bruit femblable à un fifflement d'air.

Nonobftant toutes les précautions qu'on prend pour empêcher que la réduction ne fe faffe trop promptement, & n'occafionne l'effufion de la matiere, il arrive fouvent que lorfqu'on augmente le feu pour mettre en fufion le mêlange, le fifflement recommence tout-à-coup, & fe fait entendre très-fort. Lorfque cela arrive, il faut auffitôt fermer exactement toutes les ouvertures du fourneau, pour étouffer & fupprimer le feu; fans quoi la matiere contenue dans le creufet fe gonfle, paffe à travers le lut qui le ferme, souleve même le couvercle, & se répand. Cet accident est à craindre pendant les cinq ou six premieres minutes, après qu'on a augmenté le feu pour fondre le mêlange. Cette effusion de la matiere est accompagnée d'une flamme sombre, d'une fumée épaisse, grise & jaune, & d'un bruit semblable à celui d'un fluide qu'on fait bouillir. Quand on apperçoit tous ces phénoménes, on peut être assuré que la matiere est sortie du creuset, soit de la maniere que nous venons d'indiquer, soit en se faisant jour par quelques fentes qui se feroient faites au creuset, & par conséquent que l'opération est manquée.

Cet accident ne manque point encore d'arriver, s'il vient à tomber quelque charbon dans le creuset. C'est une des raisons pour lesquelles il est nécessaire qu'il soit couvert.

On peut être certain que l'opération a réussi, si les scories se sont refroidies tranquillement, & ne se sont point en partie échappées à travers le lut ; si le Plomb n'est point dispersé par molécules dans toute la masse de la matiere contenue dans le creuset ; mais au contraire, s'il s'est rassemblé au fond sous la forme d'un Régule dur., peu brillant, ayant un œil bleu, & de la ductilité. Outre cela, dans le cas préfent, les fcories doivent être dures, noires, & ne doivent point paroître comme criblées de trous, fi ce n'eft dans leur partie qui a été contiguë avec le Sel.

Il eft bon de remarquer à cette occafion, que le Sel marin ne fe mêle point avec les fcories, mais qu'il les furnage. Il eft noir après l'opération : couleur qui lui vient fans doute des parties charbonneufes du flux. L'abfence de ces fignes marque que l'opération a été manquée.

Lorfque la mine qu'on a à traiter eft pyriteufe & réfractaire, il faut d'abord la torréfier à un degré de feu plus fort que celui qu'on emploie pour celle qui eft fufible, parceque la terre ferrugineufe & la terre non métallique, qui font toujours mêlées dans les matieres pyriteufes, l'empêchent de s'amollir fi facilement dans le feu.

De plus, il faut mêler avec cette mine une plus grande quantité de flux noir & de Borax, & lui donner un degré de feu plus fort.

Il n'eft pas ordinairement néceffaire de mêler de la limaille de fer avec cette efpece de mine, parceque la terre martiale dont les matieres pyriteufes font toujours accompagnées, fe réduit pendant l'opération, à l'aide du flux noir qu'on y a mêlé à caufe de cela en plus grande quantité, & fournit une quantité de Fer fuffifante pour abforber les minéraux étrangers au Plomb.

Si cependant on s'appercevoit que les pyrites qui accompagnent la mine de Plomb fuffent arfenicales, comme ces fortes de pyrites ne contiennent qu'une petite quantité de terre ferrugineufe, il faudroit ajoûter de la limaille de fer, qui eft d'autant plus néceffaire dans cette occafion pour abforber l'Arfenic, que ce minéral demeure en partie confondu avec la mine ; qu'il fe réduit en Régule pendant l'opération, s'unit avec le Plomb, & en détruit une grande partie dont il procure la vitrification.

Le Plomb qu'on retire de ces fortes de mines pyriteufes n'eft pas ordinairement bien pur : il eft noirâtre & peu ductil ; qualités qui lui viennent du mêlange d'un peu de Cuivre qui a été fourni par les pyrites, qui en contiennent toujours une quantité plus ou moins grande. Nous donnerons ci-après le moyen de féparer le Plomb d'avec le Cuivre.

On peut faire auffi la réduction de la mine de Plomb en la fondant à travers les charbons. Il faut pour cela commencer par allumer le fourneau dans lequel on veut fondre la mine, puis mettre un lit de cette mine immédiatement fur le charbon allumé, & le recouvrir d'un autre lit de charbon.

Quoique le fourneau de fufion dont on fe fert pour cette opération puiffe produire une chaleur confidérable, on a cependant befoin d'augmenter encore l'ardeur du feu par le moyen d'un bon fouflet à deux vents, qui fait l'effet d'une forge. La mine fe fond, la terre du Plomb fe joint au phlogiftique des charbons, & fe réduit en métal, qui coule à travers les charbons, & tombe au fond du fourneau dans un vaiffeau de terre, qu'on doit avoir foin de tenir plein de poudre de charbon, afin que le Plomb qui y féjourne ne foit point expofé à fe calciner, cette poudre de charbon lui fourniffant continuellement du phlogiftique qui l'entretient dans fon état métallique.

Les matieres terreufes & pierreufes qui accompagnent la mine, fe fcorifient par cette fuſion, de même que par celle qu'on fait dans un vaiſſeau clos. A l'égard du Soufre & de l'Arſenic, ils doivent avoir été ſéparés d'abord exactement de la mine par une ſuffiſante torréfaction. Cette méthode eſt celle qu'on emploie ordinairement pour l'exploitation des mines de Plomb dans le travail en grand.

II. PROCEDE'.

Séparer le Plomb d'avec le Cuivre.

CONSTRUISEZ avec de la terre à lutter, & de la poudre de charbon, un vaiſſeau plat & évaſé, qui ſoit aſſés grand pour contenir la maſſe métallique que vous aurez à y mettre, dont le fond aille en pente vers ſa partie antérieure, & qui ſoit pourvu dans cet endroit d'une petite rigole, qui communique avec un autre vaiſſeau de même nature placé près du premier, & un peu plus bas. La rigole du vaiſſeau ſupérieur doit être recouverte par-deſſus d'une petite lame de fer qu'on y aura appliquée dans le temps que le vaſe étoit encore mol. Faites ſécher le tout en l'entourant de charbons allumés.

Quand cet appareil fera fec , mettez dans le vaiſſeau ſupérieur votre mêlange de Cuivre & de Plomb, & allumez dans l'un & dans l'autre vaiſſeau un feu de bois ou de charbon très-doux ; & qui n'excéde point le degré de chaleur qui ſuffit pour faire fondre le Plomb. A ce degré de chaleur, le Plomb contenu dans le mêlange ſe fondra, & vous le verrez couler du vaiſſeau ſupérieur dans l'inférieur, au fond duquel il ſe ramaſſera en Régule. Quand il ne coule plus rien à ce degré de feu , augmentez-le un peu , juſqu'à faire rougir médiocrement le vaiſſeau.

Lorſqu'il ne coulera plus rien, raſſemblez tout le Plomb contenu dans le vaiſſeau inférieur. Faites-le refondre dans une cuillere de fer à un degré de feu aſſés fort pour la faire rougir : faites bruler deſſus , en remuant le métal , un peu de ſuif ou de poix, pour réduire ce qui pourroit être calciné. Otez la peau ou croûte mince qui s'eſt formée à la ſuperficie. Preſſez-la pour en faire ſortir le Plomb qu'elle pourroit encore contenir, & la mettez avec la maſſe cuivreuſe qui vous eſt reſtée dans le vaiſſeau ſupérieur. Supprimez le feu. Retirez de même une

feconde peau qui fe forme à la furface
du Plomb. Enfin, quand ce métal fera
prêt à fe figer, enlevez une derniere fois
la peau qui fe formera deffus. Le Plomb
qui reftera après cela fera très-pur, &
privé de l'alliage du Cuivre.

A l'égard du Cuivre, il fera dans le
vaiffeau fupérieur enduit d'un peu de
Plomb ; & fi ce métal étoit mêlé avec le
Plomb dans la proportion d'un quart ou
d'un cinquiéme, & que le feu ait été ad-
miniftré doucement & lentement, il
confervera après l'opération à peu près
la même forme qu'avoit la maffe métallique.

REMARQUES.

Le Plomb eft encore fouvent mêlé
avec du Cuivre après qu'on a fait la réduction de fa mine, fur-tout fi cette mine étoit pyriteufe. Quoique le Cuivre
foit un métal beaucoup plus beau & plus
ductil que le Plomb, ce dernier devient
cependant aigre & caffant par cet alliage. On remarque aifément ce défaut, à
l'infpection de fa caffure, qui paroît toute compofée de grains, au lieu que quand
il eft pur, elle eft plus unie, & reffemble
à la pointe d'un prifme. Si la quantité de

Cuivre allié avec le Plomb est considérable, sa couleur tire sur le jaune.

Il est nécessaire, attendu les mauvaises qualités que le Cuivre donne au Plomb, de séparer ces deux métaux l'un de l'autre. Le moyen que nous avons donné est le plus simple & le meilleur. Il est fondé sur deux propriétés qu'a le Plomb : la premiere est d'être beaucoup plus fusible que le Cuivre, ensorte qu'il peut se fondre & couler à un degré de feu qui n'est pas capable de faire seulement rougir le Cuivre, lequel est bien loin pour lors de se fondre : & la seconde, c'est que nonobstant que le Plomb ait de l'affinité avec le Cuivre, & s'unisse très-bien avec ce métal, il ne peut cependant point le dissoudre quand il n'a que le degré de chaleur qui lui est nécessaire pour être simplement en fusion. De-là vient qu'on peut faire fondre du Plomb dans un vaisseau de Cuivre, pourvû qu'on ne passe point ce degré de chaleur. Mais quand le Plomb est assés chaud pour être rouge, fumer & bouillir, il commence aussitôt à dissoudre le Cuivre : c'est pour cela qu'il est essentiel pour la réussite de notre opération, de ne donner qu'un degré de cha-

leur très-modéré, & qui foit feulement
fuffifant pour tenir le Plomb en fufion.

On fait entrer la poudre de charbon
dans la compofition des vaiffeaux dont
on fe fert dans cette occafion, afin d'empêcher que le Plomb ne fe calcine.

La lame de fer qui couvre la rigole
du vaiffeau, fert à empêcher que les
morceaux de Cuivre affés gros, que le
Plomb peut entraîner avec lui, ne paffent : elle les retient, & donne au Plomb
la liberté de s'écouler feul. Mais comme ces morceaux de Cuivre pourroient
boucher le paffage, il faut avoir foin,
quand il arrive qu'il y en a quelques-uns
d'arrêtés, de les éloigner de la rigole,
& de les repouffer dans le milieu du
vaiffeau. Il faut examiner fi le Plomb ne
fe fige point au paffage, & dans ce cas il
feroit néceffaire d'augmenter le feu dans
cet endroit, pour le faire fondre & couler.

Malgré toutes les précautions qu'on
prend pour empêcher que le Plomb fondu n'entraîne du Cuivre avec lui, il n'eft
cependant pas poffible d'éviter entierement cet inconvénient. C'eft pour féparer la petite portion de Cuivre dont le
Plomb eft encore chargé, qu'on le fait

refondre

réfondre une feconde fois.

Comme le Cuivre eft beaucoup moins pefant que le Plomb, fi ces deux métaux font confondus enfemble de maniere que le Cuivre ne foit point en fonte, & diffous par le Plomb, mais qu'il foit feulement interpofé entre les parties de ce métal fondu, enforte qu'il y nage, il eft pour lors précifément un corps folide plongé dans un fluide plus pefant que lui, & doit monter à la furface comme le Bois qui eft plongé dans l'eau. On a foin de bruler quelque matiere inflammable fur ce Plomb fondu, afin de réduire les parties de ce métal qui fe calcinent continuellement à fa furface quand il eft en fufion; fans cette précaution, elles feroient enlevées avec le Cuivre.

Le Cuivre qui refte après cette féparation eft, comme nous l'avons dit, encore mêlé d'un peu de Plomb. Si l'on veut l'en féparer entierement, il faut le mettre dans une coupelle, & l'expofer fous la mouffle à un degré de feu convenable pour réduire tout le Plomb en litarge. Cela ne fe fait pas fans qu'il n'y ait une partie du Cuivre de fcorifié auffi, par la chaleur & par l'action du Plomb;

mais comme il y a une très-grande différence entre la facilité & la promptri-
tude avec laquelle ces deux métaux se
calcinent, la portion de Cuivre qui se
calcine pendant que tout le Plomb se
convertit en litarge, est peu considérable.

Le Plomb exactement séparé du Cuivre, par le procédé que nous venons de
donner, n'est point pour cela encore absolument pur ; quelquefois il est encore
allié avec de l'Or, & contient presque
toujours une certaine quantité d'Argent.
Si on vouloit purifier le Plomb, autant
qu'il est possible, de l'alliage de ces deux
métaux, il faudroit le réduire en verre,
séparer le bouton fin qui resteroit, &
faire ensuite la réduction de ce verre de
Plomb. Mais comme ces métaux parfaits ne font aucun tort au Plomb, on
ne les en sépare point ordinairement, à
moins qu'ils ne soient alliés avec lui en
assés grande quantité pour indemnifer
des frais, & produire du bénéfice.

Quand on veut examiner par la coupelle ce qu'une mine ou un mélange métallique peut produire au juste d'Or &
d'Argent, on se contente de faire d'a-
bord un essai du Plomb qu'on doit em-

ployer pour cela , & on tient compte
dans le calcul de la quantité de métal fin
qu'il a pu fournir dans l'opération.

III. PROCEDE'.

Calcination du Plomb.

PRENEZ telle quantité de Plomb qu'il
vous plaira : faites-le fondre sur un
ou plusieurs vaisseaux plats de terre non-
vernissée. Il se formera une poudre d'un
gris noirâtre à la surface. Agitez sans cesse le métal, jusqu'à ce qu'il soit entierement converti en cette poudre : ce sera
la chaux de Plomb.

REMARQUES.

Comme le Plomb est un métal très-
fusible, & qui ressemble en cela beaucoup à l'Etain, la plupart des remarques
que nous avons faites sur la calcination
de l'Etain doivent avoir lieu ici.

Il arrive dans toutes les calcinations
métalliques, & dans celle du Plomb
particulierement, un phénoméne singulier dont il est très-difficile de rendre
raison. C'est que ces matieres qui perdent considérablement de leur substan-

ce, soit par la diffipation du phlogiftique, soit même parcequ'une partie du
métal s'exhale en vapeurs, fourniffent cependant des chaux qui fe trouvent augmentées de poids après la calcination,
& cette augmentation eft très-confidé-
rable. Cent livres de Plomb, par exemple, réduites en Minium, qui n'eft qu'u-
ne chaux de Plomb amenée à la couleur
rouge par une calcination plus longue,
fe trouvent augmentées de dix livres :
enforte que pour cent livres de Plomb,
on retire cent dix livres de Minium :
augmentation prodigieufe & prefqu'incroyable, fi on confidére que bien loin
d'avoir rien ajoûté au Plomb, on en a
au contraire diffipé une partie.

Les Phyficiens & les Chymiftes ont
imaginé, pour rendre raifon de ce phénoméne, beaucoup de fyftêmes ingé-
nieux, dont aucun cependant n'eft abfolument fatisfaifant. Comme il n'y a
point là-deffus de théorie bien établie,
nous n'entreprendrons point de donner
d'explication de ce fait fingulier.

IV. PROCEDE'.

Préparation du verre de Plomb.

PRENEZ deux parties de litarge & une partie de fable pur & criftalin : mêlez-les enfemble le plus exactement qu'il fera poffible, en y ajoûtant un peu de Nitre & de Sel marin : mettez ce mêlange dans un creufet de la terre la plus folide & la plus compacte. Fermez le creufet avec un couvercle qui le bouche exactement.

Placez le creufet ainfi difpofé dans un fourneau de fufion ; empliffez le fourneau de charbon ; allumez le feu peu à peu, enforte que le tout s'échauffe lentement : augmentez-le enfuite jufqu'à faire rougir fortement le creufet, enforte que la matiere qui y eft contenue entre en fufion ; entretenez-la ainfi fondue l'efpace d'un quart-d'heure.

Retirez le creufet du fourneau après ce temps. Caffez-le ; vous y trouvérez affés ordinairement au fond un petit culot de Plomb, au-deffus duquel fera un verre tranfparent d'une couleur jaune, approchante de celle du fuccin. Séparez ce verre d'avec le petit culot métallique, & d'avec les matieres salines qui seront dessus.

REMARQUES.

Le Plomb pur & sans addition poussé à un grand feu, se convertit en litarge, qui est une substance plus ou moins jaunâtre, brillante, douce au toucher, & qui est comme écailleuse. Cette substance est une vitrification de Plomb commencée. Le travail en grand de la purification de l'Or & de l'Argent par le Plomb, fournit une grande quantité de cette matiere. Elle est quelquefois blanchâtre ; on la nomme *Litarge d'argent* : quelquefois jaune, & porte le nom de *Litarge d'or*. La différence de sa couleur dépend du degré de feu qu'elle a éprouvé, & des substances métalliques qui se sont vitrifiées avec elle.

La litarge seule est très-fusible, & poussée au feu, se convertit facilement en verre ; mais ce verre de Plomb fait sans addition est si actif, si pénétrant, se gonfle avec tant de facilité, qu'on ne peut guères s'en servir lorsqu'il est pur. On est obligé de lui donner en quelque sorte des entraves, en le liant avec quelque matiere vitrifiable beaucoup moins tenue, telle que le sable. C'est pour cette raison, & non pour rendre le mêlange plus fusible, que nous avons prescrit d'ajoûter un tiers de sable sur deux tiers de litarge.

Le Nitre & le Sel marin que nous avons fait entrer dans le mêlange, sont destinés à procurer de l'égalité dans la fusion. Comme le sable est plus léger & moins fusible que la litarge, il doit s'élever en partie vers le haut du creuset lorsque cette matiere commence à entrer en fusion : d'où il arriveroit que la partie supérieure seroit beaucoup plus difficile à fondre, & formeroit un verre beaucoup plus compacte que l'inférieure ; mais le Nitre & le Sel marin occupant le haut du creuset, parcequ'ils sont encore moins pesans que le sable ; & étant eux-mêmes, à cause de leur grande fusibilité, des fondans très-efficaces, procurent promptement la fusion des particules de sable qui auroient pu échapper à l'action de la litarge, & être poussées à la superficie sans avoir été fondues.

La grande difficulté pour la réussite de cette opération, est d'avoir un creu-

fet d'une terre affés dure & affés compacte pour ne fe point laiffer pénétrer
par le verre de Plomb, qui ronge & pénétre tout.

La précaution d'avoir un creufet qui
puiffe contenir beaucoup plus de matiere qu'on n'en a à vitrifier, eft néceffaire
à caufe du gonflement auquel la litarge
& le verre de Plomb font fujets.

Celle de tenir le creufet exactement
fermé, eft auffi indifpenfable, pour empêcher qu'il ne tombe dedans quelque
charbon, ou autre matiere inflammable : car quand cela arrive, il fe fait
une réduction du Plomb, qui eft toujours accompagnée d'une efpece d'effervefcence, & d'un bourfoufflement fi
confidérable, qu'ordinairement la plus
grande partie du mélange fe répand
hors du creufet. Par la même raifon, il
eft bien important d'examiner, avant
d'expofer le mélange au feu, s'il ne s'y
rencontre aucune matiere capable de
fournir du phlogiftique pendant l'opération, & de l'en féparer exactement en
cas que cela foit ainfi.

Le petit culot de Plomb qu'on trouve au fond du creufet après l'opération,
eft une portion de Plomb qui fe trouve
ordinai-

ordinairement mêlé dans la litarge, à moins qu'on ne l'ait préparée foi-même avec attention, & qu'on ne l'ait retirée du feu que quand on eft bien fûr que tout le Plomb eft détruit. Cette petite portion de Plomb d'ailleurs n'eft point nuifible à l'opération, parce qu'il ne peut point communiquer fon phlogiftique au refte de la matiere.

La révivification de la litarge, de la chaux & du verre de Plomb, peut fe faire par les mêmes procédés que la réduction de fa mine.

V. PROCEDE'.

Diffoudre le Plomb par l'Acide nitreux.

METTEZ dans un matras de l'Eau-forte, précipitée comme celle dont on fe fert pour diffoudre l'Argent : affoibliffez-la en y mêlant autant d'eau commune. Mettez le matras fur un bain de fable chaud : jettez dedans, peu à peu, de petits morceaux de Plomb, jufqu'à ce que vous voyez qu'il ne fe faffe plus de diffolution. L'Eau-forte ainfi affoiblie diffoudra environ le quart de fon poids de Plomb.

Tome I.   D d

Il se forme d'abord sur le Plomb, à mesure qu'il se dissout, une poudre grise, & ensuite une croûte blanche, qui empêchent enfin que le dissolvant n'agisse sur ce qui reste de métal : c'est pourquoi il faut faire bouillir la liqueur, & agiter le vaisseau, afin que ces enduits se détachent : par ce moyen tout le Plomb sera dissous.

REMARQUES.

Le Plomb a beaucoup de ressemblance avec l'Argent, par les phénoménes qui accompagnent sa dissolution dans les Acides. Il faut, par exemple, que l'Acide nitreux soit bien pur & exempt du mêlange de l'Acide vitriolique ou de celui de Sel marin, pour être en état de tenir le Plomb en dissolution ; car s'il étoit mêlé avec l'un ou l'autre de ces Acides, le Plomb se précipiteroit sous la forme d'une poudre blanche, à mesure qu'il seroit dissous, de même que cela arrive à l'Argent.

Si c'est l'Acide vitriolique qui est mêlé avec le nitreux, le précipité est une combinaison de cet Acide vitriolique avec le Plomb, c'est-à-dire, un Sel neutre métallique, un Vitriol de Plomb. Si c'est l'Acide du Sel marin, le précipité qui se forme est un Plomb corné, c'est-à-dire, un Sel métallique ressemblant à la Lune-cornée.

Lorsque tout le Plomb est dissous de la maniere que nous avons indiquée, la liqueur paroît laiteuse. Si on la conserve chaude sur le feu, jusqu'à ce qu'on apperçoive qu'il se forme de petits cristaux à sa surface, qu'on la laisse ensuite reposer, on trouve au fond, au bout d'un certain temps, environ une demi-once d'une poudre grise, qui examinée sur l'Or, est assés mercurielle pour le blanchir. On y apperçoit même de petits globules de Mercure coulant.

Nous sommes redevables de cette observation, & de cette maniere de prouver l'existence du Mercure dans le Plomb, & de l'en retirer, à M. Grosse, de l'Académie des Sciences, qui a donné dans les Mémoires de cette Académie le détail de son procédé, d'après lequel nous avons donné la description de l'opération dont il s'agit à présent.

La dissolution décantée promptement de dessus le précipité gris mercuriel, est encore laiteuse, & dépose un autre pré-

cipité blanc. Quand ce second précipité
eft formé, la liqueur devient claire &
limpide : elle eft pour lors d'un beau
jaune, comme la diffolution d'Or. M.
Groffe a fait, tant fur la diffolution couleur d'or, que fur les deux précipités
dont nous venons de parler, plufieurs
obfervations dont nous allons rapporter
les principales.

La liqueur jaune fait d'abord fentir fur
la langue une faveur douce ; mais dans
la fuite elle la pique affés vivement, &
y laiffe une forte impreffion d'âcreté qui
dure long-temps.

Les Alkalis précipitent le Plomb fuf-
pendu dans cette liqueur, de même qu'-
ils précipitent tous les autres métaux diffous par les Acides ; & ce précipité de
Plomb eft blanc.

Le Sel marin, ou l'Efprit de Sel, fépare le Plomb d'avec fon diffolvant, & le
précipite, comme nous avons dit, en
Plomb corné ; mais ce précipité différe
de la Lune-cornée, en ce qu'il eft très-
diffoluble dans l'eau, au lieu que la Lune-cornée ne s'y diffout point.

Ce Plomb corné diffous dans l'eau, eft
lui-même précipité par l'Acide vitriolique. M. Groffe remarque que cela fait

tine exception à la colonne huitiéme de la Table des Rapports de M. Geoffroy, dans laquelle l'Acide du Sel marin est désigné comme ayant plus d'affinité que tous les autres Acides avec les substances métalliques.

Notre dissolution de Plomb est aussi précipitée en blanc par différens Sels neutres, tels que le Tartre vitriolé, l'Alun & le Vitriol ordinaire : c'est par le moyen des doubles affinités que ces Sels neutres précipitent.

L'eau seule même toute pure, est capable de précipiter le Plomb de notre dissolution, en affoiblissant l'Acide, & le mettant par-là hors d'état de tenir le métal suspendu.

Enfin, comme toutes les dissolutions des métaux par les Acides ne sont qu'un Sel neutre métallique résous en liqueur, si on fait évaporer sur le feu la dissolution de Plomb, il s'y forme de très-beaux cristaux gros comme des grains de chénevis, figurés en pyramides régulieres, dont la bâse est quarrée. Ces cristaux sont jaunâtres, & ont une saveur douce & sucrée ; mais ce qu'ils ont de plus singulier, c'est que comme ils sont un composé de l'Acide nitreux uni au Plomb

qui contient beaucoup de phlogiftique
affés développé, ils forment un Sel nitreux métallique qui a la propriété de
fufer tout feul dans un creufet, & fans
aucune addition de matiere inflammable. Ce Sel eft extrêmement difficile à
diffoudre dans l'eau.

Le précipité gris mercuriel qui blanchit l'Or, & dans lequel on apperçoit
de petits globules de Mercure coulant,
n'eft point à beaucoup près du Mercure
pur. Cette fubftance métallique ne s'y
trouve qu'en petite quantité : c'eft un
affemblage, 1°. de petits criftaux de la
même nature que ceux que fournit la
diffolution évaporée ; 2°. une portion
de la matiere ou poudre blanche qui
rend la diffolution laiteufe ; 3°. une poudre grife que M. Groffe regarde comme
la feule partie mercurielle ; 4°. enfin,
de petites particules de Plomb qui ont
échappé à l'action du diffolvant, fur-
tout fi on a ajoûté, comme dans le procédé dont il eft à préfent queftion, une
quantité de Plomb un peu plus confidérable que celle que l'Acide eft en état de
diffoudre, dans l'intention de le faouler
entierement.

A la faveur du mouvement & de la

chaleur, les petites parcelles de Mercure peuvent s'amalgamer avec le Plomb.

On ne doit point être étonné de trouver du Mercure entier & en globules dans de l'esprit de Nitre, quoique cet Acide dissolve très-facilement cette substance métallique, si on fait réflexion que dans l'occasion présente, l'Acide est chargé de Plomb, avec lequel il a une plus grande affinité qu'avec le Mercure ; affinité marquée dans la Table des Rapports de M. Geoffroy, dans laquelle, à la colonne qui porte en tête l'Acide Nitreux, le Plomb est placé au-dessus du Mercure. Aussi, si on présente du Plomb à une dissolution de Mercure dans l'esprit de Nitre, le Plomb s'y dissout ; & à mesure que la dissolution se fait, le Mercure se précipite.

On voit par-là qu'il est essentiel, pour trouver du Mercure dans le précipité spontané de la dissolution de Plomb par l'Acide nitreux, que cet Acide soit entierement saoulé de Plomb ; sans quoi la portion d'Acide qui seroit libre, dissoudroit le Mercure.

A l'égard de la poudre blanche qui rend la dissolution laiteuse, & qui se précipite ensuite, ce n'est qu'une portion du Plomb même, qui n'ayant pas une union bien intime avec l'Acide, se précipite en partie de lui-même. C'est une espece de chaux de Plomb, qui poussée au feu, se réduit partie en verre & partie en Plomb, parcequ'elle conserve encore du phlogistique.

CHAPITRE VII.

DU MERCURE.

PREMIER PROCEDE'.

Séparer le Mercure de sa mine, ou le révivifier du Cinnabre.

PULVERISEZ le Cinnabre dont vous voudrez retirer le Mercure : mêlez avec cette poudre partie égale de limaille de Fer non rouillée : mettez le mélange dans une cornue de verre, ou de fer, qui ne soit emplie que jusqu'aux deux tiers. Placez la cornue ainsi disposée dans un bain de sable, de maniere que tout son ventre soit enterré dans le sable, & que son col ait une direction fort déclive de haut en bas. Ajustez à la cornue un récipient à moitié plein d'eau, enforte que le col de ce vaiffeau entre dans l'eau environ d'un demi pouce.

Echauffez les vaiffeaux jufqu'à faire rougir médiocrement la cornue. Le Mercure s'élevera en vapeurs, qui fe condenferont en goutelettes, & tomberont dans l'eau du récipient. Lorfque vous verrez qu'il ne paffera plus rien à ce degré de feu, augmentez-le pour enlever ce qui peut être refté de Mercure. Tout le Mercure étant ainfi retiré, ôtez le récipient, vuidez l'eau qu'il contient, & recueillez le Mercure.

REMARQUES.

Le Mercure n'eft jamais minéralifé dans les entrailles de la terre, que par le Soufre avec lequel il forme un compofé d'un rouge brun, connu fous le nom de *Cinnabre*.

Quelquefois il eft fimplement mêlé avec des matieres terreufes & pierreufes, qui ne contiennent point de Soufre; mais comme cette fubftance métallique eft toujours pourvue de fon phlogiftique, il a pour lors fa forme & fes propriétez métalliques. Lorfqu'on le trouve en cet état, rien n'eft plus facile que de le féparer d'avec ces matieres hétérogènes : il ne faut pour cela que diftiller le tout à un feu affés fort pour enlever le Mercure en vapeurs. Ce minéral eft volatil, & les matieres terreufes & pierreufes font fixes : ainfi à un certain degré de chaleur, il fe fait une féparation exacte de ce qui eft fixe, d'avec ce qui eft volatil.

Il n'en eft pas de même lorfque le Mercure eft combiné avec le Soufre ; car ce dernier minéral eft volatil auffibien que le Mercure ; & le compofé qui réfulte de l'union des deux eft volatil auffi : enforte que fi on expofoit le Cinnabre au feu dans des vaiffeaux fermés, comme il convient qu'ils le foient pour recueillir le Mercure, il fe fublimeroit en entier, & ne fouffriroit aucune décompofition.

Il faut donc, fi on veut féparer ces deux fubftances l'une de l'autre, avoir recours à un interméde qui ait avec une des deux plus d'affinité que n'en a l'autre, & qui n'en ait qu'avec celle-là.

Le Fer a toutes les conditions requifes pour fervir d'interméde dans cette occafion, puifqu'il a, comme on le peut voir dans la Table des Rapports, beaucoup plus d'affinité avec le Soufre que

n'en a le Mercure, & qu'il ne peut contracter aucune union avec ce dernier.

Le Fer n'est cependant pas la seule
substance qui puisse servir d'interméde
dans cette occasion : les Alkalis fixes, les
Absorbans terreux, le Cuivre, le Plomb,
l'Argent, le Régule d'Antimoine, ont,
aussi-bien que le Fer, plus d'affinité que
le Mercure avec le Soufre. Plusieurs
même de ces substances, sçavoir, les Alkalis salins & terreux, ainsi que le Régule d'Antimoine, ne peuvent contracter d'union avec le Mercure : les autres,
sçavoir, le Cuivre, le Plomb & l'Argent, peuvent à la vérité s'amalgamer
avec le Mercure ; mais l'union que ces
métaux contractent avec le Soufre y met
obstacle ; & quand même ils s'uniroient
avec notre substance métallique, le degré de chaleur que tout le mélange
éprouve, enleveroit bientôt le Mercure, & le séparereroit facilement d'avec ces
substances fixes.

Il faut avoir dans cette distillation, les
mêmes attentions que dans toutes les
autres : c'est-à-dire, échauffer les vaisseaux lentement, sur-tout si on se sert
d'une cornue de verre : augmenter le
feu par degrés, & le donner à la fin beau-

coup plus fort qu'au commencement.
Cette opération en particulier exige un
degré de feu très-fort, quand il n'y a
plus qu'une petite quantité de Mercure.

Il reste après l'opération un mêlange
de Fer & de Soufre dans la cornue, que
l'on peut aisément réduire en *crocus*, en
le calcinant, & en faisant brûler le Soufre.

Si on s'est servi d'un Alkali fixe, on
trouve dans la cornue après la distillation un Foie de Soufre.

Si le Cinnabre dont on a retiré le
Mercure est bon, on obtient ordinaire-
ment les sept huitiémes de son poids de
Mercure coulant.

Il n'est pas nécessaire dans l'opération
présente, de lutter le récipient avec la
cornue, parceque l'eau dans laquelle est
plongé le bout du col de ce vaisseau,
retient suffisamment les vapeurs mercurielles. Dans le cas où le Cinnabre duquel on veut séparer le Mercure, seroit
mêlé de beaucoup de matieres hétérogènes, mais fixes, comme terres, pierres, &c. on pourroit l'en séparer, en le
sublimant à un degré de feu convenable, parcequ'il est volatil.

Les vapeurs mercurielles sont nuisibles, & peuvent exciter la falivation, des tremblemens, des paralyfies. Ainfi il faut toujours les éviter , quand on travaille fur ce minéral.

La plus ancienne & la plus riche mine de Mercure, eft celle d'Almaden en Efpagne. Cette mine a cela de fingulier, que nonobftant que le Mercure qui s'y trouve y foit uni avec du Soufre, & fous la forme de Cinnabre, il n'eft cependant point néceffaire d'y mêler aucun interméde pour faire la féparation des deux fubftances ; la matiére terreufe & pierreufe dont font entre-mêlés les morceaux de mine , eft elle-même un excellent abforbant du Soufre.

On ne fe fert point de cornues dans le travail en grand qui fe fait à cette mine. On place les morceaux de mine fur une grille de fer , laquelle eft immédiatement au-deffus du fourneau. Les fourneaux qui fervent à cette opération font fermés dans leur partie fupérieure par une efpece de dôme, derriere lequel eft un tuyau de cheminée qui communique avec le foyer , & fert à donner iffue à la fumée. Les fourneaux font percés à leur partie antérieure de feize ouvertures , à chacune defquelles eft lutté ori-

fontalement un aludel, qui communique à une longue suite d'autres aludels
placés dans la même situation, lesquels
par leur affemblage forment un long
tuyau ou canal qui va s'ouvrir par fon
autre extrémité dans une chambre destinée à recevoir & à raffembler toutes
les vapeurs mercurielles. Ces canaux d'a-
ludels font foutenus dans leur longueur
par une terraffe qui s'étend depuis le
corps du bâtiment dans lequel font établis les fourneaux, jufqu'à celui où font
les chambres qui fervent de récipient.

Cette difpofition eft très-ingénieufe,
& épargne beaucoup de travail, de dé-
penfe & d'embarras, qui feroient inévi-
tables s'il falloit employer des retortes.

L'endroit du fourneau qui contient
les morceaux de mine, eft comme le
corps de la cornue. Le tuyau d'aludels en
eft le col; & les petites chambres dans
lefquelles aboutiffent ces tuyaux, font
de vrais récipiens. La terraffe de communication qui va d'un bâtiment à l'autre, eft formée de deux plans inclinés,
qui fe joignent enfemble par leur partie
la plus baffe dans le milieu de la terraffe, & s'élevent de-là infenfiblement l'un
jufqu'au bâtiment des fourneaux, & l'au-

tre jusqu'à celui des chambres servant
de récipient. Par ce moyen, lorsqu'il
s'échappe du Mercure à travers les jointures des aludels, il est déterminé à couler, en suivant la pente des plans inclinés, & se rassemble au milieu de la ter-
rasse, qui étant la partie la plus basse de
ces plans, forme une espece de rigole
dans laquelle il est facile de le ramasser.

IL PROCEDE'.

*Donner au Mercure, par l'action du feu,
l'apparence d'une chaux métallique.*

METTEZ du Mercure dans plusieurs
petits matras de verre, dont les
cols soient longs & étroits. Bouchez ces
matras avec un peu de papier, afin d'empêcher qu'il n'y tombe quelqu'ordure.
Placez-les sur un même bain de sable,
de maniere qu'ils soient environnés de
sable jusqu'aux deux tiers de leur hauteur. Donnez le degré de chaleur le
plus fort que le Mercure puisse supporter sans se sublimer : continuez cette
chaleur sans interruption, jusqu'à ce que
tout le Mercure soit changé en une poudre rouge. Cette opération dure environ trois mois.

REMARQUES.

Le Mercure traité fuivant le procédé que nous venons de donner, a toute l'apparence d'une chaux métallique : mais il n'en a que l'apparence ; car fi on l'expofe à un degré de feu un peu fort, il fe fublime, & fe réduit tout entier en Mercure coulant, fans qu'il foit befoin de le combiner avec aucune autre matiere inflammable : ce qui prouve que pendant cette longue calcination, il n'a rien perdu de fon phlogiftique.

La volatilité du Mercure, qui ne lui permet pas d'éprouver une chaleur un peu forte fans fe fublimer, nous empêche d'examiner tous les effets que peut produire le feu fur ce minéral. Il y a cependant lieu de croire que cette fubftance métallique ayant de la reffemblance avec les métaux parfaits par fon poids, fon éclat, & fon brillant qui réfifte à toutes les impreffions de l'air fans s'altérer, feroit comme eux inaltérable à l'action du feu la plus forte, s'il avoit affés de fixité pour la foutenir.

Il faut abfolument, pour donner au Mercure la forme de chaux métallique, lui faire éprouver, comme nous l'avons prescrit, pendant environ trois mois la plus forte chaleur qu'il puisse soutenir sans se sublimer. M. Boerrahave l'a tenu en digestion à une chaleur moindre pendant quinze années de suite, dans des vaisseaux ouverts & des vaisseaux clos, sans lui voir subir le moindre changement, sinon qu'il s'est formé à sa surface une petite quantité de poudre noire, qui s'est réduite en Mercure coulant par la seule trituration.

Le Mercure réduit ainsi en poudre rouge, est connu en Chymie & en Médecine sous le nom de *Mercure précipité sans addition*, ou de *Mercure précipité par lui-même :* nom qui lui convient, en ce qu'il est effectivement réduit sous la forme d'un précipité, & cela sans qu'il ait été mêlé avec aucune autre substance ; mais qui d'un autre côté est fort impropre, attendu que dans la réalité ce Mercure n'est point un précipité, n'ayant point été séparé d'avec aucun menstrue qui le tenoit en dissolution.

III. PROCEDE'.

Diſſolution du Mercure dans l'Acide vitriolique. Turbith minéral.

METTEZ du Mercure dans une cornue de verre , & ajoûtez par-deſſus le triple de ſon poids de bonne huile de Vitriol. Adaptez un récipient à la cornue , & la placez ſur un bain de ſable que vous échaufferez par degrés , juſqu'à ce que la liqueur ſoit légerement bouillante. Le Mercure commencera à ſe diſſoudre à ce degré de chaleur. Entretenez le feu dans cet état , juſqu'à ce que tout le Mercure ſoit diſſous.

REMARQUES.

L'Acide vitriolique diſſout aſſés bien le Mercure ; mais il faut pour cela que cet Acide ſoit très-chaud, & même bouillant ; encore la diſſolution eſt-elle fort long-temps à ſe faire. Nous avons preſcrit de faire l'opération dans une cornue, parcequ'ordinairement on ſe ſert de cette diſſolution pour faire une autre préparation nommée *Turbith minéral*, qui exige qu'on ſépare par la diſtillation tout

ce qu'elle peut enlever de l'Acide diſſolvant.

Si donc, après avoir diſſous le Mercure dans l'Acide vitriolique, on veut
préparer le Turbith, il faut faire paſſer
dans le récipient, en continuant à échauffer la cornue, toute la liqueur qu'elle
contient, & diſtiller juſqu'à ce qu'il ne
reſte plus qu'une matiere blanche & pul-
vérulente; caſſer enſuite la cornue; pulvériſer dans un mortier de verre ce qu'-
elle contient, & verſer deſſus de l'eau
commune, qui fera prendre auſſitôt à
cette matiere blanche une couleur de
citron; puis laver cinq ou ſix fois dans
de nouvelle eau chaude la matiere devenue jaune, qui ſera pour lors ce qu'on
appelle en Médecine *Turbith minéral*;
c'eſt-à-dire, une combinaiſon d'Acide
vitriolique & de Mercure, laquelle eſt,
à la doſe de cinq à ſix grains, un violent
purgatif, & même un émétique; qualités qui lui ſont communes avec le Turbith végétal, dont on lui a donné le nom
par cette raiſon.

Ce qui ſort de la cornue, tant pendant la diſſolution du Mercure, que
quand on fait l'abſtraction du diſſolvant,
eſt un eſprit de Vitriol foible, parce-

qu'une bonne partie des Acides demeure unie avec le Vif-argent, qui reſte enfin ſous la forme d'une poudre blanche.
Si donc on ne ſe ſoucioit point de recueillir l'Acide qui ſort dans cette occaſion, on pourroit, au lieu de faire l'abſtraction du fluide dans la cornue, le
faire évaporer ſur le bain de ſable dans
une capſule de verre, ce qui ſeroit bien
plutôt fait.

Il eſt très-remarquable qu'on peut
dans cette occaſion faire éprouver au
Mercure, ſans craindre de le ſublimer,
une chaleur beaucoup plus grande que
celle qu'il peut ſupporter quand il n'eſt
point ainſi combiné avec l'Acide vitriolique.

La matiere blanche qui reſte après l'é-
vaporation du fluide, eſt un corroſif des
plus violens, & ſeroit un vrai poiſon ſi on
la prenoit intérieurement. Les différentes lotions dans l'eau chaude lui enlevent
une grande quantité de ſes Acides, &
l'adouciſſent conſidérablement. La preuve en eſt, que ſi on fait évaporer l'eau
qui a ſervi à laver le Turbith, il reſte
après l'évaporation une matiere en forme de Sel, qui portée à la cave ſe réſout
en une liqueur qu'on appelle *Huile de*

Mercure, & qui eſt un puiſſant corroſif. Pluſieurs Auteurs preſcrivent auſſi de brûler de l'Eſprit-de-vin ſur le Turbith pour l'adoucir.

Si au lieu de laver la matiere blanche qui reſte après l'abſtraction de l'humidité, on reverſoit deſſus de nouvelle huile de Vitriol ; qu'on en fît l'abſtraction comme la premiere fois, & qu'on réitérât cette manœuvre deux ou trois fois, à la fin il reſteroit dans la cornue une matiere ayant l'apparence d'une huile, qui réſiſte à l'action du feu, & qui ne peut ſe deſſécher : qualités qui lui viennent de la grande quantité de parties acides qui ſe ſont unies au Mercure. Cette huile de Mercure eſt un des plus violens corroſifs. On peut en ſéparer le Mercure en le précipitant avec un Alkali, ou une ſubſtance métallique qui ait plus d'affinité que ce minéral avec l'Acide vitriolique : le Fer, par exemple, peut être employé à cette précipitation. Le Mercure ainſi ſéparé d'avec l'Acide vitriolique, n'a beſoin que d'être diſtillé pour reprendre ſa forme de Mercure coulant.

IV. PROCEDE'.

Combiner le Mercure avec le Soufre.
Æthiops minéral.

MESLEZ un gros de Soufre avec trois gros de Mercure coulant, en triturant le tout ensemble dans un mortier de verre avec un pilon de verre. A mesure que vous triturerez, le Mercure disparoîtra, & la matiere prendra une couleur noire. Continuez la trituration, jusqu'à ce que vous n'apperceviez plus aucune parcelle de Mercure coulant. La matiere noire qui sera après cela dans le mortier, est connue en Médecine sous le nom d'*Æthiops minéral*. On peut encore faire l'Æthiops à chaud, de la maniere suivante.

Faites fondre dans un vase de terre plat, & non vernissé, une partie de fleurs de Soufre : versez-y trois parties de Mercure, que vous y ferez tomber peu à peu en forme de pluie, en l'exprimant à travers une peau de chamois. Remuez le mélange avec un tuyau de pipe, à mesure que le Mercure tombera ; vous verrez la matiere s'épaissir, & acquérir une couleur noire. Quand la mixtion sera faite, mettez-y le feu avec une allumette, & laissez consumer tout le Soufre qui pourra brûler de lui-même.

REMARQUES.

Le Mercure & le Soufre ont beaucoup de facilité à s'unir ensemble. La simple trituration à froid est suffisante pour cela. Le Mercure se réduit par ce moyen en atômes d'une petitesse extrême, & se combine avec le Soufre, ensorte qu'on n'en apperçoit plus aucun vestige.

Le Soufre n'est pas la seule matiere avec laquelle le Mercure peut perdre sa forme & sa fluidité par la trituration : toutes les substances grasses qui ont une certaine consistence, comme la graisse des animaux, les baumes & résines, peuvent produire le même effet. Cette substance métallique triturée long-temps dans un mortier avec ces matieres, devient enfin invisible, & leur communique une couleur noire. Quand elle est ainsi divisée par l'interposition de particules hétérogènes, elle se nomme *Mercure éteint*. Mais le Mercure ne contracte pas avec ces autres matieres une union auſſi intime que celle qu'il contracte avec le Soufre.

L'Æthiops qu'on prépare par la fuſion, eſt une combinaiſon plus exacte & plus juſte du Mercure & du Soufre ; car la quantité de Soufre que nous avons preſcrite, eſt beaucoup plus grande que celle qui eſt abſolument néceſſaire pour lier le Mercure. Ainſi, le Soufre ſurabondant à ce mêlange ſe détruit par la combuſtion, & il ne reſte que celui qui eſt joint avec le Mercure plus intimement, & que l'union qu'il a contractée avec cette ſubſtance métallique, empêche de ſe conſumer auſſi facilement. L'Æthiops fait par la fuſion & la combuſtion du Soufre, contient donc une beaucoup plus grande proportion de Mercure, que celui qui eſt fait par la ſimple trituration ; ainſi on doit l'employer pour la Médecine dans des cas différens, & en moindre doſe.

Si on ne mêloit d'abord avec le Mercure que la quantité de Soufre qui eſt néceſſaire pour le lier, il ſeroit difficile de faire le mêlange bien exactement, parceque cette quantité eſt très-petite ; ainſi il eſt à propos d'en mettre d'abord

d'abord la quantité que nous avons prefcrite.

V. PROCEDE'.

Sublimer en Cinnabre la combinaifon
de Soufre & de Mercure.

REDUISEZ en poudre l'Æthiops minéral fait à chaud. Mettez-le dans
une cucurbite : ajuftez un chapiteau à la
cucurbite : placez-la fur un bain de fable , & donnez d'abord le degré de chaleur qui convient pour fublimer le Soufre. Il fe fublimera une matiere noire
qui s'attachera aux parois du vaiffeau.
Quand il ne montera plus rien à ce degré de chaleur , augmentez le feu jufqu'à
faire rougir le fable & le fond de la cucurbite : alors le refte de la matiere fe
fublimera fous la forme d'une maffe d'un
rouge brun , qui eft de véritable Cinnabre.

REMARQUES.

L'Æthiops minéral n'a befoin que d'ê-
tre fublimé pour être de vrai Cinnabre
femblable à celui qu'on retire des mines
de Mercure ; mais cet Æthiops contient

Tome I.   F f

encore une plus grande quantité de Soufre qu'il n'en doit entrer dans la combinaifon du Cinnabre; c'est pourquoi nous
avons prefcrit de ne donner d'abord
qu'un degré de feu capable de fublimer
le Soufre. Comme le Cinnabre, quoique compofé de Mercure & de Soufre,
eft cependant beaucoup moins volatil
que l'une ou l'autre de ces fubftances
prifes féparément, s'il y a dans l'Æthiops
du Soufre furabondant qui n'ait point
contracté d'union intime avec le Mercure, il fe fublime feul à ce premier degré de chaleur : il monte auffi avec lui
quelques particules mercurielles, qui lui
donnent la couleur noire.

Le Cinnabre ne contient qu'environ
un fixiéme ou un feptiéme de fon poids
de Soufre; ainfi au lieu de fe fervir de
l'Æthiops ordinaire pour le faire, il feroit mieux d'en compofer un exprès dans
la combinaifon duquel on feroit entrer
beaucoup moins de Soufre, parceque la
trop grande quantité de Soufre empêche l'opération de réuffir; & noircit le
Sublimé. De quelque façon même qu'on
s'y prenne, le Cinnabre paroît d'abord
noir; mais quand il eft bien fait, & qu'il
ne contient que ce qu'il doit avoir de

Soufre, cette couleur n'eſt qu'extérieu-
re. On peut l'enlever comme un enduit;
l'intérieur pour lors paroîtra d'un beau
rouge. Si on ſublime après cela une ſeconde fois ce Cinnabre, il ſera très-
beau.

Le Cinnabre artificiel ayant les mêmes propriétés que le naturel, peut être
décompoſé avec les mêmes intermédes
que lui. Ainſi, ſi on veut en retirer le
Mercure, il faut avoir recours au procédé que nous avons donné pour l'exploitation de la mine de Cinnabre.

VI. PROCEDE'.

*Diſſoudre le Mercure dans l'Acide ni-
treux. Divers précipités mercuriels.*

METTEZ dans un matras la quantité
de Mercure que vous voudrez diſſoudre : verſez par-deſſus autant de bon
eſprit de Nitre : placez le matras ſur un
bain de ſable d'une chaleur modérée. Le
Mercure ſe diſſoudra avec les phénoménes ordinaires aux diſſolutions de métaux dans cet Acide. La diſſolution étant
achevée, laiſſez refroidir la liqueur. Vous
connoîtrez que l'Acide eſt autant char-

gé de Mercure qu'il puisse l'être, si non
obstant la chaleur, il reste au fond du
vaisseau un petit globule mercuriel qui
ne puisse se dissoudre.

REMARQUES.

Le Mercure se dissout bien plus facilement & en plus grande quantité dans
l'Acide nitreux, que dans le vitriolique;
ainsi il n'est pas nécessaire dans cette occasion de faire bouillir la liqueur. Cette
dissolution étant refroidie, fournit des
cristaux, qui font un Sel nitreux mercuriel.

Il faut, si on veut avoir une dissolution de Mercure claire & limpide, employer une Eau-forte exempte du mêlange des Acides vitriolique & marin;
car ces deux Acides ayant plus d'affinité
avec le Mercure que l'Acide nitreux,
le précipitent sous la forme d'une poudre blanche, quand ils font mêlés dans
la dissolution.

On se sert en Médecine du Mercure
précipité ainsi en blanc de sa dissolution
dans l'esprit de Nitre. On emploie pour
faire ce précipité, qui est connu sous le
nom de *Précipité blanc*, le Sel marin
dissous dans de l'eau avec un peu de Sel

Ammoniac ; & on lave à plusieurs reprises , avec de l'eau pure , le précipité qui s'est formé , lequel sans cela seroit corrosif , à cause de la grande quantité d'Acide du Sel marin qu'il contiendroit.

La préparation connue sous le nom de *Précipité rouge* , est aussi tirée de notre dissolution de Mercure dans l'esprit de Nitre. Il faut pour la faire , enlever , soit par la distillation dans la retorte , soit par l'évaporation dans une capsule sur le bain de sable , toute l'humidité de la dissolution. Quand elle commence à être réduite en forme séche , elle a l'apparence d'une masse blanche & pesante. Alors on la pousse au feu assés fortement pour en séparer presque tout l'Acide nitreux qui y est demeuré concentré , & qui s'éleve sous la forme de vapeurs rouges. Si ces vapeurs sont retenues dans un récipient , elles se condensent en liqueur , qui est un esprit de Nitre très-fort & très-fumant.

A mesure que l'Acide nitreux est enlevé par le feu, la masse mercurielle perd la couleur blanche , pour en prendre une jaune , & enfin une très-rouge. Quand elle est entierement devenue rouge , l'opération est achevée. La mas-

F f iij

ſe rouge qui reſte n'eſt plus que du Mercure qui ne contient que peu d'Acide, en comparaiſon de ce qu'il en avoit lorſqu'il étoit encore blanc ; auſſi la premiere maſſe blanche eſt-elle un corroſif ſi violent, qu'on ne peut point s'en ſervir en Médecine ; au lieu que quand elle eſt devenue rouge, elle forme un très-bon eſcarrotique, que ceux qui ſçavent s'en ſervir à propos peuvent employer avec les plus grands ſuccès, ſurtout dans les ulcères vénériens.

Cette préparation porte improprement le nom de *Précipité* ; car le Mercure n'a point été ſéparé de l'Acide par l'interméde d'aucune autre ſubſtance ; mais par la ſeule évaporation de ce même Acide.

Il eſt à remarquer que le Mercure acquiert, par ſon union avec l'Acide nitreux, un certain degré de fixité ; car le précipité rouge peut ſoutenir ſans ſe volatiliſer un degré de chaleur plus fort, que le Mercure pur.

VII. PROCEDE'.

Combiner le Mercure avec l'Acide du Sel marin. Sublimé corrosif.

FAITES évaporer une dissolution de Mercure dans l'Acide nitreux, jusqu'à ce qu'il ne reste plus qu'une poudre blanche, comme nous l'avons dit dans les remarques sur le procédé précédent. Mêlez avec cette poudre autant de Vitriol verd calciné en blancheur, & de Sel marin décrépité, que vous aurez fait entrer de Mercure dans votre dissolution. Triturez le tout exactement dans un mortier de verre. Mettez ce mélange dans un matras dont les deux tiers demeurent vuides, & dont le col soit coupé au milieu de sa hauteur, ou, ce qui revient au même, dans une fiole à médecine. Placez le matras dans un bain de sable, & entourez-le de sable jusqu'à la hauteur de la matiere qu'il contient. Donnez d'abord un feu modéré, que vous augmenterez peu à peu. Il s'élevera des vapeurs. Entretenez le feu au même degré, jusqu'à ce qu'il n'en sorte plus. Bouchez alors avec un papier

F f iv

l'orifice du vaiſſeau , & augmentez le feu juſqu'à faire rougir le fond du bain de ſable. A ce degré de chaleur , il ſe fera à la partie ſupérieure des parois du vaiſſeau un Sublimé ſous la forme de criſtaux blancs & demi-tranſparens. Soutenez le feu au même degré , juſqu'à ce qu'il ne ſe ſublime plus rien. Laiſſez refroidir le vaiſſeau : caſſez-le , & en retirez ce qui ſe ſera ſublimé: c'eſt le Sublimé corroſif.

REMARQUES.

Le jeu des Acides minéraux eſt remarquable dans cette opération. Ils s'y trouvent tous les trois neutraliſés , ou liés par une bâſe différente. Le vitriolique y eſt uni au Fer, le nitreux au Mercure , avec lequel il forme un Sel nitreux mercuriel , & le marin avec ſa bâſe naturelle alkaline. Les Acides vitrioliques & nitreux qui ſont unis à des ſubſtances métalliques , étant plus forts que celui du Sel marin, tendent à le ſéparer de ſa bâſe pour ſe combiner avec elle ; mais l'Acide vitriolique étant le plus fort des deux , doit s'emparer de cette bâſe tout ſeul , à l'excluſion de l'autre , qui reſteroit uni avec le Mercure , ſi l'Acide

marin n'avoit plus d'affinité que lui avec
cette fubftance métallique. Cet Acide
féparé d'avec fa bâfe par l'Acide vitriolique, & devenu libre, doit donc s'unir
avec le Mercure, & en féparer l'Acide
nitreux, auquel il ne refte plus d'autre
reffource que de s'unir avec le Fer abandonné par l'Acide vitriolique. Mais comme tous ces changemens fe font à l'aide
d'une chaleur affés forte, & que l'Acide
nitreux n'a pas une cohéfion bien grande avec le Fer, il eft emporté par l'action du feu; & c'eft lui qu'on voit s'élever en vapeurs pendant l'opération. Il
enleve auffi avec lui quelques parties des
deux autres Acides; mais en petite quantité. Il refte donc après l'opération, 1°.
une combinaifon de l'Acide vitriolique
avec la bâfe du Sel marin, c'eft-à-dire,
un Sel de Glauber; 2°. une terre martiale rouge, qui eft celle qui fervoit de
bâfe au Vitriol : ces deux fubftances font
confondues enfemble, & demeurent au
fond du vaiffeau à caufe de leur fixité :
3°. une combinaifon de l'Acide marin
avec le Mercure, qui étant l'un & l'autre volatils, fe fubliment enfemble à la
partie fupérieure du vafe, & forment le
Sublimé corrofif.

Si on réfléchit attentivement sur notre procédé, & qu'on ait bien présentes à l'esprit les affinités des différentes substances qu'on y emploie, on s'appercevra qu'il n'est pas nécessaire d'employer toutes ces matieres, & que l'opération doit réussir quand même on en supprimeroit plusieurs.

Premierement, on peut se passer de l'Acide nitreux, qui, comme on l'a vu, n'entre point dans la combinaison, & se dissipe en vapeurs pendant l'opération. En mêlant donc exactement ensemble du Vitriol, du Sel marin & du Mercure, on doit faire du Sublimé corrosif ; car l'Acide du Vitriol dégageant celui du Sel marin, ce dernier peut se combiner avec le Mercure, & former le composé que l'on cherche.

Secondement, en employant le Mercure dissous par l'Acide nitreux, on peut se passer de Vitriol, parceque l'Acide nitreux ayant plus d'affinité avec la bâse du Sel marin que l'Acide de ce Sel, & l'Acide du Sel marin ayant plus d'affinité avec le Mercure que l'Acide nitreux, ces deux Acides doivent naturellement faire un échange des bâses auxquelles ils sont unis : le nitreux doit s'unir avec la bâse

du Sel marin , & former un Nitre quadrangulaire ; & le marin s'unir avec le
Mercure , & former avec lui le Sublimé
corrosif.

Troisiémement , au lieu du Sel marin ,
on peut employer seulement son Acide ,
qui , mêlé dans la dissolution du Mercure par l'esprit de Nitre , doit en vertu de
son affinité avec cette substance métallique , en séparer l'Acide nitreux , s'unir
avec elle , & former un précipité blanc
mercuriel , qui n'a besoin que d'être sublimé pour être la combinaison qu'on
demande. Il reste aussi dans cette dissolution , après la précipitation , un Nitre
quadrangulaire.

Quatriémement , au lieu d'employer
du Mercure dissous dans l'Acide nitreux ,
on peut se servir du Mercure dissous par
l'Acide vitriolique , ou du Turbith. Le
Sel marin & le Sel mercuriel doivent se
décomposer réciproquement , en vertu
des affinités de leurs Acides , & par les
mêmes raisons que le Sel marin & le Sel
nitreux mercuriel se décomposent. L'A-
cide vitriolique quitte le Mercure auquel il est uni , pour s'unir avec la bâse
du Sel marin , & l'Acide de ce Sel chassé
par le vitriolique , se combine avec le

Mercure, & forme par conséquent notre Sublimé corrosif. Il reste pour lors après la sublimation, un Sel de Glauber.

Toutes ces différentes manieres de faire le Sublimé corrosif ne sont point absolument usitées, parcequ'elles ont toutes quelqu'inconvénient, comme d'exiger une trituration plus longue, de fournir un Sublimé moins corrosif, ou d'en produire une moindre quantité. Il faut pourtant en excepter la derniere, que feu M. Boulduc, de l'Académie des Sciences, a inventée, & dans laquelle il n'a remarqué aucun de ces inconvéniens. *Voyez les Mém. de l'Acad. année* 1730.

On pourroit encore faire du Sublimé corrosif, en mêlant simplement le Mercure avec du Sel marin sans aucun intermede. Ce qui doit paroître étonnant, attendu que les Acides ayant plus d'affinité avec les Alkalis qu'avec les substances métalliques, l'Acide marin ne devroit point quitter sa bâse qui est alkaline, pour s'unir avec le Mercure.

Il faut se ressouvenir, pour trouver l'explication de ce phénoméne, que le Sel marin poussé au feu sans aucun intermede, laisse un peu échapper de son Acide. C'est cette partie de l'Acide du Sel marin qui s'uniſſant avec le Mercure, forme du Sublimé corroſif. De plus, comme l'affinité de l'Acide marin avec le Mercure ne laiſſe point d'être forte, cela peut contribuer à faire détacher de ce Sel une plus grande quantité d'Acide, qu'il ne s'en détacheroit s'il étoit ſeul. Nonobſtant cela, la quantité de Sublimé qu'on obtient par ce moyen n'eſt pas grande, & ce Sublimé n'eſt pas fort corroſif.

Le Sublimé corroſif eſt le plus violent & le plus actif de tous les poiſons corroſifs. On ne s'en ſert en Médecine que pour l'appliquer extérieurement. C'eſt un puiſſant eſcarrotique; il mange les chairs baveuſes, & nettoie les vieux ulcères; mais il faut ſçavoir l'employer à propos, & il demande à être manié par des mains habiles. On ne l'emploie pas ordinairement ſeul, on le mêle à la doſe d'un demi-gros dans une livre d'eau de chaux. Ce mêlange jaunit, & porte le nom d'*Eau phagédénique*.

Le Sublimé corroſif ne ſe diſſout dans l'eau qu'en petite quantité. Si on mêle dans cette diſſolution un Alkali fixe, le Mercure ſe précipite ſous la forme d'une poudre rouge. Si on fait le précipité avec un Alkali volatil, il eſt blanc; par l'eau de chaux, il eſt jaune.

VIII. PROCEDE'.

Sublimé doux.

PRENEZ quatre parties de Sublimé corroſif : réduiſez-le en poudre dans un mortier de verre ou de marbre : ajoû-tez-y peu à peu trois parties de Mercure révivifié du Cinnabre : triturez le tout exactement juſqu'à ce que le Mercure ſoit parfaitement éteint , & que vous n'en apperceviez plus aucun globule. La matiere en cet état ſera griſe. Mettez cette poudre dans des fioles à médeci-ne , ou dans un matras dont le col n'ait pas plus de quatre à cinq pouces de hau-teur, & dont les deux tiers demeurent vuides. Placez le vaiſſeau dans un bain de ſable , & entourez-le de ſable juſqu'au tiers de ſa hauteur. Donnez un feu mo-déré d'abord , puis augmentez-le juſqu'à ce que vous apperceviez que le mêlange ſe ſublime. Soutenez-le à ce degré, juſ-qu'à ce qu'il ne ſe ſublime plus rien. Caſ-ſez enſuite le vaiſſeau. Rejettez comme inutile un peu de terre qui ſera au fond.

Séparez aussi ce qui sera attaché au col
du vaisseau, & ramassez avec exactitude
la matiere du milieu qui sera blanche.
Pulvérisez-la : faites-la sublimer une seconde fois de la même maniere que la
premiere : séparez de même, après la sublimation, la matiere terreuse qui reste
au fond du vaisseau, & ce qui s'est sublimé au col. Faites sublimer une troisiéme fois la matiere blanche du milieu,
après l'avoir pulvérisée. La matiere blanche de ce troisiéme Sublimé est le Sublimé doux, nommé aussi *Aquila alba*.

REMARQUES.

Il s'en faut bien que l'Acide du Sel
marin soit entierement saoulé de Mercure dans le Sublimé corrosif ; & c'est
de-là que lui vient sa qualité corrosive.
Mais quoique le Mercure, comme on
le voit par l'exemple de cette combinaison, soit capable de se charger d'une
beaucoup plus grande quantité d'Acide,
que celle qui est nécessaire pour le dissoudre ; quoiqu'il se charge naturellement de cette quantité surabondante
d'Acide, ce n'est pas à dire pour cela
que cet Acide surabondant ne puisse se
combiner avec le Mercure jusqu'au point

de faturation, de maniere qu'il perde fon acidité corrofive.

C'eft ce qui arrive dans l'opération dont nous venons de donner la defcription. On mêle avec le Sublimé corrofif une nouvelle quantité de Mercure coulant ; & le nouveau Mercure fe combinant avec l'Acide furabondant, ôte au Sublimé fon acrimonie, & forme un compofé qui approche beaucoup plus de la nature d'un Sel neutre métallique.

La feule trituration n'eft pas fuffifante pour produire l'union du Mercure nouvellement ajoûté avec l'Acide du Sublimé corrofif, parceque l'Acide du Sel marin ne peut diffoudre le Mercure qu'à l'aide d'un certain degré de châleur, & lorfqu'il eft réduit en vapeurs.

Ainfi, quoiqu'après la trituration le nouveau Mercure foit devenu invifible, & paroiffe combiné avec le Sublimé corrofif, il ne l'eft cependant point intimement : ce n'eft qu'une interpofition de parties, & il n'y a point encore de vraie diffolution du Mercure nouvellement ajoûté, par l'acide furabondant du Sublimé corrofif. C'eft pourquoi il faut faire fublimer le mêlange ; & c'eft dans cette fublimation que fe fait véritablement l'union

nion qu'on defire. Une feule fublimation n'eft pas même fuffifante ; il en faut
jufqu'à trois , pour ôter au Sublimé la
qualité corrofive qui le rend poifon. A-
près la troifiéme fublimation , le Sublimé mis fur la langue ne lui laiffe point
appercevoir d'âcreté confidérable , & il
ne retient de fa premiere activité , que
ce qu'il lui en faut pour être un purgatif
affés doux depuis la dofe de fix jufqu'à
trente grains.

Si on ne mêloit avec le Sublimé corrofif qu'une quantité de Mercure moindre que celle que nous avons prefcrite,
tout l'Acide furabondant ne feroit point
fuffifamment faoulé , & le Sublimé re-
tiendroit d'autant plus de fa vertu corrofive, qu'on auroit ajoûté une moindre
quantité de Mercure.

Si au contraire on en ajoûtoit davantage , il y en auroit trop pour la faturation parfaite de l'Acide , & la quantité
de Mercure excédente demeureroit fous
fa forme naturelle de Mercure coulant.
Il vaut mieux pécher par excès que par
défaut dans la dofe de Mercure qu'on
ajoûte , parceque le Sublimé corrofif
n'en prend que la quantité qui lui eft néceffaire pour fe dulcifier.

Une partie de l'Acide du Sublimé corrofif fe diffipe aussi en vapeurs pendant
l'opération, & il eft néceffaire de donner un efpace à ces vapeurs pour circuler, & une porte pour fortir, fans quoi
elles briferoient les vaiffeaux. C'eft pour
cela que nous avons prefcrit de laiffer
un vuide dans les matras, ou fioles dans
lefquelles on fait cette fublimation, &
de ne laiffer à leur col que la longueur
de cinq à fix pouces.

La matiere qui fe fublime au col du
vaiffeau a toujours beaucoup d'âcreté :
c'eft pourquoi il faut la féparer du Sublimé doux. Il refte auffi au fond du
matras une matiere terreufe & rougeâtre, qui vient vraifemblablement du Vitriol dont on s'eft fervi pour faire le Sublimé corrofif. Il faut auffi féparer cette
matiere à chaque fublimation, comme
inutile.

IX. PROCEDE.

Panacée mercurielle.

RÉDUISEZ en poudre du Sublimé
doux, & faites-le fublimer de la
même maniere que les trois premieres

fois. Réitérez ainfi jufqu'à neuf fois. Après ces fublimations, il ne fera plus fur la langue aucune impreffion. Verfez alors deffus un Efprit-de-vin aromatifé, & faites digérer le tout pendant huit jours. Après ce temps décantez l'Efprit-de-vin, & faites fécher ce qui refte : c'eft la Panacée mercurielle.

REMARQUES.

Le grand nombre de fublimations qu'on fait fubir au Sublimé doux, l'adoucit encore à un tel point, qu'il ne fait plus aucune impreffion fur la langue, & qu'il n'a plus de vertu purgative.

L'Efprit-de-vin dans lequel on le fait digérer après toutes ces fublimations, eft deftiné à émouffer encore l'âcreté de quelques particules acides, en cas qu'il en foit refté qui n'aient pas été fuffifamment adoucies par les fublimations.

Comme le Mercure eft le reméde fpécifique des maladies vénériennes, on a cherché à en faire plufieurs préparations qui fuffent propres à produire différens effets. Le Sublimé doux eft purgatif; & par cette raifon n'eft pas propre à procurer la falivation, parcequ'il entraîne les humeurs par le ventre. La Panacée mercurielle, au contraire, qui n'eſt point purgative, peut procurer la ſalivation étant priſe intérieurement.

SECTION TROISIE'ME.

Des Opérations qui ſe font ſur les Demi-Métaux.

CHAPITRE PREMIER.

DE L'ANTIMOINE.

PREMIER PROCEDE'.

Séparer l'Antimoine de ſa mine par la fuſion.

METTEZ dans un creuſet, dont le fond ſoit percé de quelques petits trous d'environ deux lignes de diametre, la mine d'Antimoine réduite en petits morceaux gros environ comme une noiſette. Faites entrer le fond du creuſet ainſi diſpoſé dans un autre creuſet, & fermez avec du lut toutes les ouvertures des deux creuſets.

Entourez ces vaisseaux avec des briques placées de tous côtés à la distance d'un demi-pied, & qui forment un fourneau dont les bords s'élèvent aussi haut que ceux du creuset supérieur.

Emplissez avec de la cendre le fond de ce fourneau, dans lequel est contenu le creuset inférieur, jusqu'à la hauteur de ce même creuset, & le reste du fourneau avec du charbon allumé. Excitez le feu, s'il est nécessaire, avec un soufflet, ensorte que le creuset supérieur devienne rouge. Entretenez le feu à ce degré pendant environ un quart-d'heure. Après ce temps, retirez les vaisseaux du fourneau, & vous trouverez que l'Antimoine se sera rassemblé au fond du creuset inférieur, ayant passé par les trous du supérieur.

REMARQUES.

La mine d'Antimoine est une des plus fusibles ; elle contient toujours beaucoup de Soufre, & ne sçauroit éprouver un degré de feu un peu fort, sans se dissiper en vapeurs. Elle n'a besoin d'aucune addition pour se fondre ; car il n'est pas nécessaire dans cette occasion, que les matieres terreuses & pierreuses qui y font mêlées entrent en fufion : il fuffit que la partie antimoniale fe fonde ; & auffitôt qu'elle eft devenue fluide, elle eft déterminée par fon poids à couler au fond du creufet. Elle fe fépare ainfi d'avec les matieres hétérogènes qui reftent dans le creufet fupérieur, tandis qu'elle paffe par les trous du fond de ce même creufet, & fe raffemble dans l'inférieur.

La précaution de fermer toutes les ouvertures des creufets, eft néceffaire à caufe de la volatilité de ce minéral. C'eft auffi pour empêcher que l'Antimoine une fois fondu ne continue d'être expofé à une chaleur vive, qu'on le fait defcendre dans un vaiffeau, qui n'étant environné que de cendres, ne peut éprouver que fort peu de chaleur, la cendre étant celui des intermédes folides qui en tranfmet le moins.

II PROCEDE'.

Régule d'Antimoine ordinaire.

RE'DUISEZ en poudre de l'Antimoine crud. Mêlez-le avec les trois quarts de fon poids de Tartre blanc, & trois fixiémes de Salpêtre rafiné, le tout réduit en poudre. Faites rougir un grand creuset entre les charbons, puis jettez dedans une cuillerée de votre mêlange, & le couvrez. Il se fera une détonnation assés considérable. Quand elle sera passée, jettez dans le creuset une seconde cuillerée du mêlange, & couvrez de même : il se fera une seconde détonnation. Continuez ainsi à ajoûter le reste de votre mêlange par cuillerées, jusqu'à ce que tout soit entré dans le creuset.

Tout le mêlange ayant ainsi fulminé, augmentez le feu, ensorte que la matiere se mette en fusion ; puis retirez le creuset du fourneau, & versez promptement ce qu'il contient dans un cône de fer chauffé & graissé de suif. Frappez le plancher & le cône avec un marteau, pour faire précipiter le Régule ; & quand la matiere sera figée & refroidie, retirez-la du cône en le renversant. Vous verrez qu'elle est composée de deux sortes de substances distinctes ; l'une supérieure qui est une scorie saline, & l'autre inférieure qui est la partie réguline. Frappez cette masse d'un coup de marteau dans l'endroit de la jonction, & vous séparerez par ce moyen les scories d'avec le Régule, qui aura la forme d'un cône métallique, sur la bâse duquel vous remarquerez l'empreinte d'une étoile brillante.

REMARQUES.

L'Antimoine, quoique séparé par une premiere fusion d'avec les matieres terreuses & pierreuses, ne doit cependant être regardé que comme une mine, à cause de la grande quantité de Soufre qu'il contient, qui minéralise la partie métallique ou le Régule. Si donc on veut avoir ce Régule pur, il est nécessaire de le séparer d'avec le Soufre qui lui est uni. Il y a plusieurs moyens pour y parvenir. Celui que nous avons proposé est un des plus prompts & des plus faciles, quoiqu'il ne soit point absolument exempt d'inconvéniens, comme nous allons voir.

Le Salpêtre qu'on fait entrer dans le mélange détonne à la faveur du Soufre de l'Antimoine, qu'il consume, & dont il débarrasse la partie réguline : mais comme il seroit capable de consumer aussi une partie du phlogistique même qui donne la forme métallique au Régule, on ajoûte du Tartre, qui contenant beaucoup de matiere inflammable, en fournit suffisamment pour la déton-

nation

riation du Nitre, ou plutôt est en état de
restituer à la terre métallique de l'Antimoine, le phlogistique qui auroit pu être
consumé par le Nitre.

En faisant réflexion sur ce qui se passe
dans cette opération, on s'appercevra
aisément qu'il doit y avoir beaucoup de
perte, & qu'il s'en faut bien qu'on retire par cette méthode tout ce que l'Antimoine peut fournir de Régule; car 1°.
le Régule d'Antimoine étant une substance volatile, il doit s'en dissiper beaucoup pendant la détonnation, & une
quantité d'autant plus grande, que la détonnation se faisant à plusieurs reprises,
est prolongée pendant un temps considérable. Les fleurs qu'on peut ramasser
en présentant des corps froids à la fumée
qui s'éleve dans cette opération, lesquelles peuvent se réduire en Régule par
l'addition du phlogistique, font la preuve de ce que nous venons d'avancer.

2°. Tout le Soufre de l'Antimoine
n'est pas consumé dans cette occasion par
le Nitre, & l'Acide de celui qui s'est bru-
lé se joignant avec une partie de l'Alkali
qui provient de la déflagration du Nitre
& du Tartre, forme un Tartre vitriolé
qui trouve suffisamment de phlogistique

dans le mêlange, & reforme de nouveau Soufre. Or ce Soufre, soit qu'il n'ait point été consumé, soit qu'il se soit reproduit pendant l'opération, se combine avec l'Alkali, & forme un Foie de Soufre qui dissout une partie du Régule, lequel reste confondu avec les scories. La preuve de cela est, que si on mêle de la limaille de fer avec ces scories, & qu'on les mette en fusion une seconde fois, on trouve au fond du creuset un culot de Régule qu'elles contenoient, & qui en a été séparé par l'intermède du Fer. Nous nous étendrons davantage là-dessus dans le procédé du Régule martial, que nous allons donner à la suite de celui-ci.

Si au lieu de fondre nos scories avec la limaille de fer, on les pulvérisoit, qu'on les fît bouillir dans de l'eau, & qu'on versât un Acide sur cette eau, la liqueur se troubleroit aussitôt, & il se formeroit un précipité sulphureux, nommé communément *Soufre doré d'Antimoine*, qui n'est autre chose que du Soufre commun uni encore avec quelques parties de Regule. Nouvelle preuve de ce que nous avons avancé sur la formation du Foie de Soufre dans notre opération.

Comme le Régule d'Antimoine n'est point une chose bien précieuse, on ne prend pas garde ordinairement à la perte qu'on en fait dans ce procédé. Nous aurons occasion dans la suite, d'indiquer des moyens de faire ce Régule avec moins de perte.

III. PROCEDE.

Régule d'Antimoine précipité par les métaux.

METTEZ une partie de petits clous de fer dans un creuset, placé au milieu des charbons ardens, dans un fourneau de fusion. Quand ce Fer sera bien rouge, & commencera à blanchir, ajoûtez-y peu à peu, & à plusieurs reprises, deux parties d'Antimoine crud, réduit en poudre. L'Antimoine se fondra aussitôt, & s'unira avec le Fer. Quand l'Antimoine sera entierement fondu, a-joûtez aussi à plusieurs reprises le quart de son poids de Nitre pulvérisé : il se fera une détonnation, & tout le mêlange se mettra en fusion.

Après avoir entretenu la matiere en cet état pendant quelques minutes, ver-

fez-la dans un cône de fer chauffé &
graiffé de fuif. Frappez aux côtez du cône avec un marteau, afin que le Régule
defcende au fond; & lorfqu'il fera refroidi, féparez-le des fcories par un coup
de marteau. Faites refondre dans un autre creufet ce premier Régule, en y
ajoûtant le quart de fon poids d'Antimoine crud. Tenez le creufet fermé, &
ne donnez que ce qu'il faut de chaleur
pour fondre la matiere. Quand elle fera
bien en fonte, ajoûtez-y, de même que
la premiere fois, à plufieurs reprifes, la
fixiéme partie de fon poids de Nitre pulvérifé: un demi-quart-d'heure après verfez le tout comme la premiere fois.

Enfin, faites refondre encore votre
Régule une troifiéme, & même une
quatriéme fois, en y ajoûtant à chaque
fois un peu de Nitre. Ce Nitre déton-
nera comme les premieres fois. Si après
toutes ces fufions vous verfez votre Régule dans le cône de fer, vous le trouverez très-beau: il aura une étoile bien
formée: il fera couvert d'une fcorie demi-tranfparente, & de couleur de citron. Cette fcorie eft extrêmement âcre
& cauftique.

REMARQUES.

Quoique le Régule d'Antimoine s'u-
nisse très-facilement avec le Soufre, &
ne se trouve jamais dans la terre sans
être combiné avec cette substance, il ne
s'ensuit pas que l'affinité qu'il a avec ce
minéral soit des plus grandes ; au contraire, tous les métaux, excepté l'Or,
ont plus d'affinité avec le Soufre que ce
demi-métal.

Il suit de-là, que tous les métaux peuvent servir d'intermède pour décomposer l'Antimoine, & séparer la partie sulphureuse d'avec la métallique. Ainsi, au
lieu de se servir du Fer, comme nous
l'avons prescrit, on pourroit employer
du Cuivre, du Plomb, de l'Etain, ou de
l'Argent, & on parviendroit à faire du
Régule par leur moyen. Mais comme
de toutes les substances métalliques, le
Fer est celle qui a la plus grande affinité
avec le Soufre, on se sert de lui dans
cette occasion par préférence à toutes
les autres.

Il en revient deux avantages : le premier, c'est que l'opération se fait plus
vîte & plus facilement ; & le second,
c'est que le Régule en est plus pur, &

contient une moindre quantité du métal précipitant : car c'est une regle généra-le, que lorsqu'on se sert d'une substance métallique pour en précipiter une autre, la substance précipitée est toujours un peu altérée par le mélange de quelques parties de la précipitante. Or plus le pré-cipitant a d'affinité avec la matiere qui est unie à celle qu'on veut précipiter, & moins le précipité retient de ce précipitant.

Le Fer se fond asés facilement dans notre procédé, à cause de l'union qu'il contracte avec le Soufre, lequel, com-me nous l'avons dit, a la propriété de rendre très-fusible ce métal, le plus ré-fractaire de tous lorsqu'il est seul.

La scorie qu'on trouve sur le Régule de la premiere fusion, est une com-binaison du Fer & de la partie sulphu-reuse de l'Antimoine. Cette scorie est extrêmement dure, & on a de la peine à la séparer d'avec le Régule. Le Nitre qu'on ajoûte, & qui s'alkalise, s'unissant avec elle la rend moins dure, & lui don-ne la propriété de s'humecter à l'air. On pourroit substituer au Nitre un Sel al-kali.

Le Nitre qui s'alkalise dans l'opéra-

tion, ou le Sel alkali qu'on ajoûte, procure encore un autre avantage : c'est
que s'unissant avec une partie du Soufre
de l'Antimoine, ils font un Foie de Soufre qui dissout le Fer, le retient, & empêche que celui qui ne s'est point encore combiné avec le Soufre pur, ne se
joigne avec autant de facilité au Régule.

Enfin, le Nitre ou les Sels alkalis qu'on
ajoûte, servent aussi à faciliter beaucoup
la fusion, à la rendre plus parfaite, &
procurent une précipitation du Régule
plus complette.

La seconde fusion qu'on fait subir au
Régule, est destinée à le purifier du mêlange du Fer. Le nouvel Antimoine
qu'on ajoûte venant à se fondre avec le
Régule, le Soufre que cet Antimoine
contient, se joint avec les parties ferrugineuses qui sont dans ce Régule ; & ce
Fer devenu plus léger par cette union,
est poussé à la surface de la matiere. Il
y forme une espece de scorie, dans laquelle se trouve mêlé beaucoup d'Antimoine, dont le Régule n'a pas été précipité, parcequ'il n'y a point assés de Fer
pour cela dans le mêlange. Le Sel qu'on
ajoûte y produit le même effet que dans
la premiere fusion.

H h iv

Mais fi d'un côté on purifie par l'addition de ce nouvel Antimoine le Régule précipité par la premiere fufion, de la plus grande partie du Fer dont il étoit allié; d'un autre côté on ne peut éviter que ce même Régule ne fe recombine avec quelques parties fulphureufes.

C'eft pour le féparer entierement de ces parties fulphureufes, qu'on doit le faire fondre encore une fois ou deux, en y ajoûtant un peu de Nitre qui le confume dans fa détonnation. Mais cela ne fe peut faire fans qu'une partie du phlogiftique même qui donne la forme métallique au Régule ne foit auffi confumé : d'où il arrive qu'une partie de ce Régule fe réduit en chaux, qui à l'aide du Nitre alkalifé fe convertit en verre; & c'eft ce verre qui mêlé dans les fcories leur donne la couleur jaune qu'on y apperçoit. Cette couleur jaune peut être produite auffi par quelques parties ferrugineufes, dont il refte toujours une petite quantité combinée avec le Régule, malgré fa premiere dépuration par l'Antimoine.

Il eft inutile de réitérer un plus grand nombre de fois les fufions du Régule, en y ajoûtant du Nitre, dans le deffein de confumer le Soufre qu'il peut encore contenir ; parcequ'après la feconde fufion, il n'en contient plus du tout , & ne retient que le phlogiftique qui lui eft néceffaire pour lui donner la forme métallique. On ne feroit par-là que calciner le Régule en pure perte.

On voit , par ce que nous venons de dire , qu'on n'obtient point encore par ce procédé tout le Régule qu'on peut retirer de l'Antimoine , puifque les fufions qu'on eft obligé de lui faire fubir avec le Nitre pour le purifier , en détruifent une partie. Nous donnerons un procédé pour tirer de l'Antimoine la plus grande quantité de Régule qu'il foit poffible d'en tirer , quand nous aurons parlé de la calcination , qui eft en quelque forte la premiere partie du procédé.

IV. PROCEDE'.

Calcination de l'Antimoine.

PRENEZ un vaiffeau de terre évafé qui ne foit point verni : mettez dedans deux ou trois onces d'Antimoine crud, réduit en poudre fine. Placez ce vaiffeau fur un petit feu de charbon , que vous augmenterez jufqu'à ce que vous voyiez que l'Antimoine commence à fumer doucement. Entretenez le feu à ce degré, & ne difcontinuez pas pendant tout le temps que votre Antimoine fera fur le feu, de le remuer avec un tuyau de pipe. La poudre d'Antimoine qui avoit, avant d'être calcinée, une couleur brillante tirant fur le noir, deviendra terne & terreufe. Quand elle aura cette couleur, il faut augmenter le feu jufqu'à faire rougir le vaiffeau, & l'entretenir à ce degré jufqu'à ce que la matiere ceffe entierement de fumer.

REMARQUES.

L'Antimoine eft, comme nous avons dit, une efpece de mine compofée d'une partie métallique ou réguline, minéralifée par le Soufre.

Le but de cette calcination eft de diffiper par l'action du feu la partie fulphureufe qui eft la plus volatile, pour la féparer de la partie métallique. C'eft, comme on voit, une véritable torréfaction : mais elle eft fort difficile, & demande beaucoup d'attention, parceque l'Antimoine entre en fufion très-facilement, & qu'il eft effentiel pour la réuffite de

l'opération, qu'il ne se fonde point, parceque quand la matiere est en fusion, le
Soufre a besoin d'un degré de chaleur
plus considérable pour être enlevé. Or
comme le Régule d'Antimoine est lui-
même très-volatil, si on lui faisoit éprouver le degré de chaleur nécessaire pour
dissiper le Soufre dans le cas de fusion,
une bonne partie du Régule se dissiperoit aussi avec la partie sulphureuse.

Si donc il arrivoit que pendant la calcination l'Antimoine commençât à se
fondre, ce dont on s'apperçoit aisément,
parcequ'il se met en grumeaux, il faudroit le retirer de dessus le feu, repul-
vériser les parties qui seroient grume-
lées, & continuer après cela la calcination à un degré de feu plus modéré.

Lorsque l'Antimoine a perdu son brillant, & est devenu semblable à une matiere terreuse, il est temps d'augmenter
le degré de chaleur pour achever la calcination, parceque les dernieres portions
de Soufre sont toujours plus difficiles à
enlever. D'ailleurs les inconvéniens dont
nous venons de parler, ne sont plus à
craindre, parceque comme c'est le Soufre qui donne la grande fusibilité à la
partie réguline, ce qui en reste est beau-

coup moins fusible, lorsque la plus grande partie du Soufre est dissipée : & comme on ne peut dissiper le Soufre surabondant de l'Antimoine, qu'une bonne partie du phlogistique qui métallise son Régule ne se dissipe en même temps, la matiere qui reste approche beaucoup plus de la nature d'une chaux, que d'une substance métallique, & participe par conséquent de la nature des chaux métalliques, qui ont toutes beaucoup de fixité.

On peut faire aussi la calcination de l'Antimoine, en mêlant avec le minéral partie égale de charbon pulvérisé. Le charbon n'étant point susceptible de fusion, empêche l'Antimoine de se grumeler : il l'empêche aussi de perdre autant de son phlogistique métallisant, qu'il en perdroit sans cela : d'où il arrive que la chaux d'Antimoine préparée par ce moyen, approche davantage de la nature du Régule, que celle qui est faite sans addition.

S'il arrivoit qu'on poussât le feu trop fortement dans cette calcination avec la poudre de charbon, il se feroit une espece de réduction de la chaux en Régule, par le moyen du phlogistique qui

lui feroit fourni par le charbon ; & pour
lors le Régule fe diffiperoit en vapeurs,
d'autant plus facilement, que cette chaux
qui approche de la nature du Régule,
n'a pas la même fixité que celle qui eft
préparée fans addition. Elle continue,
par cette raifon, à fumer toujours, quoiqu'elle ne contienne plus de Soufre furabondant. C'eft pourquoi il ne faut pas
attendre qu'elle ne fume plus pour ceffer la calcination ; car on en perdroit
beaucoup qui fe diffiperoit en vapeurs :
il fuffit qu'étant médiocrement rouge,
elle ne laiffe plus échapper de vapeurs,
ayant l'odeur de Soufre brûlant.

V. PROCEDE'.

Réduire la chaux d'Antimoine en Régule.

MESLEZ la chaux d'Antimoine, que
vous voudrez réduire en Régule,
avec autant de favon noir. Ce mélange
formera une pâte un peu liquide. Mettez peu à peu cette pâte dans un creufet que vous aurez fait rougir au milieu
des charbons ardens. Laiffez brûler ainfi
le favon, jufqu'à ce qu'il ne s'éleve plus

de fumée huileuse. Couvrez ensuite le creuset, & augmentez le feu assés considérablement pour faire fondre la matiere. Vous l'entendrez fermenter. & bouillonner. Quand ce bruit sera appaisé, laissez refroidir le creuset, puis cassez-le : vous y trouverez une belle scorie, avec des cercles de différentes couleurs, & sous cette scorie un culot de Régule qui n'est pas encore bien pur, & qu'il faut purifier de la maniere suivante.

Réduisez en poudre ce premier Régule, & mêlez-le avec la moitié de son poids de chaux d'Antimoine autant désulphurée qu'elle puisse l'être. Mettez-le dans un creuset que vous couvrirez : faites fondre le tout, ensorte que la surface de la matiere fondue soit lisse & tranquille. Laissez refroidir le creuset ; cassez-le : vous y trouverez un culot de beau Régule bien pur, qui sera couvert de scories ayant l'apparence d'un verre opaque, ou espece d'émail d'une couleur grise, & moulé sur les stries fines de la surface du Régule.

REMARQUES.

La chaux d'Antimoine est de toutes

les chaux métalliques, une de celles dont la réduction se fait le plus facilement. Toute matiere qui contient du phlogistique, la seule poudre de charbon suffit pour lui faire prendre la forme de Régule, sans qu'il soit besoin de rien ajoûter qui facilite la fusion, parceque cette chaux qui n'est pas elle-même absolument réfractaire, acquiert encore beaucoup plus de fusibilité, à mesure qu'elle se combine avec le phlogistique, & qu'elle devient Régule.

Quoique toutes les matieres inflammables soient propres à faire la réduction de la chaux d'Antimoine, il y en a cependant avec lesquelles l'opération réussit mieux qu'avec les autres, & qui fournissent une plus grande quantité de Régule. Les matieres grasses, jointes avec des Sels alkalis, sont celles qui dans cette réduction, comme dans la plupart des autres, réussissent le mieux. Le flux noir, par exemple, y est très-propre ; mais M. Geoffroy, qui a beaucoup travaillé sur l'Antimoine, a reconnu par une expérience réitérée, que le savon noir y étoit encore plus propre, & qu'on retiroit par son moyen une plus grande quantité de Régule, qu'avec aucun autre réductif. C'est d'un des Mémoires qu'il a donnés sur cette matiere à l'Académie des Sciences, que nous avons tiré le procédé dont nous venons de faire la description.

Le savon noir est composé d'une lessive d'Alkali fixe, comme de potasse, par exemple, & de chaux vive, qu'on unit par ébullition avec l'huile de lin, l'huile de navette, ou avec celle de chenevis, quelquefois même avec des graisses. Les matieres huileuses contenues dans ce réductif, commencent par se brûler, & se réduire en charbon dans le creuset. Quand elles sont en cet état, on ferme le creuset, & on augmente la chaleur pour faire fondre la matiere. C'est dans ce temps que se fait la réduction : le bruit & le bouillonnement qu'on entend en sont l'effet.

Le Régule qu'on obtient par cette premiere fusion, n'est pas encore bien pur.

Il est altéré par le mêlange d'une certaine quantité de terre non métallique qui étoit contenue dans l'Antimoine, & par une portion de la terre calcaire du savon.

M. Geoffroy s'est assuré que c'étoit cette substance qui altéroit la pureté de
son

son Régule, en mettant ce Régule dans de l'eau : il a remarqué une ébullition fort vive autour des culots, qui a duré avec quelques-uns plus de vingt-quatre heures. En les examinant avec la loupe, il a découvert de petits trous imperceptibles à la vue simple, & par lesquels l'eau s'introduisoit pour se joindre avec la chaux détenue dans l'intérieur du Régule, & l'éteindre parcequ'elle s'étoit recalcinée pendant l'opération.

On pourroit purifier ce Régule par la simple fusion, sans aucune addition, parceque les parties de la chaux étant plus légeres que celles du Régule, seroient repoussées à la surface, sur laquelle elles formeroient une espece de scorie. Mais M. Geoffroy a remarqué, que dans ce cas jamais la surface du Régule n'est bien nette ; qu'elle est toujours salie par des scories extrêmement adhérentes, & qu'il ne s'y forme point d'étoile. De plus, il faut tenir le Régule long-temps dans un flux très-liquide, pour donner le temps aux matieres hétérogènes, qui empêchent la réunion parfaite de ses parties, de prendre le dessus par leur légereté. Or plus on tient le Régule long-temps en fonte, plus il s'en évapore, à cause de sa volatilité, par conséquent il a fallu avoir recours à un autre moyen.

Nous avons indiqué dans le procédé celui qui a le mieux réussi à M. Geoffroy. Il consiste à refondre le Régule, en y ajoûtant un peu de nouvelle chaux d'Antimoine bien dépouillée de Soufre. Cette chaux étant facilement vitrifiable par elle-même, & se combinant avec les parties terreuses qui altérent le Régule, & qui ne peuvent se vitrifier sans addition, les scorifie, & forme avec elles le verre opaque ou l'espece d'émail qu'on trouve sur ce Régule ainsi purifié.

L'étoile qui se trouve sur la partie du Régule d'Antimoine qui étoit contigue aux scories, est une marque de sa pureté, & une preuve que l'opération a été bien faite. Cette étoile n'est autre chose qu'un arrangement particulier des parties d'Antimoine, qui ont la propriété de se disposer naturellement en facettes & en aiguilles. La fusion parfaite, tant du Régule que des scories qui le couvrent, donne la liberté aux parties de Régule de s'arranger de cette maniere. Cet arrangement paroît non-seulement à la surface supérieure du culot de Régule;

mais fi on casse ce Régule, on apperçoit le même arrangement dans son intérieur. Il y a des pyrites rondes dont l'intérieur est aussi disposé à peu près de même, & paroît un amas de rayons qui partent d'un centre commun.

On obtient par le procédé de M. Geoffroy une quantité de Régule plus que double de celle qu'on retire par le procédé ordinaire, qui n'en fournit qu'à peu près quatre onces par livre, au lieu que celui-ci en fournit huit à dix onces.

Lorsqu'on a calciné l'Antimoine avec la poudre de charbon, ce qui reste après que tout le Soufre est dissipé, n'est pas à proprement parler une chaux d'Antimoine ; mais une espece de Régule déja tout fait, & qui ne différe du Régule ordinaire, qu'en ce que ses parties font désunies, & ne font point rassemblées en une seule masse. La preuve en est, que si on fond cette prétendue chaux d'Antimoine, elle se réunit en Régule, sans qu'il soit besoin pour cela d'y ajoûter aucune matiere inflammable propre à en faire la réduction. Il est vrai qu'on n'en retire point autant de Régule par ce moyen, que lorsqu'on ajoûte un ré-ductif ; mais cela n'empêche pas que cet-

te expérience ne fasse la preuve de ce
que je viens d'avancer, parcequ'on ne
peut fondre le Régule d'Antimoine sans
éviter d'en perdre une quantité plus ou
moins grande, soit parcequ'il s'en dissipe une partie en vapeurs, soit parcequ'il
y en a une partie qui perd son phlogistique dans la fusion, & qui se réduit en
chaux.

VI. PROCEDE'.

Calcination de l'Antimoine par le Nitre.
Foie d'Antimoine. Saffran des métaux.

PULVERISEZ & mêlez exactement
ensemble parties égales de Nitre &
d'Antimoine : mettez le mélange dans
un mortier de fer, & le couvrez d'une
tuile qui ne le ferme pourtant point exactement. Introduisez dans le mortier
un charbon ardent, que vous retirerez
après avoir mis le feu à la matiere. Le
mélange s'enflammera, & il se fera une
grande détonnation, laquelle étant passée, & le mortier refroidi, vous le ren-
verserez, & vous frapperez contre le
cul, afin de faire tomber la matiere.
Vous séparerez ensuite, par un coup de

marteau, les scories d'avec la partie luisante qui est le Foie d'Antimoine.

REMARQUES.

Le Nitre s'enflamme & détonne dans cette opération avec le Soufre de l'Antimoine : il ne reste plus que la terre métallique de ce minéral, qui ne trouvant aucune substance qui puisse lui redonner du phlogistique, ne prend point la forme de Régule ; mais étant combinée avec une grande quantité de matieres salines fondues, commence elle-même à se mettre en fusion, & forme une espece de vitrification, qui n'est pas cependant complette, parceque les matieres ne restent pas assés long-temps fondues, & se refroidissent trop vîte. Cette préparation d'Antimoine est un violent émétique. On s'en sert pour faire le Vin & le Tartre émétiques : on en fait prendre aussi en substance aux chevaux.

Les matieres salines qui se trouvent après l'opération en forme de scories, ou même confondues avec le Foie d'Antimoine, sont un Nitre fixé dont une partie est combinée avec l'Acide du Soufre, & forme avec lui un Sel neutre analogue au Tartre vitriolé, & une espece de

Foie de Soufre, qui tient un peu de Régule. On pulvérise ordinairement le Foie d'Antimoine, & on le lave avec de l'eau, pour dissoudre & enlever tous les Sels. Lorsqu'il est ainsi pulvérisé & lavé, il se nomme *Saffran des métaux.* Si on fondoit le Foie d'Antimoine avec quelque matiere inflammable, on le réduiroit en Régule, parcequ'il n'est autre chose qu'une chaux métallique demi-vitrifiée.

VII. PROCEDE'.

Autre calcination d'Antimoine par le Nitre. Antimoine diaphorétique. Matiere perlée. Clissus d'Antimoine.

MEslez ensemble une partie d'Antimoine & trois parties de Nitre; projettez ce mêlange par cuillerées dans un creuset que vous entretiendrez rouge dans un fourneau. Il se fera une détonnation à chaque projection. Continuez ainsi jusqu'à ce que vous ayez employé tout votre mêlange : poussez le feu ensuite pendant deux heures : jettez votre matiere dans une terrine remplie d'eau chaude. Laissez-la tremper chaudement dans cette eau l'espace d'un jour.

Décantez après cela la liqueur : lavez dans de l'eau tiéde la poudre blanche que vous trouverez au fond : réitérez la lotion jufqu'à ce que la poudre foit infipide. Faites-la fécher après cela, c'eſt l'Antimoine diaphorétique.

REMARQUES.

Cette opération diffère de la précédente, par la quantité de Nitre qu'on fait détonner avec l'Antimoine. Dans l'opération précédente, on ne met, comme nous avons vu, qu'une partie de Nitre fur une partie d'Antimoine ; & dans celle-ci on met trois parties de Nitre contre une de ce minéral : auſſi la chaux qui en réſulte eſt-elle bien différente de celle de l'opération précédente.

Premierement, le Foie d'Antimoine a une couleur rougeâtre, au lieu que l'Antimoine diaphorétique eſt très-blanc. Secondement, le Foie d'Antimoine eſt comme demi-vitrifié ; l'Antimoine diaphorétique, au contraire, eſt fous la forme d'une poudre, dont les parties n'ont enſemble aucune liaiſon.

On trouve aiſément la raiſon de ces différences, en confidérant que comme le Foie d'Antimoine eſt le réſultat d'une calcination qui n'a été faite qu'avec une partie de Nitre, & que cette quantité n'est pas suffisante pour consumer tout le Soufre de l'Antimoine, ce qui reste après la détonnation n'est pas encore entierement privé de phlogistique ; de-là lui vient la couleur qu'il conserve, & la facilité à se fondre : mais que lorsqu'au lieu d'une partie de Nitre, on en ajoûte trois, non-seulement cette quantité est suffisante pour consumer tout le Soufre & le phlogistique de l'Antimoine, mais même elle est trop grande ; car on retrouve encore après l'opération du Nitre qui n'a pas été décomposé.

La chaux d'Antimoine préparée par la calcination avec trois parties de Nitre, est donc privée de tout phlogistique: c'est ce qui est cause de sa blancheur, & de ce qu'après l'opération elle n'est point demi-vitrifiée comme le Foie d'Antimoine ; car on sçait que plus les chaux métalliques sont privées de phlogistique, & plus elles sont réfractaires. Cette chaux d'Antimoine porte le nom d'*Antimoine diaphorétique*, ou de *Diaphorétique minéral*, parceque n'étant ni émétique, ni purgative, on croit qu'elle a la vertu de faire transpirer.

On

On pourroit calciner l'Antimoine a-
vec des doses de Nitre moyennes entre
celle du Foie d'Antimoine, & de l'Antimoine diaphorétique. On auroit pour
résultat de ces calcinations des chaux qui
auroient aussi des propriétés tant chymiques que médicinales, moyennes entre celles de ces deux préparations. Plus
la dose de Nitre approcheroit de celle
qu'on emploie pour le Foie d'Antimoine, plus la chaux qui en résulteroit ressembleroit à cette préparation. De même, la chaux faite avec de plus grandes
doses de Nitre ressembleroit d'autant
plus à l'Antimoine diaphorétique, que
la dose de Nitre approcheroit davantage de celle de trois parties de Nitre sur
une d'Antimoine.

Il n'est pas nécessaire d'employer l'Antimoine même pour faire le diaphorétique minéral : on peut, si on veut, lui
substituer le Régule. Mais comme le Régule ne contient point de Soufre, & qu'il
n'a de phlogistique que ce qui lui en faut
pour être sous la forme métallique, il
n'est pas nécessaire de mettre trois parties de Nitre sur une partie de Régule,
il suffit d'en mettre partie égale.

On projette la matiere par cuillerées

dans le creuset, afin que la détonnation se faisant à plusieurs reprises, la calcination de l'Antimoine en soit plus parfaite: c'est aussi pour enlever entierement le peu de phlogistique qui pourroit avoir échappé à l'action du Nitre, qu'on tient la matiere dans le creuset rouge, & bien échauffée pendant deux heures.

On jette ensuite le tout dans de l'eau chaude, & on l'y laisse tremper pendant dix ou douze heures, pour donner le temps à l'eau de dissoudre toutes les matieres salines qui sont mêlées avec le diaphorétique. Ces matieres salines sont 1°. un Nitre alkalisé, 2°. un Sel neutre formé de l'Acide du Soufre uni avec une partie de cet Alkali, comme cela arrive dans l'opération du Foie d'Antimoine; 3°. une portion de Nitre qui n'a pas été décomposé.

L'eau des lotions du diaphorétique est outre cela chargée d'une portion de chaux d'Antimoine extrêmement fine & atténuée, qui demeure unie au Nitre fixé, & se tient suspendue avec lui dans la liqueur. On sépare cette matiere d'avec le Nitre fixé, en mêlant avec l'eau dans laquelle il est dissous un Acide qui s'unit avec cet Alkali, & fait précipiter cette matiere fous la forme d'une poudre blanche à laquelle on a donné le nom de *Matiere perlée*. Comme on la précipite de la même maniere que le Soufre doré, & qu'elle fe trouve de même que lui dans l'eau avec laquelle on diffout les matieres falines après la détonnation du Nitre avec l'Antimoine, quelques Chymiftes lui ont donné, mais fort improprement, le nom de *Soufre fixe de l'Antimoine*.

Cette matiere eft une véritable chaux d'Antimoine, & ne différe de l'Antimoine diaphorétique, que parcequ'elle eft encore plus calcinée que lui. Elle l'eft au point, qu'il eft impoffible de lui rendre la forme métallique, & de la réduire en Régule par l'addition d'une matiere inflammable. On peut au contraire remétallifer l'Antimoine diaphorétique, en lui rendant du phlogiftique; mais il faut obferver, que de quelque maniere qu'on s'y prenne, on en retire une quantité de Régule beaucoup moins grande que lorfqu'on emploie des chaux d'Antimoine faites avec une moindre quantité de Nitre.

Si on vouloit faire la réduction du Foie d'Antimoine ou de l'Antimoine diaphorétique en Régule, il faudroit avoir grand foin de les bien laver, pour emporter tout ce qu'ils peuvent contenir de falin, parceque fans cette précaution l'Acide du Soufre que nous avons dit former un Sel neutre avec l'Alkali du Nitre, fe combineroit avec la matiere inflammable qu'on ajoûteroit pour révivifier la chaux d'Antimoine, & reformeroit du Soufre : lequel s'uniffant enfuite avec le même Alkali, produiroit un Foie de Soufre qui feroit en état de diffoudre une partie du Régule, en empêcheroit la précipitation, & diminueroit beaucoup la quantité qu'on devroit en retirer.

On prépare quelquefois pour l'ufage médicinal, de l'Antimoine diaphorétique qu'on ne lave point : il eft pour lors purgatif, & fe nomme *Diaphorétique minéral non lavé.*

L'Antimoine diaphorétique peut fe préparer auffi dans des vaiffeaux fermés, par le moyen defquels on retient les vapeurs qui s'élevent pendant l'opération. On fe fert pour cela d'une cornue tubulée, à laquelle font ajuftés plufieurs balons à deux becs. On place la cornue dans un fourneau : on l'échauffe jufqu'à faire rougir fon fond, & on introduit par l'ouverture qui eft à fa voûte, une

très-petite quantité du mêlange propre
à faire l'Antimoine diaphorétique. On
bouche auſſitôt l'ouverture. La détonnation ſe fait, & les vapeurs enfilent les
récipiens dans leſquels elles ſe condenſent. On continue ainſi juſqu'à ce que
tout ce qu'on a de matiere ſoit employé.
On trouve après l'opération des fleurs
blanches qui ſe ſont ſublimées au col de
la cornue, & un peu de liqueur dans les
récipiens. Cette liqueur eſt acide. Elle
eſt compoſée d'une partie de l'Acide nitreux que l'Acide du Soufre a dégagé
de ſa bâſe, & d'un peu d'Acide du Soufre qui a été enlevé par la chaleur avant
d'avoir pu ſe combiner avec la bâſe du
Nitre. Cette liqueur ſe nomme *Cliſſus*
d'Antimoine. On donne en général le
nom de *Cliſſus* à toutes celles qui ſont
préparées par cette méthode.

Les fleurs blanches qu'on trouve au
col de la cornue ſont des fleurs d'Antimoine; c'eſt-à-dire, une chaux d'Antimoine qui a été enlevée par la chaleur
& par l'effort de la détonnation. Ces
fleurs peuvent ſe réduire en Régule. Ce
qui reſte dans la cornue eſt la même
choſe que ce qu'on trouve dans le creuſet dans lequel on a fait détonner le mê-

lange de Nitre & d'Antimoine propre
à faire l'Antimoine diaphorétique.

L'Antimoine diaphorétique, non plus
que la Matiere perlée, ne sont dissolu-
bles dans aucun Acide.

VIII. PROCEDE.

Vitrifier la chaux d'Antimoine.

PRENEZ la quantité qu'il vous plaira
de chaux d'Antimoine faite sans addition : mettez-la dans un bon creuset,
que vous placerez dans un fourneau de
fusion : allumez le feu peu à peu, & laiss-
fez le creuset découvert au commencement.

Un quart-d'heure après que la matiere aura rougi, couvrez le creuset, &
poussez le feu fortement, pour faire fondre votre chaux. Vous vous assurerez
qu'elle est bien fondue, en introduisant
dans le creuset une petite verge de fer,
au bout de laquelle il s'attachera une petite masse de verre, si la matiere est bien
en fonte. Entretenez-la en fusion pendant un quart-d'heure, ou même plus
long-temps si votre creuset est en état
de le souffrir. Retirez-le après cela

du fourneau, & verfez promptement
la matiere fondue fur une pierre polie,
que vous aurez eu foin de faire d'abord
bien chauffer : elle fe figera auffitôt en
un verre jaune.

REMARQUES.

Toutes les chaux d'Antimoine pouf-
fées à la violence du feu fe réduifent en
verre, mais non pas avec une égale facilité. En général, plus elles ont perdu de
phlogiftique par la calcination, & plus
leur vitrification eft difficile. Cela fait
auffi une différence pour la couleur du
verre, qui eft d'un jaune d'autant plus
foncé, & approchant du rouge, que l'Antimoine a été moins calciné.

Il arrive fouvent, lorfqu'on emploie
une chaux d'Antimoine qui n'eft pas fuffifamment dépouillée de phlogiftique,
qu'on trouve dans le creufet un culot
de Régule, qui comme plus pefant que
le verre, occupe toujours le fond. C'eft
pour éviter cet inconvénient, & pour
achever de diffiper la trop grande quantité de phlogiftique qui pourroit être
reftée dans la chaux d'Antimoine, que
nous avons prefcrit de laiffer le creufet
découvert pendant un certain temps au

commencement de l'opération. Si malgré cette précaution, il se trouvoit encore du Régule au fond du creuset, & qu'on voulût le vitrifier, il faudroit remettre le creuset dans le fourneau, & continuer la fusion. Ce Régule se réduira enfin en verre.

Si au contraire on éprouvoit de la difficulté à faire la vitrification, à cause qu'on se seroit servi d'une chaux trop dépouillée de phlogistique, comme l'Antimoine diaphorétique, ou la Matiere perlée, on pourroit faciliter beaucoup la fusion, en jettant dans le creuset un peu d'Antimoine crud.

Le verre d'Antimoine est un émétique très-violent. On s'en sert, de même que du foie d'Antimoine, dans la préparation du Vin & du Tartre émétiques.

On peut le résusciter en Régule, de même que les chaux d'Antimoine, en le recombinant avec du phlogistique. Il faut pour cela le réduire en poudre fine, le mêler exactement avec du flux noir, & le fondre dans un creuset couvert. Ce verre a, de même que le verre de Plomb, la propriété de faciliter beaucoup la vitrification des matieres qu'on veut scorifier.

IX. PROCEDE'.

Kermès minéral.

CONCASSEZ grossierement en morceaux minces la quantité qu'il vous
plaira d'Antimoine de Hongrie : mettez-
le dans une bonne caffetiere de terre :
versez dessus le double de son poids
d'eau de pluie, & le quart de son poids
de liqueur de Nitre fixé par les charbons bien filtrée. Faites bouillir le tout
à gros bouillons pendant deux heures :
après quoi filtrez la liqueur. Elle prendra, en refroidissant, une couleur rouge, deviendra trouble, & déposera une
poudre rouge sur le filtre.

Remettez votre Antimoine dans la
caffetiere. Versez dessus autant d'eau
que la premiere fois, & les trois quarts
de la quantité de liqueur de Nitre fixé
que vous avez mis à la premiere ébullition. Faites bouillir encore pendant deux
heures : puis retirez la liqueur, & la filtrez. Elle déposera encore un sédiment
rouge. Remettez votre Antimoine dans
la caffetiere : versez dessus la même quantité d'eau, & moitié moins de liqueur

de Nitre fixé que vous en aurez mis la premiere fois. Faites bouillir encore cette troisiéme fois pendant deux heures. Filtrez la liqueur cette derniere fois comme les deux premieres. Lavez avec de l'eau chaude tous ces sédimens, jusqu'à ce qu'ils soient insipides, puis les faites sécher, c'est le Kermès minéral.

REMARQUES.

Si on se ressouvient de ce que nous avons dit touchant la propriété qu'ont les Alkalis fixes de s'unir avec le Soufre, tant par la fusion que par l'ébullition, lorsqu'ils sont résous en liqueur, & de former avec lui du foie de Soufre qui a la propriété de dissoudre toutes les substances métalliques, on connoîtra bientôt la nature du Kermès.

L'Antimoine est composé de Soufre & de Régule. Si donc on fait bouillir ce minéral dans une liqueur, tenant en dissolution un Alkali fixe, tel que le Nitre fixé par les charbons, cet Alkali doit dissoudre le Soufre de l'Antimoine, former avec lui un foie de Soufre, qui dissoudra à son tour la partie réguline. Le Kermès minéral fait comme nous l'avons dit, n'est donc autre chose qu'un foie de Soufre uni à une certaine quantité de Régule.

M. Geoffroy a mis cette vérité dans le dernier degré d'évidence, par l'analyse exacte qu'il a faite du Kermès minéral. Les expériences qu'il a faites fur cette matiere, font détaillées dans plusieurs Mémoires imprimés dans les Volumes de l'Académie pour les années 1734. & 1735. En combinant les Acides avec le Kermès, il a démontré 1°. l'existence du Soufre dans ce composé, puisqu'il en a séparé du Soufre brûlant qu'on ne peut méconnoître pour celui de l'Antimoine. Pour avoir ce Soufre pur, il faut employer un Acide qui non-seulement absorbe l'Alkali, mais même qui puisse dissoudre exactement la partie réguline qui resteroit unie à ce Soufre. L'Eau-régale est l'Acide qui a le mieux réussi à M. Geoffroy. 2°. Il a prouvé aussi qu'il entre un Alkali fixe dans la composition du Kermès, puisque les Acides avec lesquels il a précipité le Soufre sont devenus des Sels neutres, tels que doivent être ces mêmes Acides combinés avec un Alkali fixe; c'est-à-dire, que l'Acide vitriolique a formé un Sel de *duobus*, l'Acide nitreux un Nitre régénéré, &

l'Acide marin, un Sel marin régénéré.

3°. M. Geoffroy a démontré la préfence de la partie réguline de l'Antimoine dans le Kermès, en en retirant de vrai Régule d'Antimoine par la fufion avec le flux noir.

Il eft néceffaire dans l'opération du Kermès, de renouveller la liqueur de temps en temps, comme nous l'avons prefcrit, parceque quand elle eft chargée de Kermès jufqu'à un certain point, elle n'en peut plus diffoudre davantage. Elle n'agiroit plus par conféquent fur l'Antimoine. L'expérience a appris qu'en employant les dofes que nous avons indiquées, la liqueur eft fuffifamment chargée de Kermès après deux heures d'ébullition.

Si on filtre la liqueur qui tient le Kermès en diffolution, lorfqu'elle eft encore bien chaude, & prefque bouillante, elle ne laiffe rien fur le filtre, & le Kermès paffe avec elle : mais lorfqu'elle fe refroidit elle fe trouble, & laiffe dépofer le Kermès. Il faut donc ne la filtrer que lorfqu'elle eft froide ; ou fi on la filtre d'abord toute bouillante, pour en féparer quelques particules groffieres d'Antimoine qui ne font point encore

réduites en Kermès, il faut la refiltrer
une seconde fois pour en séparer le Kermès.

Quoique dans le procédé qu'on suit
ordinairement pour faire le Kermès, il
ne soit question que de trois ébullitions,
ce n'est pas à dire pour cela qu'on ne
pourroit plus en retirer, ou qu'on n'en
retireroit qu'une petite quantité par une
quatriéme & par une cinquiéme ébullition : au contraire, on en retireroit encore davantage. M. Geoffroy a observé
qu'à la seconde ébullition on retire plus
de Kermès qu'à la premiere, encore plus
à la troisiéme qu'à la seconde ; & que cela va ainsi de suite en augmentant, jusqu'à un fort grand nombre d'ébullitions
qu'il n'a point déterminé. Cette augmentation d'effet vient de ce qu'en mul-
tipliant les frottemens des morceaux
de l'Antimoine, il se découvre de nouvelles surfaces qui fournissent un nouveau Soufre à la liqueur alkaline ; & ce
Soufre ajoûté rend *l'hépar* plus actif &
plus pénétrant, ou si l'on veut en refait
de nouveau à chaque ébullition.

La liqueur alkaline étant une fois autant chargée de Kermès qu'elle peut l'ê-
tre, cesse d'agir, & n'en reforme plus

de nouveau ; mais il ne s'enfuit pas que sa vertu soit épuisée. Il ne faut pour la remettre en état d'agir aussi-bien, ou presqu'aussi-bien que la premiere fois, que la laisser refroidir, & se débarraffer du Kermès qu'elle tenoit en dissolution. C'est encore à M. Geoffroy que nous sommes redevables de cette observation singuliere : il a eu affés de patience pour faire jusqu'à soixante-dix-huit ébullitions avec la même liqueur, sans y rien ajoûter que de l'eau de pluie pour remplacer ce qui se dissipoit par l'évaporation, & il a toujours retiré une quantité affés considérable de Kermès à chaque ébullition, qui a même été en augmentant par la raison que nous avons dite.

L'ébullition n'est pas le seul moyen qu'on puisse employer pour faire le Kermès. M. Geoffroy est parvenu à en faire par la fusion. Il faut pour cela mêler exactement ensemble une partie de Sel alkali fixe bien dépuré, séché & réduit en poudre, avec deux parties d'Antimoine de Hongrie aussi réduit en poudre, & faire fondre le mêlange. M. Geoffroy s'est servi d'une cornue pour cette opération. Il faut, après que la masse a été

fondue, la pulvérifer encore chaude ;
qu'elle foit mife & laiffée dans l'eau
bouillante pendant une heure ou deux ;
puis filtrer la liqueur devenue faline &
antimoniale, & la recevoir dans un vaiffeau qui foit plein d'eau bouillante. Chaque once d'Antimoine traité ainfi, rend
après trois ébullitions de la maffe fondue, depuis cinq gros foixante grains
jufqu'à fix gros trente grains de Kermès,
qui ne diffère du Kermès fait par ébullition, que parcequ'il eft un peu moins
doux au toucher, ayant d'ailleurs la même vertu.

Comme le foie de Soufre fe fait de
deux manieres, fçavoir, par l'ébullition
& par la fufion, & que le Kermès n'eft
autre chofe qu'un foie de Soufre qui
tient la partie réguline en diffolution, il
s'enfuit qu'on doit faire le Kermès auffi-
bien par la fufion que par l'ébullition.

Il eft néceffaire de pulvérifer la maffe
fondue, & de la détremper dans l'eau
bouillante pendant une heure ou deux,
afin que l'eau puiffe la diffoudre & la di-
vifer comme il convient, pour que le
Kermès foit fin & beau.

C'eft auffi pour lui donner plus de fi-
neffe & de perfection, que M. Geoffroy

demande que l'eau chargée de ce Kermès fait par la fuſion, ſoit reçue lorſqu'on
la filtre dans un vaiſſeau plein d'autre eau
bouillante. Il a remarqué que lorſque
la liqueur chargée de Kermès ſe refroidit trop vîte, le Kermès qui ſe précipite eſt beaucoup moins fin. La nouvelle
eau bouillante dans laquelle ſe mêle celle qui tient le Kermès en diſſolution, l'é-
tend, & lui fait conſerver ſa chaleur plus
long-temps.

On voit, par ce que nous avons dit de
la nature du Kermès, qu'il doit avoir
beaucoup de reſſemblance avec le Soufre doré d'Antimoine qu'on retire des
ſcories du Régule d'Antimoine ſimple,
& du foie d'Antimoine ; lequel Soufre
doré n'eſt qu'une portion de l'Antimoine qui s'eſt combinée avec le Nitre alkaliſé pendant l'opération.

Il y a cependant une différence dans
la maniere dont ſe précipitent ces deux
compoſés : ſçavoir, que le Kermès ſe précipite de lui-même par le ſeul refroidiſſement de l'eau qui le tient en diſſolution ; au lieu qu'on ſe ſert d'un Acide
pour précipiter le Soufre doré ſuſpendu
dans l'eau, avec laquelle on a leſſivé les
ſcories du Régule d'Antimoine ſimple,

ou

ou celles du foie d'Antimoine. Cela pourroit faire soupçonner que la partie réguline est moins intimement unie au foie de Soufre du Kermès, qu'elle ne l'est à celui des scories dont on retire le Soufre doré.

X. PROCEDE'.

Dissoudre le Régule d'Antimoine dans les Acides minéraux.

COMPOSEZ une Eau-régale en mêlant ensemble quatre mesures d'esprit de Nitre, & une mesure d'esprit de Sel : mettez dans un matras, que vous placerez sur un bain de sable médiocrement chaud, seize fois autant de cette Eau-régale que vous aurez de Régule à dissoudre. Réduisez votre Régule en petits morceaux. Jettez ces petits morceaux successivement les uns après les autres dans le matras, observant de n'en point ajoûter un nouveau avant que celui qui aura été jetté d'abord soit entierement dissous : continuez ainsi jusqu'à ce que tout votre Régule soit dissous. A mesure que la dissolution se fera, elle prendra une belle couleur d'or, mais qui difparoîtra infenfiblement par l'évaporation des vapeurs blanches qui s'en élevent continuellement.

REMARQUES.

Le Régule d'Antimoine eft une des fubftances métalliques qui fe diffout le plus difficilement. Ce n'eft pas que la plupart des Acides ne l'attaquent & ne le corrodent : mais ils n'en font point une diffolution claire & limpide ; ils ne font en quelque forte que le calciner, & ce demi-métal fe précipite de lui-même fous la forme d'un magiftère blanc, à mefure qu'il eft diffous. Il faut néceffairement, pour en faire une diffolution complette, employer l'Eau-régale compofée comme nous l'avons dit, & à la dofe prefcrite dans le procédé, qui eft tiré en entier des Mémoires de M. Geoffroy fur l'Antimoine, dont nous avons parlé dans les articles précédens.

Si au lieu de Régule, on jette dans l'Eau-régale de petits morceaux d'Antimoine crud, cet Acide attaque & diffout la partie réguline, qu'il fépare d'avec la partie fulphureufe, à laquelle il ne touche point. Lorfque la diffolution eft faite, les parties de Soufre devenues

plus légeres, parcequ'elles ne font plus
jointes avec la partie métallique, furnagent la liqueur. On peut les ramaſſer :
c'eſt un vrai Soufre brûlant, qui ne paroît point différer du Soufre ordinaire.
Cette opération eſt, comme on le voit,
une eſpece de départ.

L'Acide vitriolique concentré, ou bien
affoibli par l'eau, n'agit point à froid ſur
l'Antimoine ni ſur ſon Régule. Cet Acide obſcurcit ſeulement le brillant des facettes de ce dernier ; mais ſi on met dans
une cornue une partie de Régule d'Antimoine bien pur, & par-deſſus quatre
parties d'huile de Vitriol blanche & concentrée, auſſitôt que l'Acide eſt échauffé,
il devient brun, il s'en éleve une odeur
de Soufre très-ſuffocante, qui augmente
à meſure que le Régule eſt pénétré &
corrodé par l'Acide.

En augmentant le feu, il s'en ſépare
une matiere qui paroît mucilagineuſe ;
& lorſque l'Acide a commencé à bouillir, le Régule ſe réduit en une maſſe ſaline blanche, comme cela arrive au Mercure dans l'opération du Turbith minéral. Il ſe ſublime du Soufre au col de
la cornue. Enfin toute l'huile de Vitriol
paſſe dans le récipient, & laiſſe dans la

cornue le Régule réduit en une maſſe blanche tuméfiée & ſaline. Le feu étant éteint, lorſqu'on délute les vaiſſeaux, & qu'on ſépare le récipient d'avec la cornue, il s'éleve une vapeur blanche, ſemblable à celle de la liqueur fumante de Libavius.

La maſſe ſaline qui reſte dans la cornue ſe trouve augmentée à peu près du double de ſon poids après l'opération : cette augmentation de poids vient de l'Acide qui s'eſt joint avec le Régule.

Cette combinaiſon d'Acide vitriolique & de Régule d'Antimoine, eſt extrêmement cauſtique, & ne peut par cette raiſon être employée intérieurement.

L'eſprit de Sel le plus pur n'agit point ſenſiblement ſur l'Antimoine ni ſur ſon Régule ; mais il détache de l'Antimoine en morceaux, quoique lentement, quelques floccons légers & ſulphureux.

L'action de l'eſprit de Nitre ſur notre ſubſtance métallique eſt plus marquée : il attaque peu à peu les lames d'Antimoine, & il s'en éleve une grande quantité de bulles d'air. Cet Acide, pendant la diſſolution, prend une couleur verdâtre tirant ſur le bleu ; & ſi on n'en a pas mis dans le vaiſſeau plus qu'il n'en faut, il s'imbibe presqu'entierement dans les lames d'Antimoine, les pénétre, & les écarte, selon la direction de leurs aiguilles. S'il y a trop d'Acide, c'est-à-dire, s'il surnage l'Antimoine, il détruit ces lames, & les réduit en poudre blanche.

Mais si l'imbibition de l'Acide s'est faite lentement, on découvre entre ces lames gonflées, de petits cristaux salins & transparens, qui végétent à peu près à la maniere des pyrites dans lesquelles on apperçoit assés souvent de petits cristaux de Vitriol, qui n'ont pas encore de figures bien déterminées. Ces petits cristaux de lames antimoniales sont entre-mêlés de parties jaunes, qui, détachées avec soin, brûlent comme le Soufre commun.

Toutes ces utiles observations touchant l'action des Acides sur l'Antimoine & son Régule, sont encore de M. Geoffroy, qui avertit de rassembler une certaine quantité de ces petits cristaux, parcequ'ils disparoissent peu de temps après qu'ils sont formés, & sont recouverts apparemment par la poudre blanche ou magistère qui se forme successivement, à mesure que l'Acide du Nitre délie & sépare les particules aiguillées de l'Antimoine.

M. Geoffroy a obfervé des criftaux tout femblables fur le Régule d'Anti-moine fubftitué à l'Antimoine crud dans cette expérience : mais il faut beaucoup d'attention pour féparer ces criftaux : auffitôt que l'air les frappe, ils perdent leur tranfparence ; & fi on laiffe le Régule fe réduire en magiftère, jufqu'à un certain point, on ne les peut plus reconnoître.

Ainfi, pour bien obferver ces criftaux, il faut caffer le Régule en morceaux. Mettre ces morceaux dans une capfule de verre, & verfer de l'efprit de Nitre jufqu'à la moitié de leur hauteur, enforte qu'ils n'y foient point noyés. Cet Acide les pénètre, les exfolie en écailles blanches ; & c'eft fur la furface de ces écailles que les criftaux fe forment d'un blanc mat. Ces criftaux végètent, & croiffent en forme de choux-fleurs dans l'efpace de deux ou trois jours : c'eft alors qu'il faut les retirer, pour qu'ils ne foient pas confondus dans le magif-tère blanc qui continue de fe former, & qui ne permettroit plus de les diftin-guer.

Si on vouloit diffoudre la partie ré-guline de l'Antimoine dans une Eau-ré-

gale qui ne fût point proportionnée &
dofée comme il eft prefcrit dans le procédé, elle ne feroit, comme les autres
Acides, que calciner le Régule d'Antimoine, qui fe précipiteroit fous la forme d'un magiftère blanc à mefure qu'il
feroit diffous, & il n'en refteroit aucune
partie unie au diffolvant. La preuve en
eft, que fi on verfe une liqueur alkaline
fur cette Eau-régale qui a laiffé ainfi précipiter l'Antimoine, il ne fe forme aucun nouveau précipité.

XI. PROCEDE'.

Combiner la Régule d'Antimoine avec
l'Acide du Sel marin. Beurre d'Anti-
moine. Cinnabre d'Antimoine.

PUlverisez & mêlez exactement enfemble fix parties de Régule d'Antimoine, & feize parties de fublimé corrofif. Mettez ce mélange dans une cornue de verre à col large & court, de
laquelle la moitié au moins demeure
vuide. Placez-la dans un fourneau de réverbere; & après y avoir adapté un récipient, & luté les jointures, faites d'a-
bord un très-petit feu pour l'échauffer

lentement. Augmentez-le enfuite par degrés, jufqu'à ce que vous voyiez fortir de la cornue une liqueur qui s'épaiffira à mefure qu'elle refroidira. Soutenez le feu à ce degré, tant que vous verrez paroître cette matiere.

Quand il ne fortira plus rien à ce degré de feu, délutez vos vaiffeaux, retirez le récipient, & fubftituez-en un autre rempli d'eau à fa place. Augmentez alors le feu par degrés jufqu'à faire rougir la cornue. Il coulera du Mercure dans l'eau, lequel vous fécherez, & garderez pour vous en fervir au befoin : il eft très-pur.

REMARQUES.

Nous avons vu, dans les remarques fur le précédent procédé, que l'Acide marin pur, & fous la forme d'une liqueur, ne peut diffoudre la partie réguline de l'Antimoine. Dans celui-ci, ce même Acide combiné avec le Mercure & préfenté fous la forme féche au Régule d'Antimoine, quitte le Mercure auquel il étoit uni, pour fe joindre à ce même Régule, avec lequel il a plus d'affinité. Cette opération eft encore une preuve de ce que nous avons dit au fujet

jet

jet du Mercure, que plusieurs substances métalliques qui ne se laissent point dissoudre par certains Acides, lorsqu'ils sont en liqueur, peuvent être dissous par ces mêmes Acides concentrés au dernier point, comme ils le sont quand ils se trouvent combinés avec quelqu'autre substance sous la forme séche, & qu'on les en sépare par l'action du feu. L'état de vapeurs dans lequel ils sont réduits dans cette occasion, favorise encore leur action.

L'Acide marin combiné avec la partie réguline de l'Antimoine, ne forme point un composé dur & solide ; mais une espece de substance molle qui se fond à une chaleur très-douce, & se fige aussi au moindre froid, à peu près comme le beurre : c'est de cette propriété qu'elle a tiré son nom.

Peu de temps après qu'on a fait le mêlange du Régule & du Sublimé corrosif, la matiere s'échauffe quelquefois considérablement : cela vient de ce que l'Acide marin commence à agir sur la partie réguline, & à quitter son Mercure.

Le Beurre d'Antimoine s'éleve à une chaleur très-modérée, parceque l'Acide du Sel marin a la propriété de volatilifer & d'enlever avec lui les fubftances métalliques avec lefquelles il eft combiné : c'eft pourquoi il ne faut, dans le commencement de l'opération, qu'une chaleur très-douce.

Il eft effentiel de fe fervir d'une cornue dont le col foit large & court, parceque le Beurre d'Antimoine venant à s'y figer, & s'y accumulant, pourroit le boucher entierement, & occafionner la rupture des vaiffeaux. On retire par cette opération huit parties & trois quarts de beau Beurre d'Antimoine, dix parties de Mercure coulant, & il refte dans la cornue une partie & demie d'une matiere noire, blanche & rouge raréfiée. C'eft vraifemblablement la partie du Régule d'Antimoine la plus terreufe & la plus impure.

Il eft de la derniere conféquence, lorfqu'on fait cette opération, d'éviter avec un foin extrême les vapeurs qui fortent des vaiffeaux, parcequ'elles font extrêmement nuifibles, & peuvent occafionner des maladies mortelles. Le Beurre d'Antimoine eft un corrofif & un cauftique très-violent.

On change de récipient lorfqu'on ne voit plus fortir de Beurre, pour recevoir

le Mercure, qui étant débarraſſé de l'A-
cide qui lui donnoit la forme ſaline, paroît ſous ſa forme naturelle de Mercure
coulant : mais il exige, pour être enlevé par la diſtillation, un degré de chaleur beaucoup plus fort que le Beurre
d'Antimoine.

Si au lieu de Régule d'Antimoine, on
mêloit avec le Sublimé corroſif de l'Antimoine crud, on retireroit également
un Beurre d'Antimoine : mais au lieu d'a-
voir du Mercure coulant après ce Beurre,
on auroit du Cinnabre qui ſeroit ſublimé au col & à la voûte de la cornue.

On voit aiſément la raiſon de cette
différence : c'eſt que dans le cas où on
ſe ſert du Régule, le Mercure abandonné par ſon Acide, ne trouve aucune autre ſubſtance avec laquelle il puiſſe ſe
combiner, & fort par cette raiſon en
Mercure coulant. Mais quand au lieu de
Régule on emploie l'Antimoine même,
comme ſa partie réguline ne peut ſe
combiner avec l'Acide ſans quitter ſon
Soufre, ce Soufre devenu libre, ſe combine avec le Mercure qui l'eſt auſſi, &
forme avec lui du Cinnabre qu'on a
nommé, à cauſe de ſon origine, *Cinnabre*
d'Antimoine.

Lorſqu'on veut faire en même temps
le Beurre & le Cinnabre d'Antimoine,
il faut mettre ſix parties d'Antimoine ſur
huit de Sublimé corroſif, & avoir attention quand le Beurre paſſe, d'échauffer
le col de la cornue, en approchant quelques charbons ardens, avec les précautions néceſſaires pour ne le point caſſer.
Cette chaleur fait fondre & couler dans
le récipient le Beurre, qui ſans cela, attendu qu'il eſt plus épais & qu'il a beaucoup plus de conſiſtence que celui qu'on
fait avec le Régule, s'amaſſeroit dans le
col de la cornue, le boucheroit entierement, & feroit crever le vaiſſeau.

Il faut plus de précaution pour avoir
d'un beau blanc le Beurre d'Antimoine
qui ſe tire de l'Antimoine crud, qu'il
n'en faut pour l'autre; car ſi on fait trop
grand feu pendant la diſtillation, ou
qu'on laiſſe trop long-temps le récipient
au col de la cornue, il ſort ſur la fin des
vapeurs rouges ſulphureuſes qui ſont les
avant-coureurs de la ſublimation du Cinnabre, leſquelles ſe mêlent avec le Beurre, & lui donnent une couleur brune.

Il faut, pour lui rendre ſa beauté, le
mettre dans une cornue, & le faire diſtiller de nouveau à petit feu de ſable,

pour le rectifier. Le Beurre d'Antimoine devient plus fluide par cette rectification ; on peut même, en le rediftillant
une feconde fois, lui donner la ténuité
& la fluidité d'une huile.

On trouve dans le récipient, après l'o-
pération, trois parties & trois quarts de
Beurre d'Antimoine, & quelques petits
criftaux collés en forme de ramifications
contre les parois de ce vaiffeau.

Lórfqu'on caffe la cornue, il s'en exhale une odeur de Soufre, & on y trouve fept parties de Cinnabre d'Antimoine, duquel la plus grande partie eft ordinairement en morceaux compactes,
pefans, liffes, luifans, noirâtres dans le
gros de la maffe, rouges en des endroits ;
une autre partie en aiguilles brillantes,
& le refte en poudre.

Lorfque tout le Beurre d'Antimoine
eft forti, & qu'on commence à voir les
vapeurs rouges qui annoncent la pro-
chaine fublimation du Cinnabre, il faut
retirer le récipient qui contient ce Beurre, de peur que la couleur n'en foit gâ-
tée par ces vapeurs fulphureufes. On lui
fubftitue ordinairement un autre récipient, qu'il n'eft pas néceffaire de lutter,
& dans lequel on trouve quelquefois,

M m iij

quand l'opération eft achevée, une petite quantité de Mercure coulant.

Il refte au fond de la cornue une maffe fixe, brillante, criftaline, noire,
qu'on peut réduire en Régule par la méthode ordinaire.

On peut auffi retirer des Beurres
d'Antimoine du mêlange de l'Antimoine & de toutes les autres préparations
de Mercure dans lefquelles entre l'Acide du Sel marin, telles que le Sublimé
doux, la Panacée mercurielle, & le
Précipité blanc : mais comme aucune de
ces combinaifons ne contient cet Acide
en auffi grande proportion que le Sublimé corrofif, le Beurre qu'on en retire
eft bien moins cauftique & bien moins
brûlant que celui qu'on retire du mêlange de l'Antimoine, ou de fon Régule
avec le Sublimé corrofif.

Le précipité d'Argent fait par l'Acide
du Sel marin, & propre à être fondu
en lune-cornée, mêlé avec le Régule
d'Antimoine en poudre, fournit auffi
un Beurre d'Antimoine.

Si on veut le faire par ce moyen, il
faut mêler enfemble une partie de Régule d'Antimoine en poudre fur deux
parties de ce précipité : mettre ce mê-

lange dans une cornue de verre dont la moitié demeure vuide : la placer dans un fourneau : y adapter un récipient : donner d'abord un petit feu qui fera sortir une liqueur claire : augmenter ensuite le feu par degrés. Il viendra des vapeurs blanches qui se condenseront en un Beurre liquide, & il se fera pendant ce temps une légere ébullition dans le récipient, qui occasionnera un peu de chaleur. Continuez le feu jusqu'à ce qu'il ne sorte plus rien ; puis laissez refroidir les vaisseaux, & les déluttez.

On trouvera dans le récipient une huile ou Beurre d'Antimoine en partie liquide & en partie congelée, tirant un peu sur le jaune, pesant un huitiéme de plus que ce qu'on a mis de Régule d'Antimoine.

Les parois intérieurs de la cornue seront tapissés de petites fleurs blanches brillantes, argentines, d'un goût acide ; & il se trouvera au fond de la cornue une masse dure, compacte, pesante, difficile à casser, se réduisant néanmoins en poudre, de couleur extérieurement grise, blanche & bleuâtre, intérieurement noire, & brillante à peu près comme le Régule d'Antimoine, d'un goût salé dans sa

superficie, pesant environ un seiziéme
de moins que le précipité d'Argent qu'on
aura employé dans l'opération.

Cette expérience démontre que l'A-
cide du Sel marin a une plus grande affinité avec le Régule d'Antimoine qu'a-
vec l'Argent.

Le Beurre d'Antimoine fait par cette
méthode, est un peu moins caustique
que celui qui est fait avec le Sublimé corrosif. On le nomme, *Beurre d'Anti-*
moine lunaire.

L'effervescence qui se fait dans le récipient est remarquable. Apparemment
l'Acide du Sel marin réduit en vapeurs
lorsqu'il sort de la cornue, n'est point
encore parfaitement combiné avec la
partie réguline de l'Antimoine, qu'il enleve cependant avec lui, & la combinaison acheve de se faire dans le récipient : ce qui donne lieu à l'effervescence qu'on remarque.

Les petites fleurs blanches & argentines, qu'on trouve aux parois de la cornue, sont des fleurs de Régule d'Antimoine qui se sont sublimées à la fin de la
distillation.

La masse compacte qui est au fond de
la cornue, n'est autre chose que l'Ar-

gent féparé de fon Acide, & uni avec
une portion du Régule d'Antimoine. Les
couleurs de fa furface & le goût falé
viennent d'un refte d'Acide marin. Cet
Argent devient aigre & caffant, par l'u-
nion qu'il a contractée avec une partie
du Régule d'Antimoine.

Il eft facile de le purifier enfuite, &
de lui rendre fa ductilité, en le féparant
du Régule d'Antimoine. Il y a plufieurs
moyens pour cela. Un des plus prompts,
eft de fondre cet Argent avec du Nitre,
qui brûle & réduit en chaux le demi-
métal qui altere cet Argent.

XII. PROCEDE'.

*Décompofer le Beurre d'Antimoine par
l'interméde de l'eau feule. Poudre d'Algaroth, ou Mercure de vie. Efprit de
vitriol philofophique.*

FAITES fondre à une douce chaleur
la quantité qu'il vous plaira de Beurre d'Antimoine. Verfez-le, lorfqu'il fera fondu, dans une grande quantité
d'eau tiéde. Cette eau fe troublera auffitôt, deviendra blanche, & laiffera précipiter beaucoup de poudre blanche,

Décantez l'eau lorſque tout le précipité ſera formé : verſez deſſus de nouvelle eau tiéde : édulcorez-la à pluſieurs lotions , & la faites ſécher : c'eſt la Poudre d'Algaroth.

REMARQUES.

Nous avons vû dans les procédés précédens, que l'Acide marin ne diſſolvoit point la partie réguline de l'Antimoine, à moins qu'il ne fût extrêmement concentré , & tel qu'il ne le peut être quand il eſt ſous la forme d'une liqueur. L'expérience dont nous venons de rendre compte, eſt encore une nouvelle preuve de ce fait. Tant que l'Acide marin eſt auſſi déphlegmé que dans le Sublimé corroſif & le Beurre d'Antimoine, il peut reſter uni avec la partie réguline de l'Antimoine; mais ſi on vient à diſſoudre dans l'eau cette combinaiſon , auſſitôt que l'Acide eſt devenu plus foible par l'interpoſition des parties de l'eau, il n'eſt plus en état de reſter uni avec le demi-métal qu'il tenoit en diſſolution : il l'abandonne , & le laiſſe précipiter ſous la forme d'une poudre blanche.

La Poudre d'Algaroth n'eſt donc autre choſe que la partie réguline de l'Antimoine, atténuée & divisée par l'union qu'elle avoit contractée avec l'Acide du Sel marin, & séparée ensuite d'avec cet Acide par l'intermède de l'eau seule. La preuve en est, que cette poudre ne conserve aucune des propriétés du Beurre d'Antimoine : elle n'a plus la même fusibilité, ni la même volatilité : elle est capable de soutenir un degré de feu très-fort sans se volatiliser, & sans entrer en fusion : on peut la réduire en Régule : elle n'a pas non plus la même causticité, & n'est plus qu'un émétique qui, à la vérité, est extrêmement violent, & qui à cause de cela n'est point employé par les Médecins prudens.

Une autre preuve de la séparation de l'Acide marin d'avec le Régule d'Antimoine, après la précipitation de la Poudre d'Algaroth, c'est que l'eau dans laquelle s'est fait cette précipitation, est devenue acide, & est une espece d'Esprit de Sel foible. Si on la fait évaporer, & qu'on la concentre par la distillation, on peut en faire une liqueur acide très-forte. On a donné à cet Acide le nom très-impropre d'*Esprit de Vitriol philosophique*, puisque c'est plutôt de l'Esprit de Sel.

La Poudre d'Aigaroth, qui est faite avec le Beurre d'Antimoine tiré du Régule, est plus blanche que celle que l'on fait avec le Beurre d'Antimoine tiré de l'Antimoine crud; apparemment à cause que ce dernier retient toujours quelques parties sulphureuses.

Le Beurre d'Antimoine exposé à l'air, en attire l'humidité, & se résout en partie en liqueur; mais à mesure que la liqueur se forme, elle dépose une matiere blanche qui est une vraie Poudre d'Algaroth. Ce fait est encore très-conforme à ce que nous avons dit sur la décomposition du Beurre d'Antimoine par l'addition de l'eau. Ce Beurre attire l'humidité de l'air, parceque l'Acide qu'il contient est extrêmement concentré, & cette humidité produit le même effet que de l'eau qu'on auroit ajoûté exprès.

XIII. PROCEDE'.

Bézoard minéral. Esprit de Nitre bézoardique.

FAITES fondre du Beurre d'Antimoine sur les cendres chaudes, & le versez dans une fiole, ou dans un matras,

Jettez deſſus peu à peu de bon Eſprit de
Nitre , juſqu'à ce que la matiere ſoit entierement diſſoute. Il faut ordinairement autant d'Eſprit de Nitre que de
Beurre d'Antimoine. Il s'élevera pendant la diſſolution des vapeurs qu'on
doit éviter. Verſez votre diſſolution, qui
ſera claire & rougeâtre, dans une cucurbite de verre , ou dans une terrine de
grais , & la faites évaporer juſqu'à ſiccité , ſur un bain de ſable d'une chaleur
modérée. Il vous reſtera une maſſe blanche peſante un quart de moins que ce
que vous aurez employé tant en Beurre
qu'en Eſprit de Nitre. Laiſſez-la refroidir , & reverſez deſſus autant d'Eſprit de
Nitre que vous en aurez employé la premiere fois. Remettez le vaiſſeau ſur le
bain de ſable , pour faire évaporer l'humidité comme la premiere fois. Vous
aurez une maſſe blanche qui n'aura ni
augmenté ni diminué. Verſez deſſus une
troiſiéme fois une quantité d'Eſprit de
Nitre égale à la premiere. Faites évaporer encore l'humidité juſqu'à ſiccité ;
puis augmentez le feu, & faites calciner
la matiere pendant une demi-heure. Il
vous reſtera après ce temps une matiere
ſéche , friable , légere , blanche , d'une

faveur acide, agréable, qui fe réduira en poudre groffiere, qu'il faut garder dans une fiole bien bouchée. C'eft le Bézoard minéral : il n'eft ni cauftique ni émétique, & n'a qu'une vertu fudorifique. On l'a nommé *Bézoard minéral*, parcequ'on a cru qu'il avoit, de même que le Bézoard animal, la propriété de réfifter au venin.

REMARQUES.

Il n'eft pas étonnant que l'Acide nitreux verfé fur le Beurre d'Antimoine, le diffolve, & s'uniffe avec lui : car il forme, avec l'Acide marin qui fait partie de cette combinaifon, une Eau-régale qui, comme on fçait, eft le vrai diffolvant de la partie réguline de l'Antimoine ; mais il y a dans cette diffolution & dans les changemens qu'elle opére, des chofes fort remarquables & très-dignes d'attention.

L'union de l'Acide nitreux au Beurre d'Antimoine, fait perdre à ce compofé 1°. la propriété qu'il a de s'élever à une très-douce chaleur, & le rend beaucoup plus fixe : car on parvient à le deffécher en lui enlevant toute fon humidité ; ce qu'on ne peut faire à l'égard du Beurre d'Antimoine pur, qui lorſqu'on lui fait éprouver un certain degré de chaleur, au lieu de laiſſer évaporer ſon humidité & de demeurer ſec, s'éleve lui-même tout entier, ſans qu'il paroiſſe qu'on en ait rien ſéparé.

2°. Le Beurre d'Antimoine, qui avant d'avoir été combiné avec l'Acide nitreux, eſt un cauſtique & un corroſif très-violent, devient après cette union ſi doux, que non-ſeulement il peut être pris intérieurement ſans danger, mais qu'à peine même a-t-il une action ſenſible.

On trouvera une explication raiſonnable de ces phénoménes, en faiſant attention, 1°. que l'Acide nitreux combiné avec les ſubſtances métalliques, ne leur donne point la même volatilité que l'Acide marin. De-là il s'enſuit que ſi à une combinaiſon d'une ſubſtance métallique avec l'Acide marin, on ajoûte l'Acide nitreux, le nouveau compoſé qui en réſultera aura moins de volatilité, & pourra par conſéquent, ſans s'élever en vapeurs, ſoutenir un degré de chaleur capable de lui enlever une partie de ſon Acide. C'eſt ce qui arrive à notre Beurre d'Antimoine, après qu'on y a mêlé l'Esprit de Nitre : 2°. en considérant que l'Acide nitreux ne peut se combiner avec la partie réguline du Beurre d'Antimoine, qu'il ne diminue l'adhérence de l'Acide marin avec cette partie réguline ; d'où il suit que la combinaison de l'Acide nitreux facilite encore la séparation de l'Acide marin d'avec le Régule. Or à mesure que l'Acide marin quitte la partie réguline, elle devient plus fixe, & par conséquent plus propre à supporter le degré de chaleur convenable pour lui enlever tout ce qu'elle a d'Acide, non-seulement marin, mais même nitreux. Il n'est donc pas étonnant qu'après qu'on a desséché ce qui reste d'Antimoine combiné avec l'Acide nitreux, ce même résidu n'ait plus la vertu corrosive, qu'il ne tient que des Acides dont il est armé. C'est pour le dépouiller plus parfaitement d'Acide, qu'on prescrit après la troisiéme déssication, d'augmenter le feu, & de calciner le résidu du Beurre d'Antimoine encore pendant une grande demi-heure.

La preuve que l'Acide marin se sépare de la partie réguline du Beurre d'Antimoine dans les déssications qu'on fait pour le réduire en Bézoard ; c'est que si

on

t fait ces déficcations dans des vaiſſeaux
fermés, la liqueur qu'on en retire eſt
une véritable Eau-régale, qu'on a nommée *Eſprit de Nitre bézoardique.*

Il reſte encore à ſçavoir pourquoi le
Bézoard minéral, quoique privé d'Acide, n'eſt point émétique, tandis que la
Poudre d'Algaroth qui eſt auſſi la partie
réguline du Beurre d'Antimoine privée
d'Acide, eſt un émétique ſi fort, & même redoutable par un reſte de cauſti-
cité.

Pour trouver la raiſon de cette différence, il eſt bon de remarquer, que
quoique nous diſions que le Bézoard minéral & la Poudre d'Algaroth, ne contiennent plus d'Acide, cela ne doit point
être pris à la lettre : au contraire, il y a
lieu de croire qu'il reſte à l'un & à l'autre une certaine quantité d'Acide, mais
qui eſt peu conſidérable en comparaiſon
de celle dont on les avoit d'abord char-
gés. Cela poſé, il ne ſera pas difficile de
trouver une différence dans ces deux
préparations d'Antimoine. La Poudre
d'Algaroth n'a été privée de ſon Acide,
que par l'addition de l'eau ſeule, qui n'a
fait que ſe charger de tout ce qu'elle a
pu emporter d'Acide, ſans rien changer

à la difpofition de celui qui eft refté combiné avec la partie réguline. Or comme l'Acide marin n'eft point intimement uni avec la partie réguline dans le Beurre d'Antimoine ; qu'il y conferve encore une partie de fes propriétés , comme d'attirer l'humidité de l'air , de manifefter fon acidité , &c. que c'eft même delà que dépend la qualité corrofive de cette compofition , le peu d'Acide qui refte avec la Poudre d'Algaroth , doit conferver cette qualité : & c'eft de-là d'où vient la vertu de cette Poudre qui conferve un peu de la qualité corrofive qu'avoit le Beurre d'Antimoine.

Il n'en eft pas de même du refte d'Acide qui peut demeurer uni avec le Bézoard minéral après fa préparation. Cette compofition a éprouvé l'action du feu , non-feulement pour fa déficcation , mais même pour être calcinée comme nous l'avons vu. Or le feu eft capable de produire de grands changemens dans le tiffu des corps. Il doit avoir enlevé au Bézoard tout l'Acide qui ne lui étoit point uni intimement ; & celui qu'il n'a pu enlever à caufe qu'il tenoit trop fort, il a dû l'unir davantage , & le combiner plus étroitement avec la terre métallique : car nous voyons que le feu facilite beaucoup l'action des diſſolvans, ſur les matieres auſquelles ils s'uniſſent.

A l'égard de l'éméticité proprement dite de la Poudre d'Algaroth, comme elle ne dépend point de l'union d'aucun Acide avec cette Poudre, puiſque nous voyons que les préparations d'Antimoine les plus émétiques, telles que le Régule, le Foie & le Verre, ne contiennent point d'Acide, il faut en trouver une cauſe différente de celle de la qualité corroſive. On la trouvera aiſément, en faiſant attention à la différente maniere dont l'Acide marin ſeul & l'Eau-régale agiſſent ſur la partie réguline de l'Antimoine.

L'Acide marin ſeul ne diſſout qu'avec peine le Régule d'Antimoine, & n'en fait point une diſſolution intime, comme il eſt facile d'en être convaincu par tout ce que nous avons dit à ce ſujet : au lieu que l'Acide marin joint à l'Acide nitreux, & formant une Eau-régale, comme cela arrive lorſqu'on prépare le Bézoard, diſſout intimement & radicalement la partie réguline de l'Antimoine. Or il eſt certain, que plus les Acides agiſſent efficacement ſur les ſubſtances métalliques, plus ils leur enlèvent de leur phlogistique ; & on doit se ressouvenir que les préparations antimoniales ont d'autant moins d'éméticité, qu'elles contiennent moins de phlogistique, & qu'elles s'éloignent davantage de la nature de Régule, pour se rapprocher de celle de l'Antimoine diaphorétique : par conséquent, on voit comment le Bézoard minéral, qui est une espéce de chaux antimoniale, laquelle a été privée de phlogistique, par la dissolution intime qu'en ont fait les Acides de l'Eau-régale, peut n'être point émétique, tandis que la Poudre d'Algaroth qui est un vrai Régule d'Antimoine, qui n'a été, pour ainsi dire, qu'effleuré par l'Acide marin, & qui contient encore beaucoup de phlogistique, est un émétique très-violent.

XIV. PROCEDE'.

Fleurs d'Antimoine.

PRENEZ un pot de terre non vernissé, qui ait une ouverture latérale, laquelle puisse se fermer avec un bouchon. Placez ce pot dans un fourneau dont il remplisse la cavité le plus exac-

tement qu'il fera poffible, & fermez
avec du lut l'efpace qui fera refté entre
ce pot & le fourneau. Placez fur ce pot
trois aludels furmontés d'un chapiteau
aveugle. Allumez du feu dans le fourneau, fous le pot.

Lorfque le fond du pot fera bien rouge, jettez dedans par le trou une petite
cuillerée d'Antimoine en poudre. Remuez en même temps avec une efpatule
de fer un peu courbée, enforte qu'elle
puiffe étendre la matiere au fond du pot.
Bouchez enfuite le trou. Les Fleurs monteront, & s'attacheront aux parois des
aludels. Entretenez le feu enforte que
le fond du pot demeure toujours rouge; & quand il ne fe fublimera plus rien,
remettez-y une même quantité d'Antimoine, & opérez comme la premiere
fois. Continuez ainfi à faire fublimer
l'Antimoine, jufqu'à ce que vous en
ayez réduit en Fleurs la quantité qu'il
vous plaira. Laiffez alors éteindre le feu:
& quand les vaiffeaux feront refroidis,
déluttez-les. Vous trouverez autour des
aludels & du chapiteau les Fleurs atta-
chées, que vous ramafferez avec une
plume.

REMARQUES.

L'Antimoine est un minéral volatil, qui peut être réduit en Fleurs ; mais cela ne peut se faire sans occasionner un dérangement notable dans ses parties. La partie réguline & la sulphureuse ne sont plus unies aussi intimement & suivant la même proportion, dans les Fleurs d'Antimoine que dans l'Antimoine même ; aussi ces Fleurs ont-elles une grande vertu émétique, que n'a pas l'Antimoine. Elles sont diversement colorées ; ce qui vient apparemment de ce qu'elles contiennent plus ou moins de Soufre.

On met l'un sur l'autre trois ou quatre aludels, tant pour présenter aux Fleurs une plus grande surface à laquelle elles puissent s'attacher, que pour leur donner un espace suffisant, faute de quoi elles pourroient casser les vaisseaux.

Si l'on introduit la tuyere d'un soufflet dans le pot qui contient l'Antimoine, & qu'on souffle dessus, la sublimation des Fleurs se fait beaucoup plus promptement. Cette regle est générale pour toutes les matieres qu'on fait sublimer & évaporer, par les raisons que nous en avons données ailleurs.

Il eſt bon qu'il n'y ait point de jour
entre le fourneau & le pot qui contient
l'Antimoine, pour empêcher que la chaleur ne ſe communique aux aludels,
auſquels les Fleurs s'attachent mieux lorſqu'ils ſont froids.

Il reſte au fond du pot après l'opération, une portion d'Antimoine demi-
calcinée, qui étant pulvériſée & achevée
de calciner juſqu'à ce qu'elle ne fume
plus, peut ſervir à faire le Verre d'Antimoine.

XV. PROCEDE´.

Réduire le Régule d'Antimoine en Fleurs.

PULVERISEZ le Régule d'Antimoine
que vous voudrez réduire en Fleurs :
mettez cette poudre dans un pot de terre non verni : adaptez-y, trois ou quatre
doigts au-deſſus de la poudre, un petit
couvercle de la même terre percé dans
ſon milieu d'un petit trou, qui puiſſe
entrer facilement dans le pot, & en ſortir quand on voudra : couvrez le haut
du pot de ſon couvercle ordinaire : placez ce pot dans un fourneau, dans le-

quel vous entretiendrez un feu convenable pour faire rougir le fond du pot
& fondre le Régule. Quand il aura été
ainfi fondu environ pendant une heure,
laiffez éteindre le feu, & refroidir le
tout. Levez alors les deux couvercles.
Vous trouverez attaché à la fuperficie
du Régule qui fera en maffe au fond du
pot, des Fleurs blanches reffemblantes
à de la neige, & entre-mêlées de belles
aiguilles brillantes & argentines. Déta-
chez-les : il y en aura environ un foixan-
te-deuxiéme de la maffe de Régule que
vous aurez employée.

Remettez les couvercles dans le pot,
& procédez encore de la même maniere : vous trouverez, lorfque les vaiffeaux
feront refroidis, la moitié plus de Fleurs
cette feconde fois que la premiere.

Continuez ainfi jufqu'à ce que vous
ayez réduit en Fleurs tout votre Régule : ce qui exigera un affés grand nombre de fublimations, qui vous donneront à mefure que vous avancerez, toujours une plus grande quantité de Fleurs,
proportion gardée cependant avec la
quantité de Régule qui reftera dans le
pot.

REMAR-

REMARQUES.

Nous répétons ici ce que nous venons de dire dans les remarques sur le précédent procédé ; sçavoir, que le Régule d'Antimoine peut être entierement enlevé & sublimé par l'action du feu ; mais que cela ne se peut faire sans qu'il ne reçoive une altération & un changement considérables. Ces Fleurs de Régule d'Antimoine sont fort différentes de toutes les autres préparations antimoniales : elles ressemblent à la Matiere perlée, en ce qu'on ne peut les réduire en Régule, par quelque moyen que ce soit ; mais elles en différent, 1°. en ce qu'elles ne sont point fixes : après avoir été fondues par l'action du feu, elles se dissipent entierement en vapeurs : 2°. en ce qu'elles peuvent être dissoutes par l'Eau-régale, à peu près comme le Régule. La Matiere perlée, comme on le sçait, est indissoluble dans tous les Acides.

Lorsque le Régule d'Antimoine est une fois en fusion, il commence à se sublimer en Fleurs ; ainsi il est inutile de lui donner un plus grand degré de chaleur, que celui qui est nécessaire pour le faire fondre.

Tome I.   O o

Un pot d'une certaine largeur eſt préférable à un creuſet pour cette opération, parceque la ſurface ſupérieure du
Régule fondu eſt plus grande, & que
plus cette ſurface eſt grande, plus l'évaporation eſt conſidérable.

Les deux couvercles qu'on ajuſte dedans & ſur le pot, ſont deſtinés à retenir le plus qu'il eſt poſſible, les émana-
tions du Régule en fuſion, ſans cependant interdire abſolument le libre accès
de l'air, dont le concours eſt néceſſaire
pour toutes les ſublimations métalliques.
Malgré ces précautions, on ne peut empêcher qu'il ne ſe diſſipe une partie du
Régule en vapeurs qu'on ne peut retenir. On ne retire en Fleurs qu'environ
un peu moins des trois quarts de ce
qu'on a employé de Régule : le reſte
s'eſt évaporé à travers les intertiſtes que
laiſſent les couvercles, qui ne doivent
point être luttés, par la raiſon que je
viens de donner.

CHAPITRE II.

Du Bismuth.

PREMIER PROCEDE'.

Retirer le Bismuth de sa mine.

RE'DUISEZ en petits morceaux la mine de Bismuth, & emplissez-en un
creuset de fer ou de terre. Placez ce
creuset dans un fourneau, & allumez du
feu ensorte que les morceaux de mine
soient médiocrement rouges. Remuez
de temps en temps ces morceaux, & tenez le creuset fermé, si vous vous ap-
percevez que la mine crépite & pétille.
Vous trouverez au fond du creuset un
culot de Bismuth.

REMARQUES.

Le Bismuth n'a besoin, pour être extrait de sa mine, que d'une simple fusion, sans addition d'aucune matiere inflammable, parcequ'il a naturellement
sa forme métallique. Il n'a pas besoin
non plus de fondans, parcequ'il est très-
fusible : ce qui donne la facilité de le

faire fondre, & de le raſſembler en culot, ſans être obligé de fondre auſſi les
matieres terreuſes & pierreuſes dans leſquelles il eſt engagé. Ces matieres reſ-
tent dans leur entier, & le Biſmuth fondu tombe par ſon propre poids au fond
du creuſet. Il ne faut pas donner, dans
cette occaſion, un degré de chaleur plus
fort que celui qui eſt néceſſaire pour fondre le demi-métal, parcequc comme il
eſt volatil, il s'en diſſiperoit une partie;
& on en retireroit beaucoup moins ſi
on faiſoit un trop grand feu, & d'autant
moins qu'il y en auroit auſſi une portion
qui ſe réduiroit en chaux. Il faut, pour
la même raiſon, retirer le creuſet du
fourneau auſſitôt qu'on s'apperçoit que
tout ce que la mine contenoit de Biſmuth eſt fondu, & que le culot n'augmente point.

On peut auſſi traiter la mine de Biſmuth, comme les mines de Plomb &
d'Etain; c'eſt-à-dire, la réduire en poudre fine, la mêler avec du flux noir, un
peu de Borax & de Sel marin; la mettre
dans un creuſet bien fermé, & la fondre dans un fourneau de fuſion. On trouve pour lors un culot de Régule couvert
de ſcories. On retire même par cette

méthode une plus grande quantité de Bifmuth ; & on doit s'en fervir lorfque la mine eft pauvre, parceque dans ce cas on n'en retireroit point du tout par l'autre procédé. Mais il faut avoir attention dans celui-ci, de donner très-promptement le degré de feu néceffaire pour fondre le mêlange : car s'il reftoit long-temps dans le feu, on perdroit beaucoup de Bifmuth, à caufe de la grande volatilité de ce demi-métal, & de la facilité qu'il a à fe réduire en chaux.

Le Bifmuth eft affés fouvent pur dans fes matrices terreufes & pierreufes ; & lorfqu'il eft minéralifé, c'eft ordinairement par l'Arfenic, qui étant encore plus volatil que lui, fe diffipe en vapeurs lorfqu'on fond la mine, s'il n'y en a qu'une petite quantité ; s'il s'en trouve beaucoup, & qu'on traite la mine par la fufion avec le flux noir, cet Arfenic fe réduit auffi en Régule, s'unit plus intimement avec le Bifmuth, devient un peu plus fixe par cette union, & augmente la quantité du culot demi-métallique qu'on trouve après la fufion.

Quoique le Bifmuth ne foit ordinairement point minéralifé par le Soufre, ce n'eft pas faute de pouvoir s'y unir : car

fi on fond enfemble parties égales de Bifmuth & de Soufre, on trouve après la
fufion que le Bifmuth eft augmenté de
près d'un huitiéme, & a formé une maffe difpofée en aiguilles à peu près comme l'Antimoine.

Nous aurons oceafion, lorfqu'il s'agira de la mine d'Arfenic, de dire encore
plufieurs chofes qui regardent le Bifmuth & fa mine, parceque ces minéraux
fe reffemblent beaucoup.

M. Geoffroy, fils de l'Académicien,
a fait voir dans un Mémoire qu'il a lu à
l'Académie des Sciences l'année derniere, qu'il y a une grande reffemblance
entre le Bifmuth & le Plomb. Ce Mémoire, qui ne contient que le commencement du travail de M. Geoffroy, prouve que l'Auteur foutient dignement la
gloire de fon nom. Il y eft démontré par
un très-grand nombre d'expériences,
que le feu produit fur le Bifmuth les mêmes effets que fur le Plomb. Ce demi-
métal fe réduit en chaux, en litarge, &
en verre comme le Plomb; & ces produits ont les mêmes propriétés que les
préparations de Plomb produites par le
même degré de feu. Le Bifmuth eft capable de vitrifier tous les métaux impar-

faits, & de les entraîner à travers les pores des creusets. Ainsi on peut purifier l'Or & l'Argent, & les coupeller par son moyen, de même qu'avec le Plomb. On peut revoir à cette occasion ce que nous avons dit du Plomb. Le Mémoire de M. Geoffroy fournira de nouveaux éclaircissemens sur cette matiere, dont on profitera lorsqu'il sera imprimé.

II. PROCEDÉ.

Dissoudre le Bismuth par les Acides. Magistère de Bismuth. Encre de sympathie.

METTEZ dans un matras du Bismuth concassé en petits morceaux : versez dessus, peu à peu, deux fois autant d'Eau-forte. Cet Acide attaquera le demi-métal avec vivacité, & le dissoudra entierement avec chaleur, effervescence, vapeurs & gonflement. La dissolution sera claire & limpide.

REMARQUES.

L'Acide nitreux est de tous les Acides celui qui dissout le mieux le Bismuth. Il n'est pas besoin, comme dans la plu-

part des diſſolutions métalliques , de
mettre ſur un bain de ſable la fiole dans
laquelle on fait la diſſolution : au contraire , il faut avoir attention de ne pas
verſer toute l'Eau-forte en même temps,
parceque la diſſolution ſe fait avec tant
d'activité , que le mélange ſe gonfle &
ſe répand hors du vaiſſeau.

L'addition de l'eau ſeule eſt capable de
précipiter la diſſolution de Biſmuth. En
noyant cette diſſolution dans beaucoup
d'eau , la liqueur ſe trouble , devient
blanche , & laiſſe dépoſer un précipité
d'un très-beau blanc. C'eſt le blanc dont
les Dames font uſage à leur toilette.

L'eau opére cette précipitation , en
affoibliſſant l'Acide , qui apparemment
ne peut tenir le Biſmuth en diſſolution ,
à moins qu'il n'ait un certain degré de
force.

Si on veut avoir un Magiſtère de Biſmuth d'un beau blanc , il faut employer
pour la diſſolution une Eau-forte qui ne
ſoit point altérée par le mélange de l'A-
cide vitriolique ; car dans ce cas , le précipité eſt d'un blanc ſale tirant ſur le gris.
Pluſieurs Auteurs conſeillent , pour précipiter le Biſmuth , de ſe ſervir d'une diſſolution de Sel marin au lieu d'eau pur-

re, croyant que ce Sel doit procurer la précipitation comme cela arrive à l'égard de l'Argent & du Plomb. Mais M. Pott, Chymiste Allemand, qui a donné une grande dissertation sur le Bismuth, prétend au contraire que le Sel marin, ni son Acide, ne peuvent précipiter ce demi-métal, & que ce n'est qu'à la faveur de l'eau dans laquelle ces substances sont étendues, que se fait la précipitation, lorsqu'on les mêle dans notre dissolution.

On peut précipiter aussi le Bismuth avec des Alkalis fixes ou volatils ; mais le précipité n'est pas d'un aussi beau blanc que quand on ne le fait qu'avec l'eau pure.

Si on avoit employé pour faire la dissolution une plus grande quantité d'eauforte que celle qui est prescrite dans le procédé, il faudroit aussi beaucoup plus d'eau pour précipiter le Magistère de Bismuth, parcequ'il y auroit beaucoup plus d'Acide à affoiblir. On doit bien laver ce blanc, pour le débarrasser de tout l'Acide, & le conserver dans une bouteille bien bouchée, parceque l'action de l'air le fait brunir, & qu'un reste d'Acide le rend jaune.

La diſſolution de Biſmuth où l’on n’employe que ce qu’il faut d’Eau-forte, c’eſt-à-dire, deux parties de cet Acide ſur une de demi-métal, ſe coagule en petits criſtaux preſqu’auſſitôt qu’elle eſt faite.

L’Eau-forte agit ſur le Biſmuth non-feulement lorſqu’il eſt ſéparé de ſa mine, & réduit en Régule, mais il l’attaque dans la mine même, & diſſout auſſi en même temps quelques portions de la mine. C’eſt avec cette diſſolution de la mine de Biſmuth que M. Hellot a fait une encre de ſympathie fort curieuſe, & qui différe de toutes celles qui étoient connues avant. Voici comment M. Hellot prépare cette liqueur.

» On met en poudre groſſiere la
» mine de Biſmuth. Sur deux onces de
» cette poudre on verſe un mêlange de
» cinq onces d’eau commune, & de cinq
» onces d’Eau-forte. On ne chauffe point
» le vaiſſeau, juſqu’à ce que les premie-
» res ébullitions ſoient paſſées. Enſuite
» on le met ſur un bain de ſable doux,
» & on l’y laiſſe en digeſtion, juſqu’à ce
» qu’on ne voie plus de bulles d’air s’é-
» lever. Lorſqu’il n’en paroît plus à cet-
» te chaleur, on l’augmente juſqu’à fai-
» re bouillir légerement. le diſſolvant

pendant un bon quart-d'heure. Il se «
charge d'une teinture à peu près de la «
couleur d'une bierre rouge. La mine «
qui donne cette couleur à l'Eau-forte «
est la meilleure. On laisse refroidir la «
dissolution, en couchant le matras sur «
le côté, afin de la pouvoir décanter «
plus aisément, lorsque tout ce qui a «
été épargné par le dissolvant s'est pré- «
cipité. »

« On tient encore incliné le second «
vaisseau dans lequel on a fait la pre- «
miere décantation, pour qu'il se fasse «
un nouveau précipité des matieres «
non dissoutes, & l'on verse la liqueur «
dans un troisiéme vaisseau. Il ne faut «
point filtrer cette liqueur, si on veut «
que le reste du procédé réussisse bien, «
parceque l'Eau-forte dissoudroit quel- «
que portion du papier, ce qui altére- «
roit la couleur de cette liqueur. »

« Quand on a cette dissolution que «
M. Hellot nomme impregnation, bien «
clarifiée par trois ou quatre décanta- «
tions, on la met dans une capsule de «
verre avec deux onces de Sel marin «
bien net. Le Sel blanc des marais sa- «
lans est celui qui a le mieux réussi à «
M. Hellot. A son défaut, on peut «

» prendre un Sel de gabelle ordinaire ,
» purifié par folution , filtration & crif-
» talifation. Mais comme il eft rare d'en
» trouver qui ne contienne quelque
» teinte ferrugineufe , le Sel blanc des
» marais eft préférable. On met la cap-
» fule de verre fur un bain de fable doux,
» & on l'y tient jufqu'à ce que ce mê-
» lange fe foit réduit par évaporation en
» une maffe faline prefque féche. »

» Si on veut en retirer l'Eau-réga-
» le , il faut mettre l'impregnation dans
» une cornue , & diftiller à petit feu au
» bain de fable. Il y a cependant un in-
» convénient , comme le remarque M.
» Hellot , à fe fervir d'une cornue ; c'eft
» que comme on ne peut agiter la maf-
» fe faline à mefure qu'elle fe coagule
» dans la cornue , elle fe réduit en un
» pain de fel coloré , compacte , qui ne
» préfente qu'une feule furface à l'eau
» qui doit le diffoudre , deforte que cet-
» te diffolution dure quelquefois jufqu'à
» cinq à fix jours. Dans la capfule , au
» contraire , on réduit la maffe faline en
» Sel grainé , en l'agitant avec une ba-
» guette de verre. Ainfi grainé , il a beau-
» coup plus de furface : il fe diffout plus
» aifément , & fournit fa teinture à l'eau

en quatre heures de temps. A la vé- «
rité, on est plus exposé aux vapeurs «
du dissolvant; & ces vapeurs seroient «
dangereuses, si on faisoit souvent cet- «
te opération sans prendre de précau- «
tions. »

« Lorsque la capsule, ou petit vais- «
seau qui contient le mêlange de l'im- «
pregnation & du Sel marin, est échauf- «
fée, la liqueur qui étoit d'un rouge «
orangé devient rouge cramoisi ; & «
quand tout le phlegme du dissolvant «
est évaporé, elle prend une belle cou- «
leur d'émeraude. Peu à peu elle s'é- «
paissit, & passe à la couleur de verd «
de gris en masse. Alors il faut avoir «
soin de l'agiter avec la verge ou ba- «
guette de verre, afin de grainer ce «
Sel, qu'on ne doit pas tenir au feu jus- «
qu'à ce qu'il soit entierement sec, par- «
cequ'on courroit le risque de perdre «
sans retour la couleur qu'on cherche. «
On s'apperçoit de cette perte, quand «
par trop de chaleur le Sel qui étoit «
verd, passe au jaune sale. En cet état «
il ne change plus en refroidissant ; «
mais quand on a soin de le retirer du «
feu lorsqu'il est encore verd, on le «
voit pâlir peu à peu, & devenir d'un «

» beau couleur de rose, à mesure qu'il
» refroidit. »

    » On le détache de ce vaisseau,
» pour le faire tomber dans un autre,
» où l'on a mis de l'eau de pluie disti-
» lée; & l'on tient ce second vaisseau en
» douce digestion, jusqu'à ce qu'on voie
» que la poudre qui se précipite au fond
» soit parfaitement blanche. Si au bout
» de trois ou quatre heures cette pou-
» dre est encore teinte de couleur de
» rose, c'est une marque qu'on n'y a pas
» mis assés d'eau pour dissoudre tout le
» Sel qui a enlevé la teinture de l'im-
» pregnation. En ce cas, il faut décan-
» ter la premiere liqueur teinte, & re-
» mettre de nouvelle eau à proportion
» de ce qu'on juge qu'il peut être resté
» de Sel teint mêlé avec le précipité. »

    » Ordinairement, quand la mine
» est pure, & ne contient pas beaucoup
» de pierres fusibles, nommées commu-
» nément *Fluor* ou *Quartz*, elle fournit
» par once de la teinture pour huit à
» neuf onces d'eau, & la liqueur est d'u-
» ne belle couleur de lilas. »

    » Pour voir l'effet de cette teintu-
» re, il faut écrire avec cette liqueur
» couleur de lilas sur de bon papier bien

collé, & qui ne boive pas. On peut s'en «
servir aussi à enluminer les feuilles de «
quelqu'arbre ou de quelque plante «
dont on aura auparavant dessiné le «
trait légerement à l'encre de la Chi- «
ne, ou à la pointe d'un crayon de mi- «
ne de plomb. On laissera sécher cette «
écriture ou ce dessein enluminé à l'air «
sec. On n'apperçoit aucune couleur «
tant qu'il est froid; mais si on le chauf- «
fe lentement devant le feu, on verra «
l'écriture ou le dessein prendre peu à «
peu une couleur bleue ou bleue verdâ- «
tre, qui est visible tant que le papier «
conserve un peu de chaleur, & qui «
disparoît entierement quand il est re- «
froidi. »

C'est cette propriété de disparoître
entierement & de redevenir invisible,
sans qu'il soit besoin de rien passer dessus, qui fait la singularité de cette encre
sympathique, & qui la rend différente
de toutes les autres, qui, lorsqu'elles ont
été une fois rendu visibles par les moyens
qui leur conviennent, ne disparoissent
plus, ou du moins ont besoin d'être ef-
facées par une nouvelle liqueur qu'on
passe dessus.

M. Hellot a varié infiniment les ex-

périences qu'il a faites fur cette matiere,
& a donné à fon encre fympathique fucceffivement les propriétés de toutes les
autres encres fympathiques connues.

Il réfulte des expériences de M. Hellot, que c'eft l'Acide du Sel marin qui
colore en verd le *magma* falin tant qu'il
eft échauffé ; que fans cet Acide, cette
matiere faline refte rouge, & qu'ainfi
l'impregnation de la mine de Bifmuth,
par l'Eau-forte, peut fervir de pierre de
touche pour s'affurer fi un Sel inconnu
qu'on examine contient ou non du Sel
marin, ou une portion d'Acide marin.

Il prouve auffi, dans les Mémoires
qu'il a donnés fur cette matiere, que l'A-
cide nitreux eft le véritable diffolvant de
ces mines de Bifmuth, qui contiennent
auffi du bleu d'azur & de l'Arfenic. Cet
Acide diffout tout ce que ces mines contiennent de métallique & de matiere
colorante, n'épargnant que la portion
fulphureufe & arfenicale qui refte précipitée pour la plus grande partie, & c'eft
cette matiere colorante qui donne la
vertu à l'encre fympathique.

Nous parlerons plus amplement à
l'article de l'Arfenic, de cette matiere
des cobolts ou mines d'Arfenic, qui colore

lore en bleu le fable avec lequel on la
vitrifie.

L'Acide vitriolique ne diffout point,
à proprement parler, le Bifmuth. Si on
mêle une partie & demie de ce demi-
métal avec une partie d'Huile de Vitriol,
qu'on diftille le tout jufqu'à ficcité dans
une cornue, qu'on leffive avec de l'eau
ce qui fera refté dans la cornue, la liqueur qu'on en retirera aura une couleur d'un jaune rouge, mais qui ne laiffera rien précipiter en la mêlant avec
des Alkalis; ce qui montre que l'Acide
vitriolique attaque feulement la partie
inflammable du Bifmuth, & ne diffout
point fa terre métallique.

Il diffout d'une maniere plus marquée
la mine de Bifmuth que le Bifmuth même, parceque cette mine, outre la partie réguline, contient encore une matiere arfenicale & une matiere colorant-
te, fur lefquelles il peut avoir plus d'action.

L'Acide du Sel marin attaque & diffout un peu le Bifmuth, mais lentement
& avec peine. On a la preuve que cet
Acide a diffous une portion de notre
demi-métal, en mêlant un Alkali fixe
ou volatil avec de l'efprit de Sel, dans

lequel on aura tenu du Bifmuth en digeftion pendant un certain temps ; car il fe fait un précipité.

Mais quoique l'Acide marin foit capable de diffoudre le Bifmuth , ce n'eft pas à dire pour cela qu'il ait plus d'affinité avec cette fubftance métallique que l'Acide nitreux , comme l'ont cru quelques Chymiftes , qui fe font imaginés que quand on faifoit la précipitation du Magiftère de Bifmuth par une diffolution du Sel marin , l'Acide de ce Sel quittoit fa bâfe pour s'unir au Bifmuth qu'il précipitoit, comme cela arrive dans la précipitation du Plomb & de l'Argent par le même Sel , & formoit dans cette occafion un Bifmuth corné.

M. Pott a obfervé d'abord à ce fujet , que quand on ne mêle qu'une petite quantité de diffolution de Sel marin avec la diffolution de Bifmuth dans l'Acide nitreux , il ne fe forme point de précipité : or il eft certain que quelque petite que foit la quantité de Sel marin qu'on mêle avec la diffolution de Plomb ou d'Argent , il fe forme auffitôt un précipité dont la quantité eft proportionnée à celle du Sel qu'on a employé.

Secondement , M. Pott a examiné le

précipité de Bifmuth fait par la diffolution de Sel marin, & il ne lui a point
trouvé les propriétés d'une fubftance
métallique rendue cornée. Ce précipité
expofé à un feu très-violent paroît au
contraire réfractaire, & ne peut être
fondu.

CHAPITRE III.

DU ZINC.

PREMIER PROCEDE'.

*Retirer le Zinc de fa mine, ou de la Pierre
calaminaire.*

PRENEZ huit parties de Pierre calaminaire réduite en poudre : mêlez-les
exactement avec une partie de charbon
de bois bien pulvérifé, que vous aurez
auparavant calciné dans un creufet pour
en retirer toute l'humidité. Mettez ce
mélange dans une cornue de grais enduite de lut, de laquelle un tiers demeure vuide. Placez la cornue dans un
fourneau de réverbere, dans lequel vous
puifliez poufler le feu fortement. Adap-

tez à la cornue un récipient qui contienne un peu d'eau. Allumez le feu : augmentez-le par degrés jufqu'à ce que la
chaleur foit auffi forte que celle qui fait
fondre le Cuivre. A ce degré de feu, le
Zinc métallifé fe féparera du mêlange,
& fe fublimera à l'intérieur du col de la
cornue, fous la forme de gouttes métalliques. Caffez la cornue lorfqu'elle fera
refroidie, & ramaffez le Zinc.

REMARQUES.

Le procédé que nous venons de donner pour extraire le Zinc de la Pierre
calaminaire, eft tiré des Mémoires de
l'Académie des Sciences de Berlin, & eft
de M. Marggraff, fçavant Chymifte,
dont nous avons déja eu occafion de
parler à l'article du Phofphore.

Jufqu'à ce que ce procédé fût rendu
public, on ne connoiffoit aucun moyen
de tirer le Zinc directement, & pur, de
la Pierre calaminaire.

La plus grande partie du Zinc que
nous avons, eft tirée d'une mine de difficile fufion, qu'on traite à Goflar, laquelle fournit en même temps du Plomb,
du Zinc, & une autre matiere métallique, nommée *Cadmie des fourneaux*,

qui contient auffi beaucoup de Zinc, comme nous le verrons par la fuite.

Le fourneau dans lequel on fond cette mine eft fermé à fa partie antérieure par des efpeces de lames ou de tables de pierre minces, qui n'ont pas plus d'un doigt d'épaiffeur. Cette pierre eft grisâtre, & foutient la violence du feu.

On fond la mine à travers les charbons dans ce fourneau, à l'aide des fouflets. On employe douze heures à chaque fonte, & pendant ce temps le Zinc fondu avec le Plomb fe réfout en fleurs & en vapeurs, dont une bonne partie s'attache aux parois du fourneau fous la forme d'un enduit terreux bien durci. Les Ouvriers ont le foin d'enlever de temps en temps cet enduit, qui fans cela s'épaiffiroit à la fin au point de diminuer confidérablement la cavité du fourneau.

Il s'attache de plus à la partie antérieure du fourneau, qui eft, comme nous avons dit, formée d'une pierre mince, une matiere métallique, qui eft le Zinc, qu'on a foin de ramaffer à la fin de chaque fufion, en éloignant les charbons ardens de cet endroit. On jette dans le bas une certaine quantité de charbon noir concaffé ; & à petits coups de marteau, on fait tomber fur le charbon le Zinc qui étoit engagé comme dans une efpece de rayon dans l'autre matiere, connue fous le nom latin de *Cadmia fornacum*, & à laquelle on peut donner le nom françois de *Calamine des fourneaux*. Il tombe fous la forme d'un métal fondu embrafé & tout brillant de flamme. Il fe brûleroit bientôt entierement, & fe réduiroit en fleurs, comme nous le verrons, s'il ne s'éteignoit, & n'avoit la facilité de fe refroidir & de fe figer, en fe cachant fous le charbon noir qu'on a eu foin de mettre en bas pour le recevoir.

Le Zinc s'attache par préférence aux parois antérieurs du fourneau, parceque cet endroit étant le plus mince, eft auffi le moins chaud. On a même foin pendant l'opération, pour donner la facilité au Zinc de fe fixer en cet endroit, de rafraîchir de temps en temps cette pierre mince, en jettant de l'eau deffus.

On voit par-là que le Zinc ne fe tire point de fa mine par la fufion & la précipitation en Régule, comme les autres fubftances métalliques ; cela vient de ce que ce demi-métal eft d'une fi grande volatilité, qu'il ne peut soutenir le degré de feu nécessaire pour fondre sa mine, sans se sublimer. Il est en même temps si combustible, qu'il s'en sublime une grande partie en fleurs, qui n'ont point la forme métallique.

M. Marggraff a remédié à ces inconvéniens, en traitant la mine de Zinc dans des vaisseaux fermés. Il empêche par ce moyen que le Zinc ne puisse s'enflammer & se réduire en fleurs. Il se sublime donc sous sa forme métallique. L'eau qu'on met dans le récipient, sert à recevoir & à refroidir les gouttes de Zinc qui pourroient être poussées hors de la cornue. Comme il faut un feu très-violent pour faire cette opération, ces gouttes qui sortent extrêmement chaudes pourroient casser le récipient.

M. Marggraff a retiré le Zinc par le même procédé, des calamines des fourneaux, qui s'élevent des mines qui contiennent du Zinc, de la Tutie, qui est une espece de calamine des fourneaux, des fleurs ou chaux de Zinc, & du précipité du Vitriol blanc : toutes matieres qu'on sçavoit être du Zinc qui n'avoit besoin que d'être combiné avec le phlogistique pour paroître sous la forme de mi-métallique , & dont cependant on n'étoit point encore parvenu à tirer le Zinc.

M. Marggraff obſerve que le Zinc qu'il retire par ſon procédé, ſe laiſſe étendre ſous le marteau en lamines aſſés minces : ce que le Zinc ordinaire ne ſouffre pas. Cela vient apparemment de ce que le Zinc tiré par la méthode de M. Marggraff eſt plus intimement combiné avec le phlogiſtique , & en contient une plus grande quantité que celui qu'on retire par la méthode ordinaire.

II. PROCEDE'.

Sublimer le Zinc en Fleurs.

PRENEZ un grand creuſet qui ſoit fort profond : placez ce creuſet dans un fourneau , de maniere qu'il ſoit incliné à peu près ſous un angle de quarante-cinq degrés. Mettez du Zinc dedans, & allumez dans le fourneau un feu un peu plus fort que celui qui eſt néceſſaire pour tenir le Plomb en fuſion. Le Zinc ſe fondra. Agitez-le avec une verge de fer : il paroîtra une flamme blanche & très-brillante : à deux pouces au-deſſus

dé

de cette flamme il se formera une épaisse fumée, & avec cette fumée il s'élevera des Fleurs très-blanches qui restent
quelque temps adhérentes aux parois du
creuset, sous la forme d'un coton fort
délié. Lorsque la flamme se rallentira,
remuez de nouveau, avec la verge de
fer, votre matiere fondue : vous verrez
la flamme se renouveller, & les Fleurs
recommencer à paroître en plus grande
abondance. Continuez ainsi, jusqu'à ce
que vous vous apperceviez qu'il ne paroît plus de flamme, & qu'il ne s'éleve
plus de Fleurs.

REMARQUES.

Le Zinc s'enflamme fort aisément,
aussitôt qu'il éprouve un certain degré
de chaleur : ce qui prouve qu'il entre
dans la composition de ce demi-métal
une grande quantité de phlogistique, qui
n'a pas une union fort intime avec sa
terre métallique. Les Fleurs dans lesquelles le Zinc se résout pendant sa combustion, sont d'une nature tout-à-fait singuliere, & différent beaucoup de tous
les autres produits qu'on peut retirer
des substances métalliques.

On peut les regarder comme la chaux

même du Zinc, ou fa terre métallique
dépouillée de phlogiftique, laquelle fe
fublime pendant la combuftion de ce
demi-métal, vraifemblablement à l'aide
du phlogiftique qui l'entraîne avec lui,
en fe diffipant; car ces Fleurs une fois
fublimées, font après cela une fubftance des plus fixes : elles foutiennent la
plus grande violence du feu fans fe fublimer, & fe réduifent en une efpece
de verre.

Quelque moyen qu'on ait employé
jufqu'à préfent pour rendre la forme métallique aux Fleurs de Zinc, on n'a pu y
réuffir. Traitées comme les autres chaux
métalliques dans un creufet avec des
matieres inflammables de toute efpece,
& différentes fortes de flux réductifs, elles ne fe remétallifent point : elles fe
fondent feulement avec le flux, & font
une efpece de verre.

A la vérité, M. Marggraff a, comme
nous avons dit plus haut, retiré du Zinc
de ces Fleurs, en les traitant de même
que la Pierre calaminaire dans une cornue avec la poudre de charbon; mais
comme il arrive fouvent qu'elles emportent avec elles de petites particules de
Zinc non décompofé, cela jette tou-

jours quelqu'incertitude sur la réduction de ces Fleurs, même par cette méthode.

Si au lieu de mettre le Zinc dans un creuset découvert, comme nous l'avons prescrit, pour le réduire en Fleurs, on couvre avec un autre creuset renversé celui dans lequel est contenu ce demi-métal; qu'on lutte ensemble ces deux vaisseaux; qu'on les mette dans un fourneau de fusion, & qu'on y fasse aussitôt pendant environ une demi-heure un très-grand feu, on trouvera, après que les vaisseaux seront refroidis, que tout le Zinc aura quitté le creuset inférieur, & se sera sublimé sous sa forme métallique dans le creuset supérieur, sans avoir souffert de décomposition. Cette expérience prouve qu'il est nécessaire que le Zinc s'enflamme & se brûle, pour se réduire en Fleurs. Comme il ne peut, non plus que les autres corps combustibles, brûler dans les vaisseaux fermés, & qu'il est volatil, il se sublime sans avoir souffert de décomposition. On peut sublimer de même le Régule d'Antimoine & le Bismuth; mais plus difficilement que le Zinc, qui est encore plus volatil que ces demi-métaux.

Il est nécessaire de remuer de temps en temps, avec une verge de fer, le Zinc en fusion, lorsqu'on veut le réduire en Fleurs; car il se forme à sa surface une croûte grise qui met obstacle à sa déflagration, & sous laquelle il se réduit peu à peu en une chaux grumeleuse. Ainsi, pour faciliter l'élévation des Fleurs, il faut avoir soin de rompre cette croûte, lorsqu'elle commence à se former, & à chaque fois qu'elle se reproduit. Il paroît aussitôt une flamme blanche & très-brillante : à deux pouces au-dessus de cette flamme, il se forme une fumée épaisse, & avec cette fumée il s'éleve des Fleurs très-blanches, qui restent quelque temps adhérentes aux parois du creuset, sous la forme d'un coton délié.

M. Malouin, qui a donné plusieurs Mémoires sur le Zinc, dans lesquels il s'est proposé de découvrir la ressemblance que peut avoir ce demi-métal avec l'Etain, a essayé de calciner le Zinc comme on calcine l'Etain; mais il a éprouvé plus de difficulté. Le Zinc, tant qu'il n'est pas fondu, ne se calcine point : il ne commence à se réduire en chaux, que dans le moment qu'il commence aussi à se fondre. M. Malouin, en réité-

rant ainſi un grand nombre de fois les
fuſions du Zinc, eſt parvenu à raſſembler une certaine quantité de chaux de
ce demi-métal, reſſemblante aux autres
chaux métalliques. Il a traité cette chaux
de Zinc dans un creuſet avec la graiſſe,
& cette chaux s'eſt remétalliſée, & réduite en Zinc. Il y a tout lieu de croire que la chaux de Zinc faite par cette
méthode, eſt moins brûlée que les
Fleurs, & qu'elle retient encore une portion de phlogiſtique.

III. PROCEDE'.

Combiner le Zinc avec le Cuivre. Cuivre
jaune. Similor, &c.

RE'DUISEZ en poudre une partie &
demie de Pierre calaminaire, & autant de charbon : mêlez enſemble ces
deux poudres, & humectez-les avec un
peu d'eau. Mettez ce mêlange dans un
creuſet large, ou quelqu'autre vâſe de
terre qui puiſſe ſoutenir le feu de fuſion.
Introduiſez dedans & deſſus ce mêlange une partie de Cuivre rouge très-pur,
réduit en lames : mettez de nouvelle
poudre de charbon par-deſſus : fermez

le creuſet : placez-le dans un fourneau
de fuſion : entourez-le de charbons de
tous côtez : laiſſez ces charbons s'allumer peu à peu. Faites enſuite bien rougir le creuſet. Lorſque vous verrez que
la flamme aura pris des couleurs pourpre ou verd bleuâtre , découvrez le
creuſet , & plongez-y une petite verge
de fer , pour voir ſi le Cuivre eſt en fuſion ſous la poudre de charbon. Si vous
trouvez que le Cuivre eſt fondu , modé-
rez un peu l'action du feu , & laiſſez encore votre creuſet dans le fourneau pendant quelques minutes. Laiſſez , après
cela, refroidir le creuſet : vous trouverez dedans votre Cuivre qui aura pris
une couleur d'or , qui aura augmenté de
poids d'un quart ou même d'un tiers, &
qui cependant ſera encore très-malléa-
ble.

REMARQUES.

La Pierre calaminaire n'eſt pas la ſeule ſubſtance avec laquelle on puiſſe faire le Cuivre jaune : toutes les autres mines qui contiennent du Zinc, les Calamines qui ſe ſubliment dans les fourneaux où l'on traite ces mines , la Tutie,
le Zinc même en nature, peuvent lui

être substitué, & font aussi de très-beau Cuivre jaune : mais il faut, pour y réussir, prendre différentes précautions dont nous allons parler.

Notre procédé est une espece de cémentation ; car la mine de Zinc ne se fond point, & le Zinc est seulement réduit en vapeurs lorsqu'il se combine avec le Cuivre : c'est de-là d'où dépend en partie la réussite de l'opération, & ce qui fait que le Cuivre conserve sa pureté & sa malléabilité, parceque les autres substances métalliques qui pourroient se trouver dans la mine de Zinc ou avec le Zinc, n'ayant point la même volatilité que lui, ne peuvent être réduites en vapeurs. Si on est assuré que la Pierre calaminaire, ou autre mine de Zinc qu'on emploie, est altérée par le mélange de quelqu'autre matiere métallique, il faut mêler de la terre à lutter avec la poudre de charbon, & la matiere contenant du Zinc ; en former une pâte ferme avec de l'eau ; la mettre & la fouler au fond du creuset ; mettre dessus les lames de Cuivre, & de la poudre de charbon par-dessus le Cuivre : puis procéder comme nous l'avons dit. Par ce moyen, lorsque le Cuivre est fondu, il ne peut

tomber au fond du creuset, ne se mêle
point avec la mine, est soutenu sur le
mêlange, & ne peut se combiner qu'a-
vec le Zinc, qui se sublime en vapeurs,
& traverse le lut pour s'attacher à ce
même Cuivre.

On peut aussi purifier la Pierre calaminaire ou autre mine de Zinc, avant
de s'en servir pour faire le Cuivre jaune, sur-tout lorsqu'elles sont altérées par
de la mine de Plomb, ce qui arrive souvent. Il faut pour cela torréfier cette
pierre à un feu assés fort pour commencer à fondre la matiere plombifére, qui
se réduit en molécules plus grosses, plus
pesantes, & moins fragiles. Les particules les plus tenues se dissipent pendant
la torréfaction, avec une partie de la
Pierre calaminaire. Cette Pierre calaminaire devient au contraire par la torréfaction, plus tendre, plus légere, & beaucoup plus friable. Lorsque la pierre est
en cet état, il faut la mettre dans une
febille propre à laver ; plonger cette febille dans un vaisseau plein d'eau ; broyer
la matiere qu'elle contient. L'eau enle-
vera la poudre la plus légere, qui est la
Pierre calaminaire, & ne laissera au fond
de la febille que la substance la plus

lourde, c'eſt-à-dire, la matiere plombifére qu'il faut rejetter comme inutile. La
poudre de la Pierre calaminaire ſe dé-
poſera au fond de l'eau. Il faut la ramaſſer après avoir décanté l'eau, & s'en ſervir comme nous avons dit.

La poudre de charbon ſert dans notre opération à empêcher le Cuivre &
le Zinc de ſe calciner ; c'eſt pourquoi,
lorſqu'on emploie en même temps une
grande quantité de matiere, il n'eſt point
néceſſaire d'en mettre autant, proportion gardée, que quand on n'en emploie qu'une petite quantité, parceque
plus une maſſe de métal eſt grande, &
moins elle ſe calcine facilement.

Quoique le Cuivre ſe mette en fuſion
dans cette opération, il s'en faut bien
néanmoins qu'il ſoit néceſſaire pour cela
de donner un feu auſſi fort que le Cuivre l'exige ordinairement pour ſe fondre. La fuſibilité qu'il a dans cette occaſion lui vient du mêlange du Zinc. L'augmentation du poids de ce métal eſt due
auſſi à la quantité de Zinc qui ſe combine avec lui. Il retire encore un autre
avantage de ſon aſſociation avec ce demi-métal, c'eſt de reſter plus long-temps
au feu ſans ſe calciner.

Le Cuivre jaune bien fait, doit être malléable étant froid. Mais de quelque maniere qu'on le fasse, & quelques proportions de Zinc qu'on y fasse entrer, il se trouve toujours n'avoir aucune malléabilité lorsqu'il est chaud & rouge.

Si on fait fondre le Cuivre jaune dans un creuset à grand feu, on remarquera que ce métal s'enflamme presque comme le Zinc, & qu'il s'éleve de sa surface une grande quantité de fleurs blanches qui voltigent par floccons comme les fleurs de Zinc. Ces floccons sont en effet des fleurs de Zinc, & la flamme du Cuivre jaune qui est poussée à grand feu, n'est aussi autre chose que celle du Zinc même uni au Cuivre qui se brûle. Si l'on tient ainsi le Cuivre jaune long-temps en fusion, on lui fait perdre presque tout ce qu'il contient de Zinc. On le trouve, après cela, beaucoup diminué de poids, & sa couleur se rapproche de celle du Cuivre rouge. C'est pourquoi il est nécessaire, lorsqu'on fait cette opération, de saisir le temps où le Cuivre chargé suffisamment de Zinc, a acquis le plus grand poids & la plus belle couleur, en conservant le plus de ductilité qu'il est possible, & d'éteindre le feu dans ce moment, parceque si on le laisse plus long-temps en fusion, il ne fait plus que perdre le Zinc auquel il s'étoit uni. L'usage qu'on acquiére par les différentes tentatives, & la connoissance particuliere de la Pierre calaminaire qu'on emploie, sont nécessaires pour guider surement l'Artiste dans cette opération ; car il y a des différences très-considérables dans les différentes mines de Zinc. Il y en a qui contiennent du Plomb, comme nous l'avons dit ; d'autres, du Fer. Ces métaux étrangers venant à se mêler au Cuivre, en augmentent, à la vérité, le poids ; mais ils le rendent en même temps pâle, & lui donnent beaucoup d'aigreur. Il y a certaines Pierres calaminaires qui demandent à être rôties avant qu'on puisse s'en servir, & desquelles il s'exhale pendant la torréfaction des vapeurs d'Alkali volatil, qui sont suivies de vapeurs d'Esprit sulphureux : D'autres ne laissent échapper aucunes vapeurs si on les torréfie, & peuvent être employées, sans aucune préparation préliminaire : tout cela doit faire, comme on voit, beaucoup de différence dans l'opération.

On peut faire aussi du Cuivre jaune ; & on fait des Tombacs & Similors, en se fervant du Zinc même, au lieu d'employer des mines qui le contiennent. Mais ces compofés n'ont pas la même ductilité à froid, que le Cuivre jaune fait avec la Pierre calaminaire, parceque le Zinc eft rarement pur, & exempt du mélange du plomb. Peut-être auffi la différente maniere dont le Zinc s'unit au Cuivre, contribue-t-elle à cette différence.

Il faut, pour obvier à cet inconvénient, purifier le Zinc de l'alliage du Plomb. La propriété qu'a ce demi-métal de ne pouvoir être diffous par le Soufre, en fournit un moyen fort aifé à pratiquer. Il faut pour cela faire fondre le Zinc dans un creufet, l'agiter rapidement avec une verge de fer, & projetter deffus alternativement du fuif & du Soufre minéral; mais le Soufre en beaucoup plus grande quantité que le fuif. Si le Soufre ne fe confume point entierement, & qu'il forme une efpece de fcorie à la furface du Zinc, c'eft une marque que ce demi-métal contient du Plomb. Il faut dans ce cas continuer à jetter du Soufre dans le creufet, en remuant continuellement le Zinc, jufqu'à ce qu'on s'apperçoive que le Soufre ne

se joint plus avec aucune substance métallique, & se brûle librement sur la surface du Zinc. Le demi-métal est alors
purifié, parceque le Soufre qui ne peut
le dissoudre s'unit fort aisément avec le
Plomb, ou les autres substances métalliques avec lesquelles il pourroit être allié.

Si on mêle le Zinc ainsi purifié avec
le Cuivre rouge, à la dose d'un quart
ou d'un tiers, & qu'on tienne le mêlange en fonte pendant un certain temps,
en l'agitant toujours, on fait un Cuivre
jaune qui est aussi ductil étant froid,
que celui qui est fait par la cémentation
avec la Pierre calaminaire.

A l'égard des Tombacs & Similors, ils
se font soit avec le Cuivre rouge, soit
avec le Cuivre jaune qu'on recombine
de nouveau avec le Zinc. Comme on
est obligé, pour leur donner une belle
couleur d'or, d'y mêler des doses de
Zinc différentes de celles qui font simplement le Cuivre jaune, ils sont ordinairement beaucoup moins ductils. M.
Geoffroy a donné en 1725 un Mémoire
sur cette matiere, dans lequel il examine les produits que donne le mêlange
tant du Cuivre rouge que du jaune avec
le Zinc, depuis une très-petite jusqu'à une
très-grande dose.

IV. PROCEDE'.

*Diſſoudre le Zinc dans les Acides
minéraux.*

AFFOIBLISSEZ de l'Huile de Vitriol
concentrée, en la mêlant avec un
poids égal d'eau. Mettez dans un matras le Zinc que vous voudrez diſſoudre,
réduit en petits morceaux. Verſez deſſus
ſix fois ſon poids d'Acide vitriolique,
affoibli comme nous venons de le dire.
Placez le matras ſur un bain de ſable
d'une chaleur douce. Tout le Zinc ſe
diſſoudra ſans aucune réſidence. Le Sel
neutre métallique qui réſulte de cette
diſſolution, ſe criſtaliſe ; on le nomme
Vitriol blanc, ou *Vitriol de Zinc*.

REMARQUES.

Quoique le Zinc ſoit diſſoluble dans
tous les Acides, & que combiné avec
ces mêmes Acides, il offre des phénomènes ſinguliers, perſonne cependant,
avant M. Hellot, n'avoit donné un détail bien circonſtancié de ce qui arrive
dans ces diſſolutions. Ainſi tout ce que
nous allons dire à ce ſujet, eſt tiré des

Mémoires que M. Hellot a donnés sur cette matiere.

Si on diftille dans une cornue au bain de fable, à une chaleur graduée, la diffolution de Zinc par l'Acide vitriolique, faite comme il eft prefcrit dans le procédé, il paffe d'abord en pur phlegme prefque la moitié de la liqueur. Il vient enfuite une petite quantité d'Efprit acide fulphureux : après quoi il faut augmenter le feu, tranfporter pour cela la cornue dans un fourneau de réverbere, & continuer la diftillation à feu nud. A la premiere impreffion de ce feu, il fe développe une odeur de Foie de Soufre qui devient vive & fuffocante vers la fin de la diftillation. Au bout de deux heures, les vapeurs blanches paroiffent, comme dans la rectification de l'Huile de Vitriol ordinaire. Alors fi on change de récipient, on retirera environ la dix-huitiéme partie du total de la diffolution d'une Huile de Vitriol, qui quoique fulphureufe eft cependant fi concentrée, qu'en en verfant quelques gouttes fur de l'Huile de Vitriol foible, elle y tombe jufqu'au fond avec autant de bruit que fi c'étoit de petits morceaux de fer rouge, & elles échauffent autant cette Huile de Vitriol, que l'Huile de Vitriol ordinaire échauffe l'eau.

Il reste au fond de la cornue une masse saline, séche, blanche & cristaline, dont le poids excéde celui du Zinc qu'on a fait dissoudre d'environ un douziéme du poids total de la liqueur. Cette augmentation de poids lui vient d'une portion de l'Acide vitriolique qui est resté concentrée dans le Zinc, & que le feu n'a pu en détacher. Cette portion d'Acide y est même si adhérente, que M. Hellot ayant tenu pendant deux heures entieres la cornue qui la contenoit dans un feu si violent, que ce vaisseau commençoit à se fondre, il n'en est pas sorti la moindre vapeur.

Ce *Caput mortuum* salin est figuré en aiguilles, à peu près comme le Sel sédatif. Il est brûlant, s'échauffe considérablement lorsqu'on verse de l'eau dessus, & s'humecte à l'air, mais lentement. L'Esprit-de-vin mis en digestion sur ce Sel pendant huit ou dix jours, y prend la même odeur que celui qu'on mêle avec l'Huile de Vitriol concentrée pour en retirer l'Æther.

Le Zinc se dissout par les Acides nitreux & marin, à peu près de même que

que par l'Acide vitriolique, excepté que l'Acide marin ne touche point à une matiere noire, rare & spongieuse qu'il sépare du Zinc. M. Hellot s'est assuré que cette matiere n'est point du Mercure, & qu'elle ne peut être réduite en substance métallique.

Ce Chymiste a distillé aussi les dissolutions de Zinc dans les Acides nitreux & marin. Il a d'abord, comme dans celle qui est faite par l'Acide vitriolique, passé une liqueur aqueuse, qui est devenue acide. Enfin, en poussant le feu fortement sur la fin de la distillation, il a retiré une petite quantité des Acides qui avoient servi à la dissolution ; mais cette petite portion d'Acide étoit d'une force extraordinaire. La quantité d'Acide nitreux qu'on retire, est beaucoup plus considérable que celle d'Acide marin.

La dissolution de Zinc par l'Acide marin, distillée jusqu'à siccité, & poussée au grand feu, fournit un Sublimé.

Non-seulement le Zinc se dissout facilement dans tous les Acides, mais ses fleurs s'y dissolvent aussi, à peu près à la même dose, & avec des phénomènes presque tout semblables. M. Hellot ayant remarqué que les résidus de toutes les dissolutions de Zinc ont beaucoup de ressemblance avec les fleurs, croit qu'on pourroit réduire ce demi-métal par le moyen des dissolvans, dans le même état où le met le feu lorsqu'on le sublime en fleurs.

CHAPITRE IV.

De l'Arsenic.

PREMIER PROCEDE'.

Retirer l'Arsenic des matieres qui en contiennent. Saffre ou Smalth.

RE'DUISEZ en poudre du Cobolt, de la pyrite blanche, ou d'autres matieres arsenicales. Mettez cette poudre dans une cornue à col large & court, dont un grand tiers demeure vuide. Placez cette cornue dans un fourneau de réverbere : luttez-y un récipient : échauffez votre vaisseau par degrés, & augmentez le feu jusqu'à ce que vous voyiez une poudre se sublimer dans le col de la cornue. Entretenez le feu à ce degré :

tant que la sublimation continuera à se faire: augmentez-le lorsqu'elle commencera à diminuer, & le poussez autant que les vaisseaux pourront le permettre. °Laissez-le éteindre lorsqu'il ne se sublimera plus rien. Vous trouverez, en déluttant les vaisseaux, un peu d'Arsenic qui sera passé dans le récipient sous la forme d'une farine légere. Le col de la cornue sera rempli de fleurs blanches un peu moins fines, dont quelques-unes paroîtront comme de petits cristaux : & s'il s'est sublimé beaucoup d'Arsenic, la partie du col de la retorte qui est contigue à son corps, sera garnie d'une matiere pesante, ayant l'apparence d'un verre blanc demi-transparent.

REMARQUES.

L'Arsenic est une substance métallique encore plus volatile que le Zinc ; ainsi on ne le peut séparer d'avec les matieres parmi lesquelles il est mêlé, qu'en le sublimant: mais il est bon d'observer qu'il n'est point naturellement sous la forme métallique, & que le sublimé blanc qu'on retire du Cobolt, par le procédé que nous avons donné, n'est, à proprement parler, qu'une chaux métallique qui a befoin d'être traitée avec des matieres graffes, comme nous le dirons dans fon lieu, pour avoir la forme & le brillant métalliques.

Cette chaux eft d'une nature très-finguliere, & différe de toutes les autres chaux métalliques, en ce qu'elle eft volatile, & que toutes les autres font extrêmement fixes, même celles qu'on retire des demi-métaux : car les fleurs de Zinc, qu'on regarde avec raifon comme un Zinc calciné, quoique produites par une efpece de fublimation, ne font point du tout pour cela une fubftance volatile, mais plutôt une matiere très-fixe, puifqu'elles peuvent foutenir le feu le plus violent, & qu'elles fe fondent plutôt que de fe fublimer. L'Arfenic au contraire, non-feulement fe retire de fa mine par fublimation, mais même une fois fublimé, il continue d'être volatil, & fe diffipe en vapeurs toutes les fois qu'on lui fait éprouver un certain degré de chaleur même modéré.

Cette matiere métallique n'étant point combinée avec le phlogiftique, fe nomme *Arfenic blanc*, ou fimplement *Arfenic*, & prend le nom de *Régule d'Arfenic* quand elle eft unie avec le phlo-

giſtique , & qu'elle a le brillant métallique.

Quoique l'Arſenic ſoit volatil, il faut
cependant un feu bien fort, ſur-tout
dans les vaiſſeaux fermés, pour le ſéparer d'avec les mines qui le contiennent,
parcequ'il a une grande adhérence avec
les matieres terreuſes & vitrifiables. Cette adhérence eſt ſi forte, qu'il peut ſoutenir le feu de fuſion quand il eſt ainſi
combiné, & qu'il ſe vitrifie avec les
chaux métalliques & autres matieres fuſibles. Il eſt impoſſible, par cette raiſon, de retirer du Cobolt ou autres matieres arſenicales, tout ce qu'elles contiennent d'Arſenic, lorſqu'on ne les traite que dans des vaiſſeaux fermés. Si l'on
veut débarraſſer ces matieres de tout
leur Arſenic, quand on en a retiré ce
qu'elles peuvent en fournir par la diſtillation, il faut les mettre dans un creuſet,
qu'on laiſſera découvert au milieu d'un
grand feu. Il en fortira alors encore
beaucoup de vapeurs arſenicales. On doit
avoir l'attention de remuer de temps en
temps, avec une verge de fer, ce qui eſt
contenu dans le creuſet, pour faciliter
l'évaporation du reſte de l'Arſenic.

Il arrive ſouvent que l'Arſenic retiré

de ſes mines par la ſublimation, n'a pas
une couleur bien blanche, mais qu'il eſt
d'un gris plus ou moins noirâtre : cette
couleur lui vient de quelques parties de
matiere inflammable dont les minéraux
arſenicaux ne ſont pas ordinairement
tout-à-fait exempts. Une très-petite
quantité de phlogiſtique ſuffit pour priver beaucoup d'Arſenic de ſa blancheur,
& lui donner une couleur griſe. Lorſqu'il eſt ſali de cette maniere, il eſt facile de lui donner la blancheur qu'il doit
avoir : il ne s'agit que de le ſublimer une
ſeconde fois, après l'avoir mêlé avec
quelque ſubſtance ſur laquelle il n'ait
point d'action, comme le Sel marin, par
exemple.

Si les matieres dont on retire l'Arſenic contiennent auſſi du Soufre, ce qui
ſe rencontre dans certaines pyrites, cet
Arſenic ſe ſublime à un degré de chaleur bien moins conſidérable, que lorſqu'il n'eſt uni qu'avec des matieres terreuſes, parcequ'il ſe combine avec le
Soufre avec lequel il a beaucoup d'affinité, & que le Soufre eſt dans cette occaſion un interméde qui ſert à ſéparer
l'Arſenic d'avec la terre. On peut, en
conſéquence de cela, ſe ſervir du Sou-

fre, pour retirer l'Arfenic d'avec les terres dans lefquelles ce demi-métal eft fixé. Le Soufre, dans ce cas, change la
couleur de l'Arfenic, & lui fait prendre
des couleurs jaunes, plus ou moins fon-
cées, qui vont jufqu'au rouge, fuivant la
quantité qui s'en trouve, & le degré de
feu qu'ils ont éprouvés enfemble.

La confiftence de l'Arfenic eft différente, fuivant le degré de chaleur qu'il
a éprouvé lorfqu'on l'a fublimé. Si la vapeur arfenicale a rencontré un endroit
froid, elle fe raffemble fous la forme
d'une poudre, de même que les Fleurs
de Soufre : c'eft ce qui arrive à celui qui
tombe dans le récipient lorfqu'on le diftille. Mais s'il eft arrêté dans un endroit
chaud, & qu'il ne puiffe s'éloigner de
cette chaleur, alors il fe condenfe en un
corps pefant & compact, demi-tranfpa-
rent, parcequ'il a éprouvé un commencement de fufion.

On ne peut cependant parvenir à le
fondre parfaitement, enforte qu'il devienne fluide comme les autres matieres
fondues. Ce n'eft pas qu'il foit pour cela
réfractaire ; au contraire, le degré de
chaleur auquel il commence à fe fondre
eft fort modéré, & il eft lui-même très-

propre à faciliter la fusion des matieres
réfractaires ; mais c'est qu'il se réduit né-
cessairement en vapeurs quand il éprouve le degré de chaleur qui lui est nécessaire pour se fondre, & que ces vapeurs
brisent les vaisseaux, si elles ne trouvent
point une issue pour s'échapper.

L'Arsenic devenu jaune par le mélange du Soufre, qu'on nomme aussi *Orpin*
ou *Orpiment*, acquiert plus facilement
la forme d'un Sublimé solide, à cause
qu'il est allié avec un vingtiéme, ou même un dixiéme de son poids de Soufre,
qui le rend plus fusible.

L'Arsenic rouge qui contient encore
une plus grande quantité de Soufre, se
fond aussi plus facilement. Il devient
pour lors d'un rouge transparent comme un rubis. On lui donne aussi, quand
il est sous cette forme, le nom de *Rubis
arsenical.*

Lorsqu'on a intention d'avoir une
combinaison de Soufre & d'Arsenic, il
vaut mieux mêler & distiller ensemble
des minéraux contenant du Soufre & de
l'Arsenic, comme sont, par exemple, les
pyrites blanches & les pyrites jaunes,
que de mêler ensemble le Soufre & l'Arsenic purs, parceque la grande volatilité
de

de ces deux substances met obstacle à
leur union ; au lieu que lorsqu'elles sont
combinées avec d'autres matieres, elles
peuvent éprouver un degré de chaleur
beaucoup plus considérable, qui ne peut
que faciliter leur union.

On ne se sert point de la distillation
pour retirer l'Arsenic du Cobolt, dans
les travaux en grand : on jette la mine
confusément avec le bois & le charbon
dans un grand fourneau, auquel est a-
justée une cheminée qui conduit les vapeurs dans un long canal tortueux, dans
lequel sont placés des morceaux de bois
de distance en distance. Les vapeurs arsenicales conduites dans ce canal, s'y ar-
rêtent, & se déposent tant à ses parois
que sur les morceaux de bois qui le tra-
versent. Les fuliginosités des matieres
combustibles étant plus légeres, montent plus haut, & s'échappent par une
ouverture qui est au bout de ce canal.

L'Arsenic sublimé par cette méthode
n'est point blanc ; mais il a une couleur
grise qui lui vient de la matiere inflammable du bois & du charbon avec lesquels la mine a été torréfiée.

Lorsqu'on a retiré du Cobolt tout
l'Arsenic qu'il peut fournir, la matiere

terreufe & fixe qui refte mêlée avec différentes matieres fufibles, fe vitrifie, &
le verre qu'elle produit eft d'une belle
couleur bleue. Il fe nomme *Smalth*.
Voici comment on doit préparer ce
verre.

Prenez quatre parties de beau fable
fufible, autant d'un Sel alkali fixe quelconque, bien dépuré, & une portion
de Cobolt dont on aura fublimé l'Arfenic par la torréfaction; le tout bien pulvérifé. Mêlez exactement enfemble ces
différentes fubftances ; mettez le mêlange dans un bon creufet que vous couvrirez, & que vous placerez dans un
fourneau de fufion. Faites un grand feu,
que vous foutiendrez toujours de même
pendant quelques heures. Affurez-vous,
après ce temps, fi la fufion & la vitrification font bien faites par le moyen d'u-
ne petite verge de fer que vous intro-
duirez dans le creufet, au bout de laquelle il s'attachera dans ce cas une matiere vitrifiée en forme de filets. Si la
matiere eft en cet état, retirez le creufet du feu : refroidiffez-le en jettant de
l'eau deffus : caffez-le. Vous trouverez
dedans un verre qui doit être d'un bleu
extrêmement foncé & prefque noir, fi

l'opération a réussi. Ce verre réduit en poudre subtile, prend une couleur bleue beaucoup plus claire & plus éclatante.

Si on trouve après l'opération, que le verre est trop peu coloré, il faut refaire une seconde fusion, dans laquelle on fera entrer deux ou trois fois autant de Cobolt. Si au contraire on trouve le verre trop noir, il faut mettre une moindre quantité de Cobolt.

On peut, au lieu du mêlange que nous avons prescrit, se servir d'un verre déja tout fait qui soit blanc & fusible. Mais comme le verre est toujours plus difficile à fondre, & que le mêlange du Cobolt le rend encore plus réfractaire, quoiqu'il soit déja entré du Sel alkali dans sa composition, il est bon d'y mêler encore un tiers du poids du Cobolt, de cendres gravelées pour faciliter la fusion.

Il n'est pas nécessaire, lorsqu'on veut faire l'essai d'un Cobolt, pour sçavoir quelle quantité de verre bleu il peut fournir, de faire l'opération telle que nous l'avons dit : on peut s'épargner beaucoup de temps & de peine, en fondant une partie de Cobolt avec deux ou trois parties de Borax. Ce Sel, qui est très-fufible, a la propriété, lorfqu'il eft fondu, de fe transformer en une matie-re qui a pour un temps toutes les pro-priétés d'un verre. Ce verre de Borax prend dans cette épreuve, à peu près la même couleur qu'aura le véritable ver-re ou Smalth qu'on fera avec le même Cobolt.

Les mines de Bifmuth fourniffent, de même que le Cobolt, une matiere qui colore le verre en bleu; & même le Smalth fait avec ces mines eft plus beau que celui qui vient de la mine d'Arfenic pure. Il y a des Cobolts qui fourniffent en même temps de l'Arfenic & du Bif-muth. Quand on employe ces Cobolts, il eft ordinaire de trouver au fond du creufet un petit culot de matiere métal-lique, qu'on nomme *Régule de Cobolt.* Ce Régule de Cobolt eft une efpece de Bifmuth, qui eft ordinairement altéré par le mêlange d'une pierre ferrugineu-fe & arfenicale.

Les Fleurs arfenicales les plus pefan-tes & les plus fixes qu'on retire du Co-bolt, ont auffi la propriété de donner une couleur bleue aux verres dans la compofition defquels on les fait entrer. Mais cette couleur eft foible : elle eft

due à une partie de la matiere colorante que l'Arſenic a enlevée avec lui. On
peut faire entrer ces Fleurs dans la com-
poſition avec laquelle on fait le verre
bleu, non-ſeulement à cauſe du principe colorant qu'elles fourniſſent, mais
encore parcequ'elles facilitent beaucoup
la fuſion, l'Arſenic étant un fondant des
plus efficaces qu'on connoiſſe.

Au reſte, tous ces verres bleus ou
Smalths contiennent une certaine quantité d'Arſenic ; car il y a toujours une portion de ce demi-métal qui demeure unie
avec la matiere fixe du Cobolt, quoiqu'on l'ait tórréfiée long-temps, & à
très-grand feu. Cette portion d'Arſenic
qui s'eſt fixée ainſi, ſe vitrifie avec la matiere colorante, & entre dans la com-
poſition du Smalth.

Le vetre bleu fait avec la partie fixe
du Cobolt, a différens noms, ſuivant
l'état où il eſt. Lorſqu'il n'a éprouvé
qu'un commencement de fuſion, on
le nomme *Safre*. Il prend le nom de
Smalth, quand il eſt vitrifié parfaitement : & lorſqu'il eſt réduit en poudre, il ſe nomme *Azur à poudrer*, &
Azur fin ou *d'émail*, s'il eſt d'une grande fineſſe. On s'en ſert pour colorer les

S ſ iij

émaux, la fayance, & la porcelaine en bleu.

II. PROCEDE'.

Séparer l'Arfenic d'avec le Soufre.

RE'DUISEZ en poudre l'Arfenic jaune ou rouge que vous voûdrez féparer d'avec le Soufre. Humectez cette poudre avec un Alkali fixe réduit en liqueur. Faites fécher doucement ce mêlange : mettez-le dans une cucurbite de verre fort haute, à laquelle vous ajufterez un chapiteau. Placez cette cucurbite fur un bain de fable : échauffez doucement les vaiffeaux, & augmentez le feu par degrés, jufqu'à ce que vous voyiez qu'il ne fe fublime plus d'Arfenic. L'Arfenic, de jaune ou rouge qu'il étoit, fe fublime partie en fleurs blanches au haut du chapiteau, & partie en matiere compacte, qui paroît comme vitrifiée, blanche & demi-tranfparente. Il refte au fond de la cucurbite une combinaifon d'Alkali fixe & de Soufre.

REMARQUES.

L'Alkali fixe a plus d'affinité avec le

Soufre qu'aucune substance métallique : ainsi il n'est pas étonnant qu'il soit un interméde convenable pour séparer le Soufre d'avec l'Arsenic. Il y a cependant un inconvénient à s'en servir ; c'est qu'il a aussi avec l'Arsenic beaucoup d'affinité : d'où il arrive qu'il en retient toujours une partie, laquelle demeure fixée avec lui. On doit, à cause de cela, faire ensorte de ne mêler avec l'Arsenic sulphuré que la quantité d'Alkali qui est nécessaire pour absorber le Soufre qu'il contient. Il n'y a que l'expérience & les différentes tentatives qui puissent apprendre au juste la quantité d'Alkali qu'il faut employer, parceque la quantité de Soufre que contient l'Arsenic jaune & rouge est indéterminée.

Les vaisseaux doivent être élevés, afin que le haut du chapiteau où se condensent les parties arsenicales, soit moins échauffé. Il faut, sur la fin de l'opération, pousser le feu vivement, jusqu'à faire rougir le sable, parceque les dernieres portions d'Arsenic qui montent, sont fortement retenues par l'Alkali fixe.

On peut rectifier & blanchir par le même moyen, l'Arsenic qui a une couleur grife ou noirâtre, parceque l'Alkali fixe abforbe auffi très-avidement le phlogiftique. Le Mercure eft, de même que l'Alkali fixe, un très-bon interméde pour féparer l'Arfenic d'avec le Soufre. Si on veut l'employer pour cela, il faut réduire l'Arfenic fulphuré en poudre très-fubtile, en le triturant long-temps dans un mortier de verre; quand il eft bien pulvérifé, faire tomber deffus quelques gouttes de Mercure qu'on exprime à travers une peau de chamois, & continuer la trituration. La couleur jaune ou rouge de l'Arfenic changera infenfiblement, & s'obfcurcira à mefure que le Mercure s'y mêlera. Quand le Mercure eft entierement éteint, ajoûtez de la même maniere un peu plus de Mercure que la premiere fois: continuez à triturer pour l'éteindre, & ajoûtez-en ainfi jufqu'à ce que le Mercure refte coulant. Il ne paroîtra plus alors dans le mêlange aucune couleur ni jaune ni rouge. Il fera devenu gris s'il contient peu de Soufre, & noir s'il en contient beaucoup.

Mettez ce mêlange dans une cucurbite de verre fort élevée: ajuftez-y un chapiteau: placez-la fur un bain de fable, & enterrez-la dans le fable jufqu'à

la hauteur du mêlange qui y eſt contenu. Echauffez les vaiſſeaux, & entréte-
nez pendant l'opération un degré de feu
un peu moins fort que celui qui eſt néceſſaire pour faire ſublimer le Cinnabre.
Il s'attachera à la partie ſupérieure du
chapiteau des fleurs blanches arſenicales, parmi leſquelles il y aura quelques
beaux criſtaux d'Arſenic, & au-deſſous
il ſe ſublimera du Cinnabre, qui ne ſera
pas tout-à-fait exempt d'Arſenic. Si vous
voulez avoir votre Cinnabre & votre
Arſenic plus purs, & moins mêlez l'un
avec l'autre, ſéparez le ſublimé ſupérieur
qui eſt arſenical d'avec l'inférieur qui eſt
du Cinnabre. Pulvériſez groſſierement
l'un & l'autre, & ſublimez-les ſéparément chacun dans un alembic différent.

Le Mercure ſépare le Soufre d'avec
l'Arſenic dans cette occaſion, parcequ'il
a plus d'affinité que lui avec ce minéral.
Il n'eſt pas la ſeule ſubſtance métallique
qui ſoit dans ce cas, comme nous l'a-
vons vu, puiſqu'il y en a beaucoup d'autres qui ont plus d'affinité que le Mercure avec le Soufre, & qui peuvent ſervir
d'intermède pour décompoſer le Cinnabre : cependant, ces ſubſtances métalliques ne pourroient point être ſubſtituées

au Mercure dans l'opération préſente, parcequ'il n'y en a aucune qui n'ait en même temps avec l'Arſenic une très-grande affinité, & même auſſi forte qu'avec le Soufre ; au lieu que le Mercure ne peut en aucune maniere s'unir avec l'Arſenic.

Cette maniere de ſéparer l'Arſenic d'avec le Soufre, a deux avantages ſur le procédé par l'Alkali fixe. Le premier, c'eſt qu'on retire par ce moyen tout l'Arſenic qui étoit contenu dans le mêlange ; & le ſecond, c'eſt que comme le Mercure n'abſorbe point d'Arſenic, il n'y a point de tâtonnement à faire pour ſçavoir la quantité qu'il en faut mettre : & que quand même il y en auroit plus qu'il n'en faudroit pour abſorber tout le Soufre, cela ne feroit aucun tort à l'opération. Mais auſſi, elle a l'inconvénient d'être beaucoup plus longue & plus laborieuſe que l'autre, parcequ'il faut premierement unir le Mercure par une trituration préliminaire qui eſt très-longue, attendu qu'elle doit d'abord procurer une premiere union du Soufre avec le Mercure, & former un Æthiops, ſans quoi le Mercure & l'Arſenic ſulphuré ſe ſublimeroient ſéparément, & il ne se feroit point de décompofition. Secondement, quoique le Mercure soit suffisamment uni avec le Soufre de l'Arsenic par la longue trituration qui précéde la sublimation, cela n'empêche pas, comme nous l'avons vu, que l'Arsenic & le Cinnabre qui se subliment, ne soient en quelque sorte confondus ensemble, puisqu'ils ont besoin d'une seconde sublimation particuliere pour être bien purs.

Ces inconvéniens sont cause qu'on employe plutôt l'Alkali fixe que le Mercure, parcequ'on s'embarrasse peu de la perte que l'on fait de la quantité d'Arsenic qui reste unie avec l'Alkali, cette substance métallique n'étant ni chere ni précieuse.

Lorsque l'Arsenic est uni à une grande quantité de Soufre, on peut l'en débarrasser d'une partie sans aucun interméde : il suffit pour cela de le sublimer à un feu très-doux & augmenté par degrés insensibles. La partie la plus sulphureuse monte d'abord ; ce qui vient ensuite est plus arsenical & moins sulphureux. Enfin les dernieres fleurs sont de l'Arsenic pur, ou du moins presque pur.

III. PROCEDE'.

Donner à l'Arsenic la forme métallique. Régule d'Arsenic.

Prenez deux parties d'Arsenic blanc réduit en poudre subtile, une partie de flux noir, une demi-partie de Borax, & autant de limaille de fer non rouillée. Broyez le tout ensemble pour le bien mêler. Mettez ce mêlange dans un bon creuset, & ajoûtez par-dessus l'épaisseur de trois doigts de Sel commun. Couvrez le creuset, & placez-le dans un fourneau de fusion : faites d'abord un feu doux, pour échauffer le creuset également.

Quand il commencera à sortir du creuset des vapeurs arsenicales, augmentez promptement le feu assés pour faire fondre le mêlange. Assurez-vous si la matiere est bien fondue, en introduisant dans le creuset une petite verge de fer ; & si la fusion est parfaite, retirez le creuset du fourneau. Laissez-le refroidir. Vous y trouverez, après l'avoir cassé, un Régule d'une couleur métallique, blanche & livide, très-cassant, peu dur, & même friable.

REMARQUES.

L'Arfenic blanc eſt, comme nous a-
vons dit, une chaux métallique. Il n'a
beſoin par conſéquent que d'être combiné avec le phlogiſtique, pour avoir
les propriétés métalliques : c'eſt ce qu'on
fait dans l'opération dont il eſt à préſent
queſtion.

Le Fer qu'on ajoûte ne ſert point,
comme lorſqu'on fait le Régule d'Antimoine, à précipiter le Régule d'Arſenic,
en le ſéparant de quelqu'autre ſubſtance
à laquelle il étoit joint : il ne fait dans
cette occaſion que ſe joindre au Régule
d'Arſenic, auquel il donne de la ſolidi-
té & de la conſiſtence. C'eſt pour cette
raiſon qu'on en fait entrer dans le mêlange ; car ſans lui, le Régule d'Arſenic
auroit ſi peu de conſiſtence, qu'à peine
pourroit-on le manier ſans le réduire en
petits morceaux. Le Fer procure encore
un autre avantage dans ce procédé : c'eſt
d'empêcher qu'il ne ſe perde une ſi grande quantité d'Arſenic en vapeurs. Il retient & fixe en quelque maniere l'Arſenic, avec lequel il s'eſt combiné.

Le Cuivre peut être ſubſtitué au Fer,
& procure les mêmes avantages que lui.

Il eſt eſſentiel de retirer le creuſet du fourneau auſſitôt que la matiere eſt fondue, & même de le faire refroidir le plus promptement qu'il eſt poſſible, pour empêcher que l'Arſenic ne ſe diſſipe en vapeurs : car quand une fois le Régule eſt formé, s'il reſte plus long-temps dans le feu, la proportion d'Arſenic diminue toujours par rapport à celle du métal qu'on y a mêlé ; enſorte qu'au bout d'un certain temps, ce ne ſeroit plus un Régule d'Arſenic qui reſteroit dans le creuſet, mais ſimplement du Fer ou du Cuivre un peu allié d'Arſenic. Le Cuivre, dans cette occaſion, devient blanc, & prend une couleur d'Argent, mais que l'air ternit en peu de temps.

Il eſt facile de voir, par ce que nous avons dit, que le Régule d'Arſenic fait par ce procédé, quelque précaution qu'on prenne, n'eſt pas pur, & contient toujours une aſſés grande quantité de Fer ou de Cuivre : mais il eſt difficile d'éviter cet inconvénient, par les raiſons que nous avons déja dites ; & ſi l'on veut fondre l'Arſenic ſeul avec les flux réductifs, la plus grande partie ſe diſſipe en vapeurs bien avant que le flux ait commencé à ſe fondre, & ce qui s'en trouve de métallisé n'est point réuni en une masse au fond du creuset, comme cela arrive dans les autres réductions métalliques ; mais dispersé en petites particules, & mêlé avec les scories. Il y a pourtant des moyens d'avoir un Régule d'Arsenic absolument pur, & qui ne soit allié d'aucune substance métallique.

Premierement : Si on met dans une petite cucurbite basse & couverte d'un chapiteau aveugle, le Régule d'Arsenic fait avec le Fer ou le Cuivre ; qu'on place cette cucurbite sur un bain de sable ; qu'on l'échauffe jusqu'au point que le sable commence à rougir, on verra une partie du Régule se sublimer au chapiteau, sans avoir perdu son brillant métallique. Cette portion de Régule qui se sublime ainsi, est purement arsenicale, ou du moins ne contient qu'une très-petite portion du métal étranger qu'elle a peut-être enlevé avec elle. Ce qui reste au fond de la cucurbite est le métal qu'on avoit ajoûté, qui contient encore un peu d'Arsenic, lequel y reste fixé opiniâtrément, & que la violence du feu n'en peut détacher dans les vaisseaux fermés,

Secondement : Si on mêle de l'Arfenic parties égales avec du flux noir : qu'on mette le mêlange dans une cucurbite difpofée comme celle dont nous venons de parler, & qu'on lui faffe éprouver un degré de chaleur le plus fort que puiffe procurer le bain de fable, il fe fublime d'abord au chapiteau des fleurs d'Arfenic qui font d'un gris noirâtre, & enfuite un Régule d'Arfenic d'une couleur métallique blanche affés brillante, mais qui fe ternit bien promptement à l'air. Ce Régule n'a aucune folidité ; il eft extrêmement friable, mais il eft pur.

Troifiémement : J'ai fait auffi du Régule d'Arfenic pur par un autre moyen, qui en donne une bien plus grande quantité, & à une chaleur beaucoup moindre. Il faut pour cela mêler l'Arfenic en poudre avec une huile graffe quelconque, enforte que ce mêlange foit comme une pâte liquide ; mettre cette pâte dans une petite fiole de verre mince, comme celles qu'on nomme communément *Fioles à médecine* ; placer cette fiole dans un bain de fable ; échauffer peu à peu jufqu'à ce que le fond du vaiffeau qui contient le fable commence à rougir. Il fort d'abord de la bouteille une

partie

partie de l'huile qui s'exhale en vapeurs, qu'il faut laisser sortir. Ensuite la partie supérieure de cette fiole se tapisse intérieurement d'un enduit brillant & métallique qui lui donne l'apparence d'un verre qui a été mis au teint. Cet enduit est le Régule d'Arsenic. Il faut, quand il commence à se sublimer, boucher légerement la bouteille avec un peu de papier, & augmenter un peu le feu jusqu'à ce qu'on voie qu'il ne se sublime plus rien.

Si on casse la bouteille après cela, on trouvera sa partie supérieure incrustée d'un enduit de Régule plus ou moins épais, à proportion de la quantité d'Arsenic qu'on y aura mis. Ce Régule est en masse, & a une belle couleur brillante, qui m'a paru se soutenir mieux à l'air que celle du Régule fait par toute autre méthode, apparemment à cause de la grande quantité de matiere grasse avec laquelle il est uni, & dont il est enduit.

Ce Régule d'Arsenic est absolument pur, & on en retire par cette méthode une bien plus grande quantité qu'en le traitant avec le flux noir, parceque la combinaison de l'Arsenic avec la matiere inflammable se fait beaucoup plus promptement & plus facilement : d'où il arrive qu'une partie de l'Arſenic ne ſe ſublime point d'abord en fleurs griſes , comme dans l'opération avec le flux noir. D'ailleurs, tout l'Arſenic ſe ſublime en Régule en ſuivant notre procédé : au lieu que quand on ſe ſert du flux noir, il y a toujours une partie aſſés conſidérable de l'Arſenic qui s'unit avec la partie alkaline de ce flux, & qui y demeure fixée. Il ne reſte au fond de la bouteille, dans notre opération, qu'un charbon huileux, léger, mais très-fixe.

Le Régule d'Arſenic, de quelque maniere qu'il ſoit fait, peut être réduit facilement en Arſenic blanc & criſtalin , en le traitant avec un Alkali fixe, où le Mercure , comme quand on veut le ſéparer d'avec le Soufre.

IV. PROCEDE'.

Diſtillation de l'Acide nitreux par l'interméde de l'Arſenic. Eau-forte bleue. Nouveau Sel neutre arſenical.

RE'DUISEZ en poudre fine la quantité qu'il vous plaira de ſalpêtre purifié. Mêlez-le exactement avec un poids

égal d'Arfenic blanc criftalin bien pulvérifé, ou de fleurs d'Arfenic très-blanches & très-fines. Mettez ce mêlange
dans une cornue de verre, dont la moitié demeure vuide. Placez la cornue dans
un fourneau de réverbere : ajuſtez-y un
récipient percé d'un petit trou, dans lequel vous aurez mis un peu d'eau de
pluie filtrée. Luttez ce récipient à la
cornue avec du lut gras. Mettez d'abord
deux ou trois petits charbons allumés
dans le cendrier du fourneau, auſquels
vous en ſubſtituerez d'autres lorſqu'ils feront prêts à s'éteindre. Continuez à é-
chauffer vos vaiſſeaux par degrés inſenſibles, & ne mettez des charbons dans
le foyer que lorſque la cornue commencera à être bien chaude. Vous verrez
bientôt le récipient ſe remplir de vapeurs
d'un rouge foncé tirant ſur le roux. Bouchez avec un petit morceau de lut le petit trou du récipient. Ces vapeurs ſe con-
denſeront dans l'eau de ce vaiſſeau, &
lui donneront une très-belle couleur
bleue, qui deviendra d'autant plus fon-
cée, que la diſtillation s'avancera. Si votre ſalpêtre n'eſt pas bien ſec, il ſortira
auſſi du col de la cornue des gouttes
d'Acide qui tomberont dans l'eau du ré-

T t ij

cipient, & s'y mêleront. Continuez votre diftillation, en augmentant peu à
peu le feu à mefure qu'elle s'avancera ;
mais avec une lenteur extrême, jufqu'à
ce que vous voyiez que la cornue étant
bien rouge il ne forte plus rien. Laiffez
alors refroidir les vaiffeaux.

Lorfque les vaiffeaux feront froids,
déluttez le récipient, & verfez promptement l'Eau-forte bleue qu'il contiendra
dans un flacon de criftal, que vous boucherez hermétiquement, parceque cette
couleur difparoît en affés peu de temps
lorfque la liqueur prend l'air. Vous trouverez dans la cornue une maffe blanche
faline qui aura pris la figure du fond de
la cornue, & des fleurs d'Arfenic qui fe
feront fublimées à fa voûte & à fon col.

Pulvérifez la maffe faline , & la dif-
folvez dans l'eau chaude. Filtrez la diffolution, pour en féparer quelques parties arfenicales qui refteront fur le filtre.
Laiffez la liqueur filtrée s'évaporer d'elle-même à l'air libre. Il s'y formera,
quand elle fera fuffifamment évaporée ,
des criftaux repréfentans des prifmes
quadrangulaires, terminés à chaque bout
par des pyramides auffi quadrangulaires. Ces criftaux feront amoncelés irré-

gulierement dans le fond du vaiſſeau : il
ſe trouvera deſſus quelqu'autres criſtaux
en aiguilles, une végétation ſaline qui
grimpera le long des bords du vaiſſeau,
& la ſurface de la liqueur ſera ternie par
une petite pellicule qui ſera comme pou-
dreuſe.

REMARQUES.

Outre les propriétés qui lui ſont communes avec les ſubſtances métalliques,
l'Arſenic en a d'autres, ainſi que nous
l'avons remarqué dans nos Elémens de
Théorie, qui lui ſont communes avec les
ſubſtances ſalines : une des plus remarquables eſt, entre ces dernieres, celle
de décompoſer le Nitre ; de chaſſer l'A-
cide de la bâſe alkaline de ce Sel, pour
ſe ſubſtituer à ſa place, & de former avec
cet Alkali un Sel neutre très-diſſoluble
dans l'eau, qui ſe criſtaliſe en forme ré-
guliere.

L'examen de ce qui ſe paſſe dans cette décompoſition du Nitre par l'Arſenic, & du nouveau Sel qui en réſulte,
a été l'objet du premier Mémoire que
j'ai donné à l'Académie des Sciences ſur
cette matiere, & c'eſt de ce Mémoire
que j'ai tiré le préſent procédé. Quoi-

que toute la dose d'Arsenic prescrite dans ce procédé, n'entre point dans la composition du nouveau Sel neutre, puisqu'il s'en sublime une partie en fleurs, on ne doit pas pour cela la juger trop forte; car nous voyons d'un autre côté, qu'il y a une partie du Nitre qui n'est point décomposée. Le Sel en aiguilles n'est autre chose que du Nitre qui n'a point souffert de décomposition, & qui fuse sur les charbons ardens comme à l'ordinaire.

La précaution de mettre de l'eau dans le récipient est absolument nécessaire, pour condenser les vapeurs nitreuses qui sortent pendant cette distillation, lesquelles sont si élastiques, si volatiles, si peu aqueuses, que sans cela il ne s'en condenseroit qu'une très-petite partie en liqueur, & que le reste demeureroit en vapeurs, auxquelles il faudroit donner une issue par le petit trou du récipient, sans quoi elles briseroient les vaisseaux avec impétuosité : par conséquent on ne retireroit presque point d'Acide, surtout si le Nitre dont on se sert étoit bien sec, comme il doit être pour pouvoir être réduit en poudre fine.

La couleur bleue que l'Acide nitreux

communique à l'eau, est très-remarquable. La cause qui produit cette couleur n'est point encore connue.

Quoique l'Acide soit dans cette occasion noyé dans beaucoup d'eau, il sort cependant de la cornue si concentré, qu'il forme encore avec cette eau une Eau-forte très-active, & même fumante, si on n'a mis que peu d'eau dans le récipient.

Il est nécessaire, dans cette opération, plus encore que dans aucune autre, d'échauffer les vaisseaux par degrés, & de procéder avec une extrême lenteur, sans quoi on court risque de voir sauter les vaisseaux avec violence, & danger de la part de l'Artiste, parceque l'Arsenic agit sur le Nitre avec une vivacité incroyable, & que si un mélange de Nitre & d'Arsenic est échauffé jusqu'à un certain point, le Nitre se décompose aussi rapidement, & avec autant de fracas, que lorsqu'on le fait fulminer avec une matiere inflammable ; ensorte qu'on seroit porté à croire, en s'en tenant aux apparences, que le Nitre s'enflamme véritablement dans cette occasion, quoiqu'il ne fasse que se décomposer, comme quand on le traite avec l'Acide vitriolique.

La diffolution qu'on fait du *caput mortuum* de cette diftillation, contient en même temps plufieurs fortes de Sels, fçavoir, 1°. le Sel neutre arfenical formé de l'Arfenic uni à la bâfe du Nitre ; c'eft celui qui forme les criftaux pryfmatiques dont nous avons parlé : 2°. du Nitre qui n'a pas été décompofé : ce font les aiguilles & une portion des végétations : 3°. une petite portion d'Arfenic, qui, comme on fçait, eft diffoluble dans l'eau : c'eft lui qui forme la petite pellicule terne qui couvre la furface de la liqueur lorfqu'elle commence à s'évaporer.

On peut confulter fur les propriétés du nouveau Sel neutre arfenical, ce que nous en avons dit dans nos Elémens de Théorie, & dans les Mémoires de l'Académie des Sciences.

V. PROCEDE.

Alkalifer le Nitre par l'Arfenic.

FAITES fondre dans un creufet le Nitre que vous voudrez alkalifer. Lorfqu'il fera fondu, & médiocrement rouge, projettez deffus deux ou trois pincées

ces. d'Arfenic réduit en poudre. Il fe
fera auffitôt une effervefcence, & un
bouillonnement confidérables dans le
creufet, accompagnés d'un bruit femblable à celui que fait le Nitre qui détonne avec une matiere inflammable. Il
s'élevera en même temps une fumée
épaiffe, qui d'abord aura l'odeur d'Ail,
particuliere à l'Arfenic; enfuite elle aura auffi celle de l'Efprit de Nitre. Quand
l'effervefcence fera appaifée dans le creufet, jettez fur le Nitre encore autant
d'Arfenic en poudre que la premiere
fois : vous verrez reparoître les mêmes
phénomènes. Continuez ainfi à projetter de l'Arfenic par petites parties, jufqu'à ce qu'il ne fe faffe plus aucune effervefcence, obfervant de remuer la matiere avec une verge de fer à chaque
projection, pour mieux mêler le tout.
Augmentez alors le feu, & faites fondre ce qui reftera. Tenez-le ainfi en fufion pendant un quart-d'heure, puis retirez le creufet du fourneau. Il contiendra un Nitre alkalifé par l'Arfenic.

REMARQUES.

Cette opération eft une décompofition du Nitre par l'Arfenic, de même

que la précédente. Le réfultat en eft cependant bien différent ; car au lieu d'un Sel capable de fe criftalifer, & qui ne donne aucune marque ni d'Acide, ni d'Alkali, on n'obtient dans cette occafion qu'un Sel qui fe réfout en liqueur par l'humidité de l'air, qui ne fe criftalife point, & qui a toutes les propriétés d'un Alkali.

Ces différences ne viennent que de la maniere dont fe fait la décompofition du Nitre, & l'union de l'Arfenic avec la bâfe de ce Sel. Lorfqu'on diftille l'Acide nitreux par l'interméde de l'Arfenic, dans l'intention d'obtenir le Sel arfenical, on doit faire l'opération dans des vaiffeaux fermés ; ne faire éprouver au mélange que le degré de chaleur néceffaire pour mettre l'Arfenic en état d'agir, & n'adminiftrer cette chaleur que peu à peu, & par degrés infenfibles. Au lieu que quand il s'agit d'alkalifer le Nitre par le moyen de l'Arfenic, l'opération fe fait dans un creufet, à un degré de chaleur fort, à feu ouvert, & appliqué fubitement. La violence de la chaleur, la promptitude avec laquelle elle eft appliquée, la vivacité avec laquelle fe fait l'union de l'Arfenic avec

la bâfe du Nitre; mais plus que tout cela encore, le libre accès de l'air, font
caufe que la plus grande partie de l'Arfenic qui fe combine d'abord avec la
bâfe du Nitre, après avoir dégagé fon
Acide, eft auffitôt enlevée & fe diffipe
en vapeurs ; par conféquent la bâfe du
Nitre n'étant point fuffifamment faou-
lée, manifefte fes propriétés alkalines.

Je dis que le concours de l'air contribue encore plus que tout le refte à
féparer l'Arfenic d'avec la bâfe alkaline
du Nitre, parceque l'expérience m'a
appris que le Sel neutre arfenical ne s'alkalife point par l'action de la plus violente chaleur, tant qu'il eft dans les
vaiffeaux fermés, & que l'air extérieur
n'a pas de communication avec lui ;
mais qu'il fe diffipe une partie de l'Arfenic que le Sel contient, fi on le pouffe
à feu ouvert.

Le tumulte & l'effervefcence qui ar-
rivent lorfqu'on projette l'Arfenic fur
le Nitre en fufion dans le creufet, font
fi confidérables, & reffemblent fi bien à
la détonnation du Nitre avec une matiere inflammable, qu'on feroit tenté
de croire, fi on s'en tenoit aux apparences, que l'Arfenic fournit une ma-

tiere combuſtible, & que l'alkaliſation
du Nitre ſe fait dans cette occaſion de
la même maniere que lorſqu'on le fixe par les charbons ; mais en examinant
avec attention ce qui ſe paſſe, on reconnoît aiſément, qu'il n'y a point du
tout d'inflammation, & que le Nitre
s'alkaliſe par la raiſon que nous en avons
donnée.

Les premieres vapeurs qui s'élevent
lorſqu'on projette l'Arſenic ſur le Nitre, ſont purement arſenicales ; & ſi on
leur préſente quelque corps froid, elles
s'y attachent en forme de fleurs. Ces
vapeurs ſont une partie de l'Arſenic même, qui eſt enlevée par la chaleur avant
d'avoir pu agir ſur le Nitre : mais elles
ſont bientôt mêlées de vapeurs nitreuſes, produites par l'Acide du Nitre,
que l'Arſenic dégage de ſa bâſe à meſure qu'il agit ſur ce Sel.

Plus on approche de la fin de l'opération, plus la matiere qui eſt dans le
creuſet perd de ſa fluidité, quoiqu'on
entretienne toujours dans le fourneau
un feu égal. A la fin elle n'eſt plus que
comme une pâte, & il faut beaucoup
augmenter le feu pour la remettre en
fuſion. La raiſon de cela, eſt que le

Nitre alkalifé eft beaucoup moins fufible que lorfqu'il ne l'eft pas. La même chofe arrive lorfqu'on alkalife ce Sel par la déflagration.

Quoique quand le Nitre alkalifé ne fait plus d'effervefcence avec l'Arfenic, & qu'on le tient en fufion, ce Sel ne laiffe plus échapper de vapeurs arfenicales, il ne s'enfuit pas qu'il foit un Alkali pur, & qu'il ne contienne plus d'Arfenic : il en contient encore une grande quantité, mais qui lui eft fi fortement unie, que la violence du feu ne peut l'en féparer : c'eft ce qui a fait donner par quelques Auteurs à ce Sel le nom d'*Arfenic fixé.*

On reconnoît aifément la préfence de l'Arfenic dans ce compofé falin, en le traitant par la fufion avec les fubftances métalliques fur lefquelles il produit les mêmes effets que l'Arfenic.

Il préfente aufli prefque les mêmes phénomènes, avec les diffolutions métalliques par les Acides, que le Sel neutre arfenical. Il précipite en particulier l'Argent diffous dans l'Acide nitreux en couleur rouge, de même que ce Sel : & les différences qui fe trouvent entre

les précipitations faites par le nouveau
Sel neutre arsenical, & le Nitre alkalisé par l'Arsenic, ne doivent être attri-
buées qu'à la qualité alkaline de ce dernier. Voyez les Mémoires de l'Académie, année 1746.

Fin du premier Volume.

TABLE

DES MATIERES

Contenues dans ce Volume.

A

ACide vitriolique, page 27. & suiv.

Acide nitreux, p. 314 & suiv.

Acide du Sel marin, p. 121. & suiv.

Acier, p. 266

Æthiops minéral, p. 334. & suiv.

Alun, p. 15. 17. & suiv.

Alun de Rome, p. 19.

Amalgame, p. 147. & suiv.

Antimoine, p. 173. & suiv. 356. & suiv.

Antimoine diaphorétique, p. 382. & suiv.

Aquila alba, p. 356. & suiv.

Arsenic, p. 474. & suiv.

Azur, p. 485.

B

BAse du Nitre, p. 61

Beurre d'Antimoine, p. 407. & suiv.

Beurre d'Antimoine lunaire, p. 416.

Bézoard minéral, p. 420. & suiv.

Bismuth, p. 435. & suiv.

Bol, p. 24.

C

CAdmie, ou Calamine des Fourneaux, p. 452. & suiv.

Cémentation, p. 229

Chaux d'Antimoine, p. 369. & suiv. 380. & suiv.

Chaux de Cuivre, p. 248. & suiv.

Chaux d'Etain, p. 280. & suiv.

Chaux de Plomb, p. 307. & suiv.

Cinnabre, p. 320. & suiv. 337. & suiv.

Cinnabre d'Antimoine, p. 411.

Clyssus, p. 389

Clyssus de Nitre, p. 68. & suiv.

Clyssus d'Antimoine, p. 382. & suiv.

Cobolt, p. 474. & suiv.

Colcotar, p. 35

Coupelle, p. 193

Couperose. Voyez Vitriol.

Cuivre, p. 204. 217. 238. & suiv. 300. & suiv.

Cuivre jaune, p. 461. & suiv.

Cuivre noir, p. 240. & suiv.

D

Diaphorétique minéral.

Dissolutió de l'Or dans l'Eau régale, p. 156

dans le Foie de Soufre, p. 167

de l'Argent dans l'Eau-forte, p. 210. & suiv.

du Cuivre dans l'Acide vitriolique, p. 252

dans l'Acide nitreux, p. 255

dans l'Acide marin, ibid.

du Fer dans les Acides minéraux, p. 274. & suiv.

d'Etain dans l'Eau régale, p. 288. & suiv.

dans l'Acide marin, p. 290

du Plomb dans l'Acide nitreux, p. 313

du Mercure dans

l'Acide vitrioli-
que , p. 330. & s.
dans l'Acide ni-
treux , p. 339.
& suiv.
dans l'Acide
marin , p. 343.
& suiv.
du Régule d'An-
timoine dans l'A-
cide vitriolique ,
p. 403
dans l'Acide du
Sel marin , p.
404. 407. &
suiv.
dans l'Acide ni-
treux , p. 404
dans l'Eau ré-
gale , p. 401
du Bismuth dans
l'Acide nitreux , p.
439. & suiv.
l'Acide vitrioli-
que , p. 449
l'Acide marin ,
ibid.
du Zinc dans l'A-
cide vitriolique ,
p. 470
l'Acide nitreux,
p. 472
l'Acide marin ,
ibid.

E

EAu-forte , p. 74. &
suiv. 210.
Eau-forte bleue, p. 498
& suiv.
Eau-Mere , p. 53. 63
Eau régale , p. 134. &
suiv. 156.
Eau phagédénique , p.
349.
Encre sympathique , p.
442. & suiv.
Esprit de Soufre , p. 36
Esprit de Vitriol , p. 44
Esprit de Nitre fumant,
p. 74. & suiv.
Esprit de Sel , p. 121.
& suiv.
Esprit de Sel fumant ,
ibid.
Esprit de Vitriol phi-
losophique , p. 419
Esprit de Nitre Bé-
zoardique , p. 425

F

FEr, p. 256. & suiv.
Fleurs d'Antimoi-
ne , p. 428. & suiv.
Fleurs de Régule d'An-
timoine , p. 431. &
suiv.

TABLE

514

Foie de Soufre, p. 49.
167.
Foie d'Antimoine, p.
380. & suiv.
Fulguration de l'Argent, p. 196

G

GIpfe, p. 24
Gueufes, p. 259

H

HUile de Vitriol concentrée, p.
41. & suiv.
Huile de Vitriol glaciale, p. 29. 32. & suiv.
Huile de Sel, p. 133
Huile de Mercure, p.
332. & suiv.

K

KErmès minéral, p.
393. & suiv.

L

LAiton, p. 461
Liqueur fumante de Libavius, p. 290

Litarge, p. 330
Litarge d'Or, ibid.
Litarge d'Argent, ibid.
Lune cornée, p. 223.
& suiv.

M

MAgnéfie, p. 63
Magiftère de Bifmuth, p. 440
Matiere perlée, p. 387
Mercure, p. 320
Mercure tiré du Plomb,
p. 315. 319.
Mercure précipité par lui-même, p. 327
Mercure éteint, p. 335
Mercure doux, p. 350
Mercure de vie, p. 417
& suiv.
Mine d'Or, p. 147. & suiv.
d'Argent, p. 183.
& suiv.
de Cuivre, p. 238
& suiv.
de Fer, p. 256
d'Acier, p. 271
d'Etain, p. 277.
& suiv.
de Plomb, p. 292
& suiv.
de Mercure. Voyez Cinnabre.

d'Antimoine , *p.* 356. & *suiv.*

de Bismuth , *p.* 435.

de Zinc , *p.* 451. & *suiv.*

d'Arsenic. *Voyez* Cobolt.

N

Nitre, *p.* 52. 205 Nitre fixé par les charbons , *p.* 64. & *suiv.*

Nitre quadrangulaire , *p.* 136

O

OR , *p.* 147 & *suiv.* Or fulminant , *p.* 162.

Orpiment, *ou* Orpin , *p.* 480

P

PAnacée mercuriel- le , *p.* 354. & *suiv.*

Phosphore de Kunckel, *p.* 89. & *suiv.*

Pierre infernale, *p.* 223

Pierre de touche, 235

Pierre calaminaire , *p.* 451.

Plomb, *p.* 181. & *suiv.* 193. & *suiv.* 292. & *suiv.*

Plomb corné , *p.* 315. & *suiv.*

Poudre d'Algaroth , *p.* 417. & *suiv.*

Précipité blanc , *p.* 430

Précipité rouge , *p.* 341

Pyrites, *p.* 3. & *suiv.* 10. 19.

R

REgule d'Antimoi- ne , *p.* 358. & *suiv.* 373, & *suiv.*

Régule d'Antimoine précipité par les Mé- taux, *p.* 363 & *suiv.*

Régule d'Arsenic , *p.* 492. & *suiv.*

Régule de Cobolt , *p.* 484.

Rubis arsenical , *p.* 480

S

SAlpêtre. *Voyez* Ni- tre.

Salpêtre de houssage , *p.* 54

Salpêtre raffiné , *p.* 56

Saffran de Mars astrin-
gent, p. 272.

Saffran de Mars apé-
ritif,   ibid.

Saffran de Mars pré-
paré à la rosée, p.
273.

Saffran des Métaux, p.
382.

Safre,   p. 485

Sélénite,   p. 24

Sel de Glauber natu-
rel,   p. 25

Sel de Glauber artifi-
ciel,   p. 125

Sel géme, p. 26. 84.

Sel de Colcotar, p. 39

Sel marin, p. 56. 83.

Sel Policreste,   p. 71

Sel de duobus,   p. 78

Sel d'Epsom,   p. 86

Sel d'urine qui produit
le phosphore, p. 116
& suiv.

Sel sédatif, p. 136. &
suiv.

Sel sédatif par crista-
lisation, p. 143. &
suiv.

Sel nitreux, qui a pour
base le Plomb, p.
317.

Sel nitreux mercuriel,
p. 340

Sel neutre arsenical,
p. 500. & suiv.

Similor, p. 468. &
suiv.

Smalt,   p. 482.

Soufre, p. 9. 12. &
suiv. 36. 334. &
suiv.

Soufre artificiel, p. 47

Soufre doré d'Antimoi-
ne,   p. 362

Soufre fixe d'Antimoi-
ne,   p. 387

Sublimé corrosif, p.
343. & suiv.

Sublimé doux, p. 350.

T

Talc,   p. 24
Tartre vitriolé na-
turel,   p. 26

Terres nitreuses, p. 53.

Tombac, p. 468. &
suiv.

Turbith minéral, p.
330. & suiv.

Tutie,   p. 455.

V

Verre de Plomb,
p. 309. & suiv.

Verre d'Antimoine, p.
390. & suiv.

Vitriol, p. 1. & suiv.

Vitriol verd ou martial, p. 5. 28. & suiv. 254.

Vitriol bleu ou cuivreux, p. 6. 252

Vitriol blanc, p. 23. 470.

Vitriol de Plomb, p. 315.

Z

Zinc, p. 451. & suiv.

Fin de la Table des Matieres.

ERRATA.

PAge 13. ligne 5. il. *lisez* elle.

Page 288. ligne 23. Libarius. *lisez* Libavius.

Page 368. ligne 11. le. *lisez* les.

www.ingramcontent.com/pod-product-compliance
Lightning Source LLC
Chambersburg PA
CBHW060906220326
41599CB00020B/2856